读客文化

刻意练习记忆

记忆不需要过人的天赋，只需要正确地重复！

[美] 乔舒亚·福尔 著　　王旭 译

Moonwalking with Einstein:
The Art and Science of Remembering Everything

文汇出版社

图书在版编目（CIP）数据

刻意练习记忆 ／（美）乔舒亚·福尔（Joshua Foer）
著；王旭译. -- 上海 ：文汇出版社，2023.8

ISBN 978-7-5496-4051-5

Ⅰ．①刻… Ⅱ．①乔… ②王… Ⅲ．①记忆能力－能

力培养－通俗读物 Ⅳ．①B842.3-49

中国国家版本馆CIP数据核字(2023)第098604号

刻意练习记忆

作　　　者 /	［美］乔舒亚·福尔
译　　　者 /	王　旭
责任编辑 /	邱奕霖
特约编辑 /	贾育楠
封面设计 /	于　欣
出版发行 /	**文匯**出版社
	上海市威海路 755 号
	（邮政编码 200041）
经　　　销 /	全国新华书店
印刷装订 /	河北中科印刷科技发展有限公司
版　　　次 /	2023 年 8 月第 1 版
印　　　次 /	2023 年 8 月第 1 次印刷
开　　　本 /	880mm×1230mm　1/32
字　　　数 /	260 千字
印　　　张 /	12

ISBN 978-7-5496-4051-5
定　　　价 / 56.80 元

侵权必究
装订质量问题，请致电010-87681002（免费更换，邮寄到付）

献给黛娜：一切的一切。

在人类所有认知过程中，记忆力的作用应该是最根本的，而且其影响力也是最大的。

——东尼·博赞

这本书对记忆力这一人类身体机能进行了精彩的论述，同时也讲述了福尔这位拥有普通记忆力的记者夺得美国记忆力锦标赛冠军的过程。语言诙谐幽默，极富吸引力。

——丹·艾瑞里，

杜克大学行为经济学教授，

《怪诞行为学》作者

这是一本非常精彩的书！乔舒亚·福尔创造了一种新的非小说文体。它不仅是一本科学新闻类图书，也是一本探险故事书，同时还是一本生动描写人类记忆力研究的成长小说。如果你想了解我们是如何记忆、如何提高记忆力的，那就读这本书吧。

——乔纳·莱勒，《连线》杂志特约编辑，

《为什么大猩猩比专家高明》作者

乔舒亚·福尔向我们揭示了一个极少有人关注的事实：大脑可利用的空间完全超出了我们的想象。《与爱因斯坦月球漫步》并不是一本指导人们记忆人名或钥匙位置的手册，它探讨的是长期困扰人类的有关记忆力的问题，同时提出了一个不太可能实现的设想：人类完全掌控自己的大脑。

——斯蒂芬·法提斯，
《几秒钟的恐慌》作者

他在写一本关于人类记忆力的书的时候，却研究了小鸡性别鉴定行业，这样的作者你能不喜欢吗？福尔是一位魔术师，他的大脑充满活力，他为我们带来了一丝清凉的微风。在阐释一个如此复杂的话题时，他驾驭了如此多的人文学科知识，而且内容既诙谐幽默又充满原创性。在读书的过程中，你甚至都意识不到自己到底吸收并理解了多少知识。这本书的确是一个奇迹。

——玛丽·罗奇，
《打点行装去火星》作者

目录

公元前5世纪的一天，人们在一座坍塌的宴会厅废墟上费力地搜寻着亲人的遗物——一枚戒指或者一双拖鞋，好辨认出亲人的遗体，然后妥善地安葬。

几分钟前，希腊诗人西蒙尼戴斯站在这座宴会厅里，朗诵一首诗歌，赞美色萨利的贵族斯科帕斯。朗诵过后，他刚坐到自己的座位上，就有人拍了拍他的肩膀，说有两个人正在外面焦急地等他，要告诉他一些事情。于是，他站起来向外走去。就在他的脚刚刚踏出门的那一刹那，宴会厅的屋顶轰的一声塌了下来。一时间，大理石碎片四处乱飞，灰尘弥漫。在这场灾难中，西蒙尼戴斯是唯一的幸存者。

西蒙尼戴斯看着眼前的一片瓦砾，几分钟之前的笑闹声仿佛还回荡在耳边，转瞬之间却是一片死寂，烟尘滚滚。赶来救援的人们在废墟中疯狂地挖掘着，挖出的尸体大多已血肉模糊，难以辨认。大家都不确定被压在下面的人是谁。

就在这时，一件极不寻常的事情发生了，它足以永久性地改变人们的记忆方式。西蒙尼戴斯站在废墟前，闭上眼睛，对身边的混乱充耳不闻，在脑海中开始让时间倒流。他的眼前出现了这样的画面——成堆的大理石碎块慢慢升起，还原成了一根根柱子；散乱的碎片在空中重新组合起来；碎瓷片又还原成一只只盘碗；七零八散的木头碎片也重新变回了桌子；宴客厅里的宾客们对即将到来的灾难毫不知情：斯科帕斯在桌前大笑，坐在他对面的诗人把盘中剩下的菜肴裹在一片面包里，一位贵族在傻乐。西蒙尼戴斯扭头看向窗户外面，两名信使正骑着马赶过来，好像要告诉他什么重要的事情。

然后，他睁开眼睛，拉起一个个已近疯狂的搜寻者，小心地踩着瓦砾，把他们带到亲人们生前所在的位置。

传说，就在那一刻，记忆术诞生了。

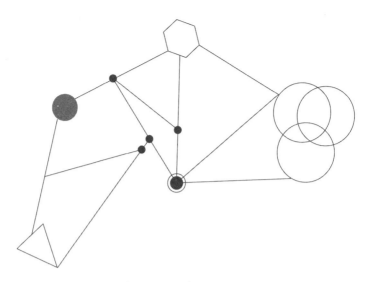

第 1 章
天才难觅

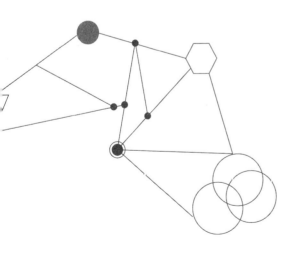

当时，我的脑海里持续浮现着这样一幅画面：享誉全球的胖子明星多姆·德卢西（梅花5）很粗俗地往阿尔伯特·爱因斯坦的浓密白胡须（方块3）上吐了一口浓痰（梅花9），然后又用标准的空手道功夫朝教皇本笃十六世（方块6）的大腿根狠狠地踢了一脚（黑桃5）。而天王迈克尔·杰克逊（红桃K）的行为则比这位胖子更古怪，他在一块黄黄的鲑鱼汉堡（梅花K）上拉了一泡屎（梅花2），然后又朝着一只气球噗的一声放了个屁（梅花Q），气球（黑桃6）就鼓起来了。矮小的雷亚·珀尔曼正在和身高足有两米三的苏丹篮球明星马努特·波尔（梅花7）在一项国会法案里（梅花3）寻欢作乐（从空间结构上看，这样的事情是不可能发生的）。雷亚·珀尔曼曾在著名的美国连续剧《干杯》中饰演酒吧女招待（黑桃Q），获得过4次艾美奖最佳女演员奖。

　　把这类不太雅观的戏剧性场面写下来，我可不感到骄傲。这样的画面在我的脑海中持续上演着，直到我开始打量当时所处的环境。那样的场面，我似乎是不可能经历到的。在我的左边，坐着一位叫莱姆·科利的商业顾问，他留着胡子，来自弗吉尼亚州里士满，25岁，是美国记忆力锦标赛（也称脑力锦标赛、记忆力大赛）的上届冠军。在我的右边，是一台全国性有线电视网的摄像机，摄像机的镜头正对着我。而我的身后则是上百位观众，台上还有两位电视评论员在为比赛做点评。我看不到他们，他们也打扰不到我。其中一位评论员肯尼·莱斯是拳击节目的资深讲解员，他衣着光鲜，但声音粗哑，听起来让人昏昏欲睡。面对台上我们这群呆子，他有点儿语无伦次。另外一位是斯科特·海格伍德，是美国四届记忆力锦标赛的冠军，被誉为美国记忆界的"球王贝利"。这位化学工程师43岁，来自北卡罗来纳州费耶特维尔市。大厅角落里放着一座外观极其华丽的奖杯，差不多和我那两岁的侄女一样高，不过看起来却比她的毛绒玩具还轻。奖杯分为双层，造型是一只银色的手，手指甲是金色的。这只手握着五张同花色的10、J、Q、K、A扑克牌，这一副同花顺下面是三只白头鹰，看起来很有爱国的意味。它虽然有点儿俗气，但我还是很喜欢。

场上要保持绝对安静，现场的观众不能拍照。我和莱姆都戴着耳塞，听不到观众的动静。我还戴着一副专业级的耳套，就像航空母舰上的船员戴的那种高度抗干扰耳套。在记忆力比赛中，为保持绝对安静再怎么样也不为过，哪怕耳朵暂时失聪。我紧闭双眼，两只手放着面前的桌子上，两副洗过的扑克牌牌面朝下放在我的双手之间。再过一会儿，比赛的主裁判就要按下秒表，而我只有5分钟的时间去记这两副扑克牌的次序。

记忆力锦标赛结束后，我依然坐在那儿，一动不动，浑身大汗淋漓。能够参加这样的比赛而且还坚持到最后，对于我来说好像是不太可能的事。这件事还要从一年前说起。当时我从位于华盛顿的家里出发，驱车前往利哈伊谷，为《探索》杂志采访一位库茨敦大学的理论物理学家。他发明了一种真空箱，据说能做出世界上最大的爆米花。汽车沿着高速公路行驶，周围白雪皑皑。中途经过宾夕法尼亚州的约克市时，我停了下来，因为这里坐落着美国国家举重运动名人堂。当时我感觉，如果不停下来进去看看或许会抱憾终生。更何况，当时我还有一个小时的空闲时间。

这座名人堂位于全美最大的杠铃厂商的办公楼的一层，里面陈列着一些看起来略显乏味的黑白照片和纪念品。从博物馆学的角度看，这些都是没有什么价值的东西。但是，在那里，我第一次看到了乔·格林斯坦的一张黑白照片。乔·格林斯坦是一名美国犹太人，身体笨重但很强壮，身高5英尺4英寸（约1.6米）。20世纪20年代，他表演过一项很有趣的魔术——把一枚硬币咬成两半，然后从嘴里吐出来，再合成一枚完整的硬币。他还表演过另外一项不可思议的杂技——躺在布满钢钉的木板上，让迪克西兰爵士乐队的所有成员坐在他的身上演奏。还有一次，他不用任何工具就把一辆汽车的4个轮胎给换掉了。

因此，大家都叫他"铁臂人"。他的照片旁边写着：世界上最强壮的人。

盯着这张照片，我在想，如果这位世界上最强壮的人和世界上最聪明的人会面，那该是一件多么有趣的事情。想想看，铁臂人和爱因斯坦拥抱在一起，这样力量与智力超强结合的场面可是具有历史性的。至少我会把记录这一伟大场面的照片挂在床头，不过，我怀疑，这样的照片谁能拍得到。到家之后，我在谷歌搜索页面输入"世界上最强壮的人"，结果很快就出来了，就是来自波兰比亚瓦拉夫斯卡的马瑞斯·普贾诺夫斯基，他能举起大约419千克重的物体，相当于我30个侄女那么重。

但是在查找世界上最聪明的人的时候，结果就没有那么明确了。我输入"IQ（智商）最高的人""智力冠军""世界上最聪明的人"，搜索结果显示：有位纽约人的IQ是228，有位匈牙利的天才棋手居然可以同时下52盘盲棋，有位印度妇女可以在55秒内心算出一个长达200位的数字的23次方根，还有人居然能够复原一个四维魔方，当然也有大批像史蒂芬·霍金这样的天才人物。力量可以量化，但是大脑的量化可不是那么容易的。

在搜索过程中，我发现了一个比较有意思的人，他可能算不上是世界上最聪明的人，但至少也是一位异于常人的怪才。他就是世界记忆力锦标赛的冠军，名叫本·普里德莫尔。他能在一个小时之内按照顺序准确记住1528个随机数字，或是记住并一字不落地背诵出任意一首诗歌（这项才能足以让爱好人文科学的人印象深刻）。

接下来的几天，我时不时地想起本·普里德莫尔。我的记忆力水平只能说是一般，常常会忘记很多事情，例如我女朋友的生日、我们的纪念日、情人节、朋友的电话号码、布什总统的白宫办公厅主任的名字、新泽西州收费公路上的停车点顺序、我父母家的地下室门口处有一道裂缝（不小心踩进去，就只能喊疼了），等等；也常常会忘记自己把车钥匙放在哪儿了（甚至是车停在哪儿了）、打开冰箱是为了做什么、烤箱里还烤着东西、红人队是哪一年获得美国橄榄球超级碗大赛[1]冠军的、给手机插上电源或是把马桶盖放下来，还有混淆"its"（它的）和"it's"（它是）等很多事情。

但是，本·普里德莫尔却能够在32秒内按照顺序记住一副洗过的扑克牌，在5分钟内牢记在96个不同的历史日期发生的事情，他还能记住小数点后50 000位的圆周率数字。这样的记忆力怎么能不让人嫉妒？书上说，对于普通人来说，要回想起那些已经忘却的事情，每年要花费的时间加起来足有40天。那么可以想象，本·普里德莫尔的工作效率该有多高（且不提他暂时不工作的日子）。

1　超级碗大赛，即美式橄榄球总决赛，一般在每年1月的最后一个星期天或2月的第一个星期天举行，是全美最受关注的体育赛事之一，已经成为一个非官方的全民节日。——译者注（后文如无特殊标注，均为译者注）

我们每天都要记忆很多新的名字或密码，还要记住当天还有哪些约会。如果大家都能够拥有像本·普里德莫尔的记忆能力，那么有理由相信，生活跟现在相比会有很大的不同，会变得更好。现代社会不断产生大量新的信息，但是我们的大脑真正能够捕获的却微乎其微，大量信息都似从左耳进右耳出般消失殆尽。读完一本书花费了6个小时，但是读完之后，对书的内容却仅仅有一个模糊的印象。所以说，如果阅读本身仅仅是一项获得知识的活动，那它应该是迄今为止我参与的收效最小的活动。所有的事情，包括一些奇闻逸事，甚至是一些非常有趣的事情，我听过或看过之后，基本上都没留下什么印象，然后这些事情在我的脑海里消失得无影无踪。书架上有些书，我都不记得到底读过没有。

我禁不住想，如果书里这些原本极易被遗忘的内容能够被我牢牢记住，那将意味着什么？我应该会变得更让人信服，同时也会更加自信、更加聪明。当然，我将会成为一名优秀的记者、一个优秀的朋友、一个让女友觉得贴心的男友。但是，如果能够拥有像本·普里德莫尔那样强大的记忆力，我会成为一个更有魅力的人，或许还能拥有更多的智慧。如果说经验源于记忆，而智慧则源于经验的话，拥有好的记忆力不仅能够帮助我们更加了解这个世界，还能够帮助我们更加了解自己。当然，忘却一些折磨自己的事情是有益于健康的，而且也是必要的。对于做过的那些愚蠢透顶的事情，如果现在还记忆犹新，那么我可能就要疯掉了。但是，仅仅因为会遗忘而不去记忆，我们会错过多少有价值的想法，会忽略多少事物之间的关联啊。

我总在回想报纸上刊登的本·普里德莫尔的访谈录，他告诉记者："其实记忆力就是一些技巧，你要明白怎么记住东西。每个人其实都能做到，真的，不骗你……"每次想到他的话，我就在想我的记忆力和他的到底有哪些不同。

参观完国家举重运动名人堂之后，我前往曼哈顿观看2005年美国记忆力锦标赛。比赛在联合爱迪生公司总部大楼19层的一个大礼堂里举行。我坐在礼堂的最后面。受到本·普里德莫尔的启发，我要为《石板》杂志撰写一篇文章，所以来到这里观看比赛。当时，在我的想象中，这种比赛无疑是学者或专家们的橄榄球超级碗大赛。

但是到了现场我才发现，这场比赛可不是什么巨人之间的比赛。我看到的是：一群年龄相差极大且不修边幅的男人们（偶尔能看到几位女士）全神贯注地盯着多幅页面上呈现的随机数字和一长串一长串的单词。他们自称是"脑力运动员"（mental athlete），简称MA。

比赛包括5个项目。第一项是新诗记忆。参赛选手需牢记一首50行的诗歌，诗歌的名字叫《我的挂毯》，这首诗歌还未公开发表。第二项是面孔与人名记忆。大赛举办方为每位选手提供99幅人类面孔图像，每幅图都配有包含两个词的名字。选手需在15分钟内记忆这些面孔和对应的名字，记得越多越好。第三项是随机单词记忆。选手需在15分钟内记忆随机给出的单词，记得越多越好。第四项是数字记忆。选手需在5分钟内尽可能地记忆1000个随机数字（一共25行数字，每行40个）。第五项是扑克牌记忆。时间为5分钟，选手们需按照次序记忆一副洗过的扑克牌。在所有的参赛选手中，有两位选手是第三十六届世界记忆力锦标赛的记忆大师。在一个小时内，他们能够按照顺序准确地记住1000个随机数字、10副洗过的扑克牌；在不到两分钟的时间内，按照次序记住一副洗过的扑克牌。

表面上看，选手们的这些特长似乎有点儿像聚会上大家玩的小把戏，没什么实际用处，甚至还有些枯燥。但是在采访了一些选手之后，我发现情况并非想象的那样。我开始重新思考自己智力的局限性以及我所接受的教育的本质。

埃德·库克是英国人，这次来美国参加记忆力锦标赛，算是一次春季训练，以备战夏季举行的世界记忆力锦标赛（由于不是美国人，所以他在这次美国记忆力锦标赛中的分数不算数）。我问他："你什么时候意识到自己是记忆天才的？"

"啊？我可算不上什么记忆天才。"他笑着说。"那难道你有影像式记忆[1]？"我接着问。

他又笑了："影像式记忆纯粹是骗人的鬼话。世界上根本没

---

1 影像式记忆，也译作照相式记忆、图像式记忆，指能够像照相一样把看过的内容分毫不差地记忆下来。

有这种能力。我的记忆力也就是普通水平。其实，参加比赛的这些人的记忆力都很一般。"

他的话有些让人难以相信，因为我刚刚亲眼见到他轻轻松松地背下了252个随机数字，好像这些数字就是他的电话号码。

他接着说："其实，如果你能把普通的记忆力运用得当，就能获得超群的记忆能力。"埃德的脸方方的，留着齐肩的棕色卷发，穿着一件外套，领带系得松松垮垮；最不协调的是脚上的一双人字拖，上面居然装饰着一小面英国国旗。他也许算得上是最不在意穿着打扮的参赛选手之一了。埃德24岁，但是从身体状况看，他就像一位70多岁的老人。他的慢性关节炎最近复发了，走起路来有点儿跛，还拄着一根拐杖（他把这叫作"胜利的支柱"）。他和本·普里德莫尔以及其他我采访过的选手都认为，他们现在做的事情普通人也能做到，而且很简单，就是要学会"用更能帮助记忆的方式"来记忆，这种方式就是"超级简单"的记忆术——"记忆宫殿"（memory palace）。"记忆宫殿"是2500年前希腊诗人西蒙尼戴斯站在一座宴会厅的废墟前发明的。

"记忆宫殿"，也称"旅行记忆法"或"位置记忆法"（method of loci）。广义上讲，记忆宫殿属于记忆术（ars memorativa）的一种。古罗马政治家、雄辩家西塞罗和教育家昆体良后来将其完善成一套规则，并编纂成书。到了中世纪，记忆术开始广泛应用于宗教领域，信众们使用这种记忆术记忆布道词、祷文以及恶人落入地狱后所要遭受的各种惩罚等。罗马元老院的元老们也利用这种记忆术来记忆他们的演讲词。据说，古雅典杰出的政治家地米斯托克利靠这种记忆术记住了两万雅典人的名字，而学者们则利用这种方法来背诵书籍。

埃德告诉我，参赛选手们把自己当作"一项业余研究活动的参与者"。他们的目标是拯救早在几百年前就失传的记忆训练法。他说，记忆力对古代人而言是很重要的。经过训练的记忆力不仅是一种方便的工具，也是人类智力的基本组成部分。另外，当时的人们都认为，训练记忆力有利于塑造人的性格、发扬谨言慎行的美德，进而帮助人们建立一套道德标准。只有通过记忆，人们在思考过程中形成的思想才能真正地刻入脑海，而相应的价值观念才能真正形成。那时候，人们利用记忆术不仅是为了记住一些类似扑克牌这样无用的信息，更是为了记住一些基本的内容和思想。

在15世纪的西方世界，德国人谷登堡最先发明了西方活字印刷术。在他之后，人们开始批量印刷书籍，书也随之成为商品。这样一来，以往完全需要记忆的重要东西都可以被印成文本保存下来，记忆慢慢地也就变得不那么重要了。曾经是古典文化和中世纪文化的重要内容的记忆术，到了这个时代，随着神秘学和文艺复兴时期兴起的炼金术一起消失了。直到19世纪，记忆术才重新出现，但也只是作为一种表演节目在狂欢节中穿插表演，同时也被人们编成了俗气的自助手册加以流传。

到了20世纪的最后几十年，记忆术再度复活，但也仅仅止于记忆力锦标赛这类奇特的比赛。

　　记忆力训练领域这场"文艺复兴"的发起人是一位睿智的英国教育家东尼·博赞。他生于1942年，自称是记忆界的宗师，且自己的"创造力商数"（creativity quotient）目前在世界上排名第一。我在联合爱迪生公司大楼的自助餐厅里见到了他。他穿着一身海军制服，制服上的5粒大纽扣镶着金边，无领衬衫上最上面的一粒纽扣也规矩地系着，看起来很像一位来自东部地区的牧师。他的制服翻领上别着一枚胸针，形状很像神经元；他的脸庞则像极了西班牙超现实主义画家达利的那幅名画《永恒的记忆》中那软塌塌垂下的钟表。东尼·博赞把参赛选手们叫作"脑力战士"。

　　他脸色灰白，看起来比实际年龄要老10岁。但是，如果不看他的脸，你会感觉他只有30岁。他告诉我，每天早上，他都会到泰晤士河划船，行程在6公里到10公里之间。另外，他还特别注意选择一些对"大脑有益"的蔬菜和鱼类食用。他说："垃圾食品造就垃圾大脑，健康食品造就健康大脑。"

　　他走路的时候动作有点儿像桌上冰球那样滑过地板。这是他40年如一日坚持业历山大疗法[1]的结果。他讲话时，手势优美且恰到好处，就像在镜子前练习过一样。在讲到重要的事情

1　亚历山大疗法，是澳大利亚科学家F. M. 亚历山大发明的一种身体训练方法，可以帮助人们养成正确的使用身体的方式，增强大脑和身体之间的协调性。

时，他会突然松开紧握的拳头，伸开五指。

1991年，博赞发起首届世界记忆力锦标赛。之后又在包括中国、南非和墨西哥在内的十几个国家发起了记忆力锦标赛。从20世纪70年代开始，他以传教士般的热情向世界各地的学校传播记忆术。他把自己的行为称作"全球教育的革命：学会如何学习"。在传播记忆术的过程中，博赞也为自己积累了大量财富。据媒体报道，迈克尔·杰克逊去世前不久，还曾向博赞的脑力开发项目资助了34万美元。

博赞认为，当今学校的教育模式全都是错误的。教师们把大量信息灌输到学生的大脑中，却没有教会他们如何长久地储存这些信息。学生们也只是为了通过考试去记忆一些知识，而且在记忆知识的时候，他们同样没有动脑筋。这样一来，人们对单纯的记忆并不看好。但是，记忆力本身并没有害处，倒是传统教育中的死记硬背毁了西方教育。博赞说："在20世纪，我们错误地定义了记忆力，而且没有完整地理解它，在运用它的时候方式又不恰当，于是人们就责怪记忆力本身，说它并没有作用，而且还很枯燥。"他说，死记硬背是通过不断地重复把人们对事物的印象刻在脑子里，这种方式粗暴且痛苦。换句话说，就是传统教育中的"死读书，读死书"的方式。但是，记忆术就不同了。它通过一定的技巧帮助人们进行记忆，与死记硬背相比，这种方式让人感觉更舒适，速度更快，过程也没有那么痛苦，而且记忆会保持得更为长久。

他强调说："头脑其实和肌肉一样需要锻炼。"而记忆训练就是一种锻炼脑力的方式。像其他锻炼方式一样，达到一定阶段，头脑就会更加健康、敏锐，反应速度也会更快。这种说法其实在记忆训练兴起之初就已经有人认识到了。古罗马的一些雄辩家认为，人们通过掌握记忆技巧，可以合理地储存记忆并且使记忆更加有序。而且这种技巧是产生新思想的重要工具。但是，在现代社会，在大家的印象中，所谓的"脑力锻炼"是可以帮助他们获得大量财富的。脑力训练教室和记忆训练营已经成为一种新时尚。关于脑力训练的计算机软件已经成为一项产业，2008年时市场价值高达2.65亿美元。脑力训练能够如此兴盛，一部分原因是科学研究表明，老年人如果多多练习填字游戏、多多下棋，就会使大脑充分活跃，从而避免患上阿尔茨海默病。但最主要的原因是，"婴儿潮"一代[1]如今担心自己会因为年老变得越来越迟钝，甚至失去理智。虽然一些可靠的研究表明，大脑的充分活跃确实可以预防阿尔茨海默病，但是博赞对"脑力锻炼"作用的夸张言论还是引起了人们的一些怀疑。不过，在看到脑力锻炼的结果后，人们就很难再去质疑什么了。我就亲眼看到，一位47岁的参赛选手仅仅用了几分钟时间就浏览了100个随机单词，然后按照顺序一个不落地把这100个单词背了出来。博赞很热心地告诉我，他的记忆力一年比

1　在美国，"婴儿潮"一代主要是指"二战"结束后，1946年初至1964年底出生的人，人数大约有7800万。

一年好。他说："人们都认为记忆力下降是一件再正常不过的事情，于是就听之任之。这种观念在逻辑上是错误的，因为'正常'并不代表一定要任由记忆力下降。人们的记忆力之所以下降，是因为记忆训练的方式不正确，这就像奥林匹克运动员应用了错误的训练方式一样：运动员每天可以喝上10罐啤酒，抽上50根烟，还要开车上班，然后每过一个月锻炼一次，锻炼的强度很大而且对身体有害，剩余的时间干脆就窝在沙发里看电视。这种方式其实是违背奥林匹克精神的。大家却一直在疑惑，为什么在奥运会上不能取得好成绩。其实，大家对脑力的训练方式也犯了同样的错误。"

我不停地向博赞提出各种问题，比如：学习这些记忆技巧难不难？参赛选手们是怎样训练自己的脑力的？他们提高记忆力需要多长时间？选手们在日常生活中是不是也要使用这些技巧？如果像博赞说的那么简单有效，为什么我从来没有听说过这些记忆技巧？为什么普通人都没有使用这些技巧？等等。

他回答说："问我这么多问题，你还不如自己去亲身体验一下。"

听他这么说，我有点儿好奇："从理论上讲，像我这样的普通人，如果要参加世界记忆力锦标赛，应该怎么做？"

他告诉我："如果你想进入美国记忆力锦标赛的前三名，你最好能够保持每天锻炼一个小时，并保证每周至少锻炼六天。如果能够坚持下来，你就有可能进入前三名。如果你想参加世界锦标赛，你就得在赛前的半年内每天花费三四个小时的时间，这样的训练强度对你来说可能有点儿过大，不过一旦坚持下来，还是有可能获得世界锦标赛冠军的。"

我们结束谈话之后的那天上午，在参赛选手们背诵新诗《我的挂毯》的时候，他把我叫到了一边，一只手搭在我的肩膀上，说："还记得我们的谈话吧？好好考虑一下，或许你可以参加下一届美国记忆力锦标赛。"

在新诗记忆和人名面孔记忆两个项目之间的休息时间，我离开赛场，走到外面的过道上透透气。在那儿，我见到了挂着拐杖、头发蓬乱的英国选手埃德·库克和瘦高的记忆大师——奥地利选手卢卡斯·阿姆萨斯（Lukas Amsüss），他俩正在自己卷烟抽。

埃德前一年春天毕业于剑桥大学，获得了心理学和哲学两个学科的一级荣誉学位。当时，他还在攻读巴黎大学认知科学的博士学位，研究的内容有些古怪。他说，他的研究目的是"让人们能够感觉到自己的身体能力已经萎缩到正常状态下的1/10"。他告诉我，他当时正在考虑写一本书，名字叫《反省的艺术》。另外，他还要发明一种"新的颜色"——"不是一种新的颜色，而是一种认知颜色的新方法"。

卢卡斯当时在维也纳大学攻读法律，他自称写过一本小册子——《如何将智商提升3倍》。当时，他在随机单词记忆项目中发挥得不太好，正靠在墙上，跟埃德诉苦："很多英语单词我听都没听说过，什么'yawn'（打哈欠）、'ulcer'（溃疡）、'aisle'（过道）之类的，我怎么记啊？"他的英语发音带着浓重的奥地利口音。

当时，埃德是第十一届世界记忆力锦标赛的记忆大师，卢卡斯是第九届的记忆大师。在参加随机单词这个项目的选手中，只有他们获得过"记忆大师"的称号。而在所有比赛选手中，也只有他们两位是穿西服打领带的。他们很热心地和我（或任何人）分享他们的赚钱计划——利用他们两人在记忆界的名声，建造一座"记忆力健身馆"。他们还给这座健身馆起了个名字，叫"牛津脑力学院"。他们设想，投资这个项目的人（最好是企业经理人）会愿意付费雇用私人脑力训练员。他们想象着，只要人们了解到训练记忆力的好处，钱就能从天而降了。埃德跟我说："最终，我们希望能够复兴西方教育。"

卢卡斯接着埃德的话说："我们觉得如今的西方教育状况正在恶化。"

埃德告诉我，参加这次记忆力锦标赛可以帮助他尝试揭示人类记忆力的奥秘。他说："我猜想，可以通过两种方法研究大脑的工作原理。第一种方法是经验心理学领域应用的方法，也就是从外部观察一群人，然后对他们进行多种测试。另外一种方法就是从系统的最佳性能着手，研究这个系统的设计。所以说，或许探究人类记忆力的最好方法就是努力让记忆力达到最好的程度。其实最理想的状态是和一群聪明健康的人待在一起，那样就可以得到严谨而客观的记忆力反馈信息。这也就是所谓的'记忆回路'（memory circuit）。"

比赛开始了，赛场上的紧张气氛不亚于美国的大学入学考试。参赛选手们安静地坐在桌旁，眼睛紧盯着面前的试卷，然后快速写出答案交给裁判。每个项目结束之后，成绩马上显示在礼堂前方的一块电子屏上。但是，对于一名报道此次国家级记忆力锦标赛的记者来说，这样的场面实在让我感觉有些沉闷。这种比赛并不像篮球比赛或拼字比赛，人们可以随时爆发出自己的激动情绪。有时候，你根本看不出来这些选手们是在思考还是睡着了，最多只能看到他们揉揉太阳穴，或是用脚在地板上打拍子，偶尔会看到有些选手的脸上流露出某种空洞的带有挫折感的发呆表情。绝大多数场景是在参赛者的大脑里进行的，观众很难捕捉到。

站在联合爱迪生公司这座礼堂的后排，看着这群所谓的普通人在表演着深不可测的大脑杂技，我的脑海里慢慢浮现出这样的想法：我一直都不知道记忆力是如何工作的，那么在我的大脑前部区域里到底有没有这样一个地方是用来记忆的？慢慢地，一堆问题涌向我的脑海，这些问题我从来没有费心去探究；但是突然间，这些问题变得很紧迫。比如说，记忆到底是个什么东西？怎样才能形成记忆？记忆又是怎样储存下来的？

在我生命的头26年里，我的记忆运作正常，似乎没有什么理由停下来去探究一下它是如何运作的。但是，既然现在我停下来思考了，我就意识到自己的记忆并不像想象中运行得那样正常。有的时候，它基本上停止了运转；另外一些时候，它似乎运转得过于良好。而且，在很多时候，还会出现一些令人费解的怪事。有天早上，我的脑子突然间被小甜甜布兰妮的一首极难听的歌给占满了。本来早上在地铁里最好的一段时光是哼唱哈努卡节[1]的歌曲，但是那天早上的那段时间我一直做的事情就是，努力从脑海里把布兰妮的歌声给删除掉。这到底是怎么回事？有一次，我想告诉一位朋友我所崇拜的一位作家的名字，突然间却只能记起他姓氏的第一个字母，其他的怎么也想不起来了。这又是怎么回事呢？对3岁之前经历的事情，我为什么没有任何记忆？另外，我能够清楚地记得发生"9·11"恐怖袭击事件的当天早上我所吃的东西（爆米花、咖啡，还有一根香蕉），那可是几年前的事情了，但是我就是想不起来昨天早上吃了些什么。还有，为什么我总是忘记关上冰箱门？

美国记忆力锦标赛结束之后，我急切地想知道埃德的成绩。难道他们真的是很特别的人，或者仅仅是人类正态分布曲

---

1 哈努卡节，即Hanukkah，是犹太民族最隆重的节日，在每年的12月底，又叫光明节或献殿节。

线图上很容易被忽略的长尾部分？[1] 或者说我们普通人真的可以从这些天才的记忆才能里学到一些什么？对于他们，我持有和对东尼·博赞同样的怀疑态度。在现代社会繁忙的"自助式"社交活动中，任何能够赚得大笔银子自封自己是宗师的行径肯定会激起记者们刨根问底的兴趣，记者们肯定会对这些所谓宗师的"屁话"查证一番。博赞已经激起了我所有的警觉心，我搞不清楚他的话是天花乱坠的宣传，还是确实存在着一定的科学道理。不过，他言过其实的包装——所谓的"全球革命"——确实让我感觉到他在"胡说"。

难道每个人都可以迅速地记住大量的信息吗？真的任何人都可以吗？博赞说过，人们可以通过学习一些技巧来稍微提高一下自己的记忆力，这话我相信。但是，他（或埃德）说连大街上的傻瓜都可以学习怎么记忆整副扑克牌或是几千个二进制数字，这话我可不相信。我觉得以下的解释才算更加合理一些：埃德和他的同行们那非同寻常的才能一定是天生的，就像世界摔跤巨人安德烈[2]天生高大强壮、牙买加短跑运动员博尔特天生拥有一双长腿一样。

事实上，很多作者撰写的提高记忆的自助类书籍都有夸大其词之嫌。在家乡的巴诺书店里，我看到堆在自助类图书展

1　如果用正态分布曲线来描绘人们所关注的人或事，曲线的"头部"是人们最关注的，而曲线"尾部"则需要更多的精力和成本才能关注到，大多数情况下会被忽略。
2　巨人安德烈，美国职业摔跤重量级冠军，身高2.26米，体重238公斤，有"巨人机器""世界第八奇观"等绰号。

架上的大堆大堆的书都在吹嘘可以帮助读者"永远记住电话号码或约会时间",或者"改善瞬时记忆"。有一本书的作者甚至断言,他可以帮助读者学会利用大脑"剩余的90%那一部分",就像那些伪科学里的陈词滥调一样,宣称可以帮助人们开发双手的剩余90%的功能。

但是,确实有很多人研究过提高记忆的方法,这些人的研究并不是为了给自己带来多少金钱上的收益,他们的研究结果也是经过同行评估的。自从19世纪70年代赫尔曼·艾宾浩斯开始在实验室中研究记忆,学院派心理学家就对提高人类的天然记忆能力表现出了浓厚的兴趣。

本书记录了本人进行记忆训练一年里的经历,包括我对记忆本身的理解——记忆的内部工作机制、记忆的天然缺陷和内在潜力,对记忆在特定的范围内是可以提高的,以及普通人都可以拥有埃德和卢卡斯所拥有的记忆技巧等事实的理解过程;也记录了一些专家们的科学研究,以及专门研究记忆力锦标赛的专家们如何通过脑力运动员的大脑训练发现和获取记忆技能的普遍规则,这些规则也是提高人类各方面能力的秘诀。

综上所述,本书并不是一般意义上的自助类书籍。我希望读者读完全书后,可以懂得如何训练自己的记忆力,同时也可以把这些记忆技巧运用到日常生活中去。

事实上,这些记忆技巧还是一笔出奇丰厚且重要的文化遗产,它们在西方文化发展历程中所起到的作用一直是思想史领域的重要课题之一。不过除了专门研究思想史的纯学术专家，很少有人清楚什么是思想史。从古代到中世纪，再到文艺复兴，很多记忆术（比如记忆宫殿）已经从根本上影响了人们对这个世界的认知。但是，文艺复兴之后，所有的记忆术都消亡了。

从生理上说，现代人和当初生活在法国拉斯科洞窟里的原始人并没有什么大的区别。那些原始人在洞窟的岩壁上描绘野牛的同时，就为我们留下了大量原始文化遗产。他们的大脑并不比我们的小，我们的大脑也并不比他们的复杂多少。如果他们的孩子穿越时空来到21世纪的纽约，让一对现代夫妇来抚养，孩子长大后，也绝不会与身边的同龄人有多大的差别。

把现代人和原始人区分开的是记忆。这里所提到的记忆并不是现代人大脑中存储的记忆，因为在刚出生时，现代的孩子和3万年前的孩子一样，大脑都是一张白纸。这里的记忆指的是存储在外界的信息，即存储在书籍、照片、博物馆和数字媒体中的信息。很久以前，记忆是人类文化的基石。3万年前，人类学会了把记忆描绘在洞穴的岩壁上，在这之后，他们就逐渐地开始借助巨大的外部记忆媒介来存储自然记忆。最近几年，人类的这种外部记忆方式更是呈指数级飞速发展。想象一下，如果你早上醒来，突然发现世界上所有的墨水和计算机都消失得无影无踪，那将是怎样的一幅场景？我们所生活的这个世界肯定会迅速崩溃：所有的文学、音乐、法律、政治、科学、数学都会消失殆尽。我们的文化其实就是一座存储在人类大脑之外的记忆大厦。

如果纯粹使用我们的自然记忆力来保存有价值的信息，就会出现一个无法解决的问题，即人类的寿命是有限的，人死去之后，记忆也必定会随之消失。因此，在某种意义上说，人类所创造的精致的外部记忆存储系统避免了随着人的死亡而出现的记忆消失。利用这样的系统，人类的思想得以跨越时间和空间，一代接一代地传递下去。如此一来，一种思想也就得以借鉴另外一种思想。如果通过大脑之间的传递来保存思想的话，就不会产生这样的效果。

记忆的外部存储不仅改变了人类的思考方式，也使"聪明"的定义产生了颠覆性的改变。自然记忆已失去价值。人们评价某个人是否博学的标准不再是依据自然记忆的信息量，而是演化成如何在存储于外部的海量信息迷宫中查找信息。如今，只有在一个地方，人们还在训练自己的记忆力，那就是世界记忆力锦标赛和分散在世界上十多个国家的记忆力比赛。曾经作为文化基石的记忆力，如今对于人们来说，最多也就是一种让人感到好奇的东西。在人类文化的基础从自然记忆力转到外部存储的信息的过程中，人类自身和人类世界受到了怎样的影响？在这个过程中，我们当然得到了很多，但我们是否也同样失去了很多？而我们失去了自己的记忆力，又意味着什么？

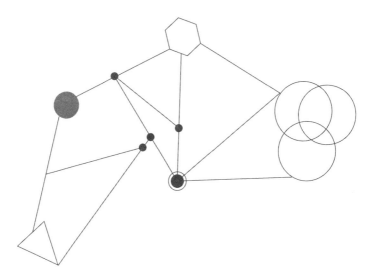

第 2 章
记得太多东西的人

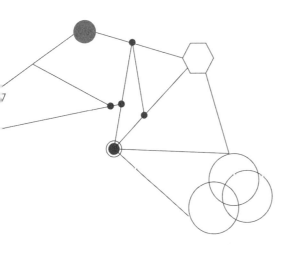

1928年5月，一位年轻的记者埃斯走进了前苏联神经心理学家卢里亚的办公室。埃斯很有礼貌地询问卢里亚，是否可以测试一下自己的记忆力。这是埃斯供职的报社的主编交给他的任务。在每天早上的报社例会上，这位主编都会给参加会议的记者们分配当天的采访任务，他以极快的语速告诉记者们所要采访的内容、被采访人的联系方式和联系地址，等等。参加会议的记者们都会把自己的任务详细地记录下来，唯独埃斯没有这么做。他只是看着主编，却什么也不记录。

　　埃斯的这种行为在主编看来是明显的心不在焉。有天早上，主编实在忍无可忍，把他单独叫了出去，连珠炮般地训斥了他一顿，希望他能严肃对待工作。主编说："难道你觉得我每天早上读这些信息是给自己读的？难道你不记下被采访人的联系方式就可以完成采访？难道你有心灵感应，可以直接采访人家而用不着地址？如果你希望能在新闻行业做出一番成绩，首先要做的事情就是在会议上集中注意力，专心记笔记。"埃斯一言不发地看着主编，听着训斥。当这位主编终于停下了对埃斯的教育后，埃斯很平静地把例会上所有内容逐字逐句地重复了一遍，竟然一字不落。主编惊呆了，一时间不知道该说什么好。埃斯后来也有点儿吃惊，因为在那天之前，他一直以为其他人也都能像他那样把接收到的所有信息都记下来。

进入卢里亚的办公室之后，埃斯还在怀疑自己的记忆力是否真的非同寻常。这位神经心理学家对他进行了一系列测试，希望能评估一下他的记忆力到底好到什么程度。卢里亚先让埃斯试着背诵一串数字，他惊讶地发现，埃斯居然能背下来长达70个数字的序列，而且先是从前到后背了一遍，接着又从后到前背了一遍。卢里亚不断地测试埃斯，不过一直没有难倒他。卢里亚后来回忆道："他当时根本没有意识到自己在记忆力方面的特长，也想象不出自己的记忆力和常人有什么不同。不管我测试他的内容是有意义的单词，还是没有任何意义的音节、数字或声音，他都能够准确地记下来。不管是口述给他还是写下来测试他，对他都没有任何影响。他只需要我在每个要记忆的元素之间停上3～4秒钟。作为测试者，我发现自己的大脑有点混乱了。我得承认……自己没有办法再对这个人的记忆力测试下去了，尽管大家都认为测试记忆力应该是心理学家最简单的工作。"在此后的30年，卢里亚一直没有停止研究埃斯的记忆力。后来他写了一本书，名字叫《记忆大师的心灵：一本关于超强记忆力的书》。这本书后来成为变态心理学领域的经典之作。埃斯不懂数学，但是可以牢牢记住复杂的数学公式；不懂意大利语，却可以背诵意大利诗歌，甚至包括一些冗长的官腔十足的文章。埃斯在记忆力方面所显示出的天赋不仅表现在能够背诵大量的材料上，更加让人称奇的是，他的记忆力似乎永远都不会消退。

　　普通人的记忆力会随着年龄的增长逐渐消退，也就是所谓的"遗忘曲线"。从开始记忆一则信息的时候，就意味着记忆力开始慢慢消退了，直到最后彻底遗忘这条信息。在19世纪的最后10年里，德国心理学家赫尔曼·艾宾浩斯开始对记忆消退的过程进行量化研究。为了搞清楚人类记忆力的消退过程，他花费几年的时间记下了2300个由三个字母组成的音节，这些音节没有任何含义，比如"GUF""LER""NOK"等。在规定的时间内，他测试了自己遗忘掉的音节数量和记忆下来的音节数量，然后把测试结果用图形绘制出来，呈现在他眼前的是这样一条曲线：

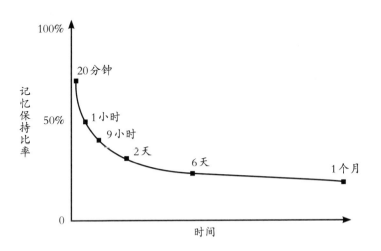

不管他怎么测试自己的记忆力，结果基本上都是一样的。在记下这些无意义的音节之后的第一个小时内，他就会忘掉这些音节中的一半。一天以后，他又忘掉10%。一个月之后，他又忘记了14%。在这之后，对剩下的音节的记忆就比较稳定，它们形成了稳定的长期记忆，遗忘这些音节的速度也会变慢。

但是，埃斯的记忆力似乎并没有遵循这样的规律。无论任何时候，只要卢里亚让他背诵一些信息，不管这些信息的量有多大，或者是多久之前开始记忆的（甚至是16年前的信息），他都能够准确地背诵出来，就像他刚刚记住这些信息一样。卢里亚在书中写道："他就那么坐着，闭着眼睛，停顿了一下，然后说：'对……没错……这是你在你的公寓里测试过我的内容……你当时就坐在桌子旁边……穿着一件灰色的外套……'然后就一口气背下来我当时测试他的内容。"

在卢里亚的笔下，埃斯就像是个外星人。在变态心理学年鉴中，埃斯这个案例常常被看作是独一无二的个案。但是，在我看来，还可以从另外一个角度看待埃斯。我们这些普通人——大脑或正常或衰弱，或记忆力不好——都可以从埃斯身上借鉴一些东西。或许，在我们的大脑中也潜伏着他所拥有的这种非凡的才能。

按照常规，结束了对美国记忆力大赛的报道之后，我应该乘火车回到华盛顿的家里，写出一篇文章，之后转而报道其他主题。但是，我没有这么做，而是去了曼哈顿上东区的一所公立中学。埃德·库克将在这所中学的礼堂里给一群16岁的孩子上记忆力培训课，好帮助他们在考试中考出好成绩。那天，我取消了所有行程，跟着他来到了课堂上。他向我保证过，如果我能跟他多相处一段时间，他就会把他和卢卡斯的记忆力训练秘诀详细地传授给我。但是，在获得秘诀之前，我还得做一些基础工作。埃德首先要我和那群16岁的孩子明白一个事实，即普通人都拥有超凡的记忆力，至少在接受外界的某些信息的时候是这样的。他给大家做了一个叫作"图片识别测试"的记忆力测试。

　　课程开始之前，他向大家做了自我介绍："我来自英国。我们那儿的人可没把时间用在扩展自己的社交圈上，而是喜欢把时间花费在记忆东西上。"这句话颇有点儿自我解嘲式的幽默。为了证实他的超群记忆力的可信度，他现场表演了一项绝活——一分钟内记住了70个数字（速度是埃斯的3倍），然后便直接开始了对我和在座学生们的记忆力测试。

　　"下面，我要向你们展示一组图片。图片播放的速度会很快，"他尽量提高嗓门儿，试图压过台下的喧闹声，"你们要尽力记下这些图片，记得越多越好。"接着，他按了一下遥控器上的一个按钮，我们头上的灯暗了下来，台上的投影屏幕上开始放映一组幻灯片，幻灯片中各张图片依次出现的间隔几乎不到半秒钟。有一张是拳王穆罕默德·阿里打败索尼·利斯顿时的图片，有一张图片上全是杠铃，有一张是尼尔·阿姆斯特朗留在月球表面的脚印，有一张是弗里德里希·尼采《论道德的谱系》一书的封面，还有一张图片上是一朵红玫瑰。

总共有30张图片，每一张停留在我们的眼前的时间极短，能记住一张几乎都不可能，更不用说是全部图片。但是，我还是尽力从每张图片上捕获一些细节，快速地在大脑中做了笔记。最后一张图片上是一只羊。之后，屏幕黑了，头上的灯重新亮起来。

埃德问我们："现在，你们觉得能够把所有的图片都记下来吗？"

坐在我前面的一个女孩怪声怪气地喊道："怎么可能啊？"惹来她的伙伴们的一片笑声。

"那就对了！"埃德扯着嗓子回应道，然后低头看了看手表。这项测试的要求当然是要记忆全部图片，否则他做这个测试就没有意义了。不过我同意这个女孩的意见，记住所有图片肯定是不可能的。

埃德接下来给了我们半个小时回忆这些图片。依据遗忘曲线，在半个小时之内，我们对这些快速闪现的图片的记忆已不可避免地开始消退。然后，他又为我们放映了另一组幻灯片。这一次，在大屏幕上每次显示的是两幅图片。其中一幅是我们刚刚看到过的，另一幅则是之前没见过的。第一组图片是穆罕默德·阿里（左）和塞尔策消食片（右）。

埃德让我们指出哪一张是我们见过的。这太容易了！大家都知道刚刚见过穆罕默德·阿里，而不是消食片。他之后又放映了一组图片，这次是一只鹿（左）和尼采的书（右）。他说："你们这么容易就记住了，真是让我吃惊啊。"

当然，我们也很准确地辨认出了第二组图片中那张见过的图片。他一共放映了30组幻灯片，礼堂里每个学生包括我，都能够辨认出哪一张是刚刚见过的。"看看，这可真有意思。"埃德故作惊讶，边说边在铺着地毯的礼堂主席台上踱着步子，看起来颇有学究气派。"就算我们用1万组这样的幻灯片来做测试，大家也能清晰地辨认出来。看看，就像某个著名实验的结果，普通人对图像的记忆能力确实很强。"他说的那个实验是20世纪70年代一批研究人员所做的记忆力测试，方法跟埃德的很相似，只不过被测试者所要记忆的不是30张图片，而是1万张。该测试花费了一周时间，之后一直被人们津津乐道。对于人的大脑来说，这1万张图片可是一个不小的记忆量，更何况每个被测试者只有一次机会浏览这些图片。但是，研究人员发现，所有被测试者居然能记住其中80%的图片。最近，研究人员又进行了一次类似的研究。这次的图片数量是2500张，但是被测试者并不是在穆罕默德·阿里和消食片这样差别极大的图片之间加以辨认（不管这位原名卡修斯·克莱的拳王看起来多么兴奋，这种辨认还是极其简单的），而是要在两幅几乎相同的图片中辨认出其中一幅。比如一叠5美元的钞票和一叠1美元的钞票，一张绿色的火车票和一张红色的火车票，一只带有小把手的钟表和一只带有宽把手的钟表，等等。研究结果显示，不管图片之间的差异多么微小，被测试者都能辨识出其中的90%。

这些数字真让人吃惊。其实凭直觉我也感觉得到，人类的记忆力是很棒的，这些数字只是把我的这种感觉量化了。我们每天都纠缠于自己记忆力方面的弱点，比如放错了钥匙、忘记了别人的名字，或是到了嘴边的话怎么也记不起来。其实，记忆力最大的弱点或许就表现在我们忘记了一个事实，即平时我们遗忘的东西其实是很少量的。

埃德继续说道："刚刚大家看到的事情很不可思议，而这正是我希望你们看到的。我可以把这个测试隔上几年再做，看你们能否辨认出先前看过的图片，你们应该依然能够认出来。在大脑里，一定有一个地方储存着你们接收到的所有信息。"

埃德的话听起来有点不可思议，而我也很好奇地想验证一下他说的是不是真的。我在想，我们的记忆力到底有多好呢？真的有可能记下所有的信息吗？

人类其实从来没有真正忘记过什么东西。就在我们讨论记忆力的时候，这种意识已经存在了。我们经常把记忆力比作相片、录音机、镜子或计算机等，这类比喻通常都指向一种机械上的精确度，仿佛大脑就是一台精确转换我们的经历的信息转换器。最近我才知道，大多数心理学家其实都很怀疑人类的大脑是否具备像录音机一样的功能。难道一个人一生的记忆真的是储藏在大脑某个不为人知的"阁楼"里？记不起某些事难道是因为存储记忆的位置错误了，而不是说这些记忆消失了？心理学家伊丽莎白·洛夫托斯在20世纪80年代发表了一篇文章，至今引用率仍很高。在这篇文章里，她记录了一项问卷调查的结果。这些调查对象主要是她的同事，问卷结果表明，80%的被调查者都相信这样一种说法："我们接收到的所有信息其实都存储在我们的大脑中。只是有些时候，我们可能会记不起来一些细节。但是，通过催眠或其他特殊的方法，对这些细节的记忆就能够被重新唤醒。"

洛夫托斯在文章中称，早在1934—1954年，加拿大神经外科医生怀尔德·彭菲尔德就做过一系列实验，结果验证了上述说法。当时，彭菲尔德在癫痫病患者清醒的状态下打开了患者的头颅，然后用电探针刺激颅内的神经，希望能够查清楚这种疾病的根源，并最终彻底治愈。但是，当他用电探针刺激病人颞叶的时候，不可思议的事发生了。病人开始生动地描述一些已经遗忘了很久的记忆。而当他再次刺激同一部位时，病人描述的记忆与前一次还是相同的。根据这些实验，彭菲尔德开始相信人类的大脑可以存储人们接收到的所有信息，不管是无意识的还是有意识的，而且这种存储是长久性的。

荷兰心理学家威廉·瓦格纳尔也是这么认为的。1978—1984年，他每天都挑选一两件发生在自己身上的最重要的事情，用卡片记录下来，最后这些卡片就集成了一本日记。对于每一事件，他都用不同的卡片分别记录了事件的内容、发生的时间和地点，以及涉及的人。1984年，这位心理学家开始对他6年来记录的事情进行记忆测试。他随机抽出一张卡片，然后测试自己对卡片上记录的时间是否还有记忆。测试结果表明，只需要卡片上的少量信息提示，他就几乎能记起所有发生过的事情，尤其是最近发生的事情。但是，对于那些最早记下来的事件中的20%，他已经全部忘记了，没有留下一点记忆。这些记录在自己日记里的事情完全是陌生的，好像从来没有发生过。

但是，这些记忆真的消失了吗？瓦格纳尔不相信。他决定挑选10件他已经没有任何记忆的事情，去询问一下这些事件当时涉及的人。他找到了这些人，然后向他们询问了这些事件的一些细节，希望能够帮助他回忆起这些事件。在不断的提示下，有些人向他提供了事件的一些细节，然后根据这些细节，他回忆起了这些事件。至此，他完全回忆起了在过去的6年里所记录下来的每件事。最后，他总结道："根据这个实验，我们可以说，人类不可能完全遗忘他们所经历的每一件事情。"

即便如此，在20世纪最后的30年里，大多数心理学家还是不相信人类有能力记住所有经历过的事情，然后等着这些记忆自己浮现出来。后来，神经系统科学家开始研究记忆力。研究结果表明，随着时间的推移，记忆力的消退、变化和最终的消失是大脑细胞的一种物理机能。如今，大多数心理学家认为彭菲尔德的手术实验激起的只是病人的幻觉，一种"既视感"或梦境，而非真正的记忆。

然而，很多人都经历过这样一种情况，似乎已经忘却很久的事情在某个时间突然在脑海中浮现了。我们也相信，如果有正确的暗示，我们就能记起一件事情的始末。事实上，对于人的记忆力，最普遍的一种错误认识就是人类拥有影像式记忆。对这样的说法，埃德嗤之以鼻。我跟他讨论所谓的影像式记忆的时候，他坦言曾经在某天早上醒来后出了一身冷汗。他是在担心，某一天某位拥有影像式记忆能力的天才在报纸上获悉世界记忆力锦标赛的消息，然后来到赛场把他们这些选手"痛扁"到太平洋里去。得知大多数科学家都认为世界上不可能有这样的人，他才安下心来。有很多人自称拥有影像式记忆能力，即便如此，也没有证据证明他们能够存储瞬间记忆，然后再准确地回忆起这些内容。不过，在科学文献中，确实有一位科学家提到过一个影像式记忆的案例。

1970年，哈佛大学研究视觉的科学家查尔斯·施特罗迈尔三世在著名的科学杂志《自然》上发表了一篇文章，文章记述了一位叫伊丽莎白的哈佛女生所拥有的超能力。有一天，施特罗迈尔盖住伊丽莎白的左眼，只让她用右眼看一张由1万个随机分布的点组成的图案。第二天，又蒙住她的右眼，让她用左眼看另外一幅点图。令人吃惊的是，伊丽莎白竟在头脑中将两幅图叠加在一起，好像她看到的不是点图，而是风靡20世纪90年代的"魔术眼"随机点三维立体图[1]。她说,注视这些图形的时候,她看到的是由两幅点图重叠在一起组成的一幅新图案。伊丽莎白这个案例似乎首次证明了人世间是存在影像式记忆的。但是,接下来事情的发展就像肥皂剧般极具戏剧性,施特罗迈尔和伊丽莎白结婚了!之后,对伊丽莎白的研究也就无疾而终。

1979年,另外一位研究人员约翰·梅里特开始继续进行施特罗迈尔的这项研究。他在全美的报纸和杂志上刊登了一道关于影像式记忆的测试题,测试题包含了两幅随机点图。梅里特期待尝试做测试题的人中有人能拥有像伊丽莎白那样的超能力,这样一来也就能证明伊丽莎白的情况并不是个案。他估计有上百万人尝试做过这道题。最终,有30人的答案是正确的,其中15人同意梅里特对他们进行研究。但是,在对这15人进行现场测试的时候,却没有一个人能够做到伊丽莎白所做到的。

伊丽莎白案例中出现了很多不符合常规的情况。比如,研究人员与被测试者结婚,测试到中途就停止了,没有其他人拥有伊丽莎白这样的超能力,等等。一部分心理学家断定施特罗迈尔的研究中存在一些猫腻。后来,我对施特罗迈尔进行了电话采访,他否定了这些心理学家的话:"我们保证我们的实验数

---

1 随机点三维立体图是由许多重复性图案组成的平面图,平面图中暗藏三维图案,可通过特定的方式观看到其中的三维立体图。

据没有任何问题。"但是，对于这次只涉及一位女性被测试者的研究，他坦言："这次测试确实不能证明其他人也拥有影像式记忆。"

随着年龄的增长，我对那些能够将厚达5422页的《塔木德》倒背如流的超级正统犹太教徒的故事越来越着迷。传说是这样的，你用大头针随便戳到法典的哪一页，这些教徒都能一字不落地背诵出这一页上的所有文字。我一直感觉这样的事并不可信，认为这个故事就像希伯来学校里的拉比升空传说，或用包皮制作钱包和箱子一样令人难以置信。但是事实上，这些法典钻研者们在犹太人中享受着神明般的待遇，其受尊敬的程度不亚于铁臂人格林斯坦。1917年，心理学家乔治·斯特拉顿在《心理学评论》上发表了一篇文章，记述了他对一些波兰《塔木德》学者的研究。这些学者都能熟练背诵这部法典，而且记忆非常准确。虽然乔治·斯特拉顿对他们的记忆力很是佩服，他还是在文章中指出："这些法典研究者在学术上根本没有任何造诣。"对自己的研究领域，他们都不会像记忆法典那样执着，所以也就没有达到像记忆法典那样过目不忘的能力。任何普通人，只要能够穷其毕生精力来记忆这本厚达5422页的书，都能达到这些法典研究者的记忆水平。

那么，如果说影像式记忆是一个神话，那又该如何解释那位前苏联记者埃斯的超级记忆力？难道是他在自己的大脑中给要记忆的信息拍了照？如果不是，他又是怎么做到这一切的呢？

埃斯的大脑的特殊性不仅局限在超级记忆力上，他的大脑还有一种感觉上的混乱，专业领域称其为"联觉"[1]。这种混乱表现为埃斯每听到一个声音，就会感觉这个声音有一定的颜色和质地，甚至有时候还附带着一定的味道，然后他就产生了"一系列复杂的感觉"。对于有些词语，他听起来的感觉是"很光滑，白色的"，有些词语却是"跟箭头一样锐利，橙色的"。而卢里亚的同事，著名的心理学家列夫·维果茨基的声音则是"很脆，黄色的"。电影摄影师谢尔盖·艾森斯坦的声音很像"火焰"，而且还带有一些"突出来的纤维"。

词语让埃斯的脑海中充满了各式各样的心理影像。如果我们听到或者从书本上看到"大象"这个词语，我们在第一时间的反应就是：大象是一种体形硕大、浑身灰白、行动迟缓、四肢粗壮、鼻子很长的动物。大多数情况下，我们的脑海中是不会显现出大象的样子的。当然，如果刻意去想象，大象的样子也会显现出来，只不过需要稍微做一点努力。在正常的交谈和阅读过程中，是没有必要这样做的。不过，埃斯的大脑却能自动地在第一时间产生词语的影像，这一过程无法遏制。他跟卢里亚说："我听到'绿色'这个单词的时候，我就看到了一只绿色的花盆；听到'红色'的时候，就看到一位穿着红色上衣的男人朝我走过来；听到'蓝色'，就看到有个人站在一扇窗户

1　联觉，又译作"共感觉""通感"或"联感"。

前面挥舞着一面蓝色的旗子。"因为每个单词都能引起一个联觉影像，有时是一种味道，有时是一种气味，埃斯每天就像活在一个好似曾经从现实中剥离的梦境一样，但他本人却清醒无比。他的肉体在这个世界上活着，而精神却在另一个充满影像的世界里游走。

这些出现在埃斯大脑中的影像是如此清晰，有时候甚至埃斯都把它们当成了现实。卢里亚在他的书中写道："其实，对于埃斯来说，很难说清楚到底是他大脑中的影像世界是真实的，还是他所生活的这个世界是真实的，他或许只是这个世界里的一个匆匆过客。"当埃斯想象着自己追在一列火车的后面使劲儿地奔跑时，他的脉搏跳动就会加速；当他想象着把手伸到一个滚烫的火炉里，他的体温就会随之上升。他甚至自称可以运用想象减轻疼痛："比如我去看牙医……我坐在那儿，感觉到疼了……我就看到了一小截橘红色的细线。这时，我就感觉很难受，因为如果就这么想着，不管它的话，这一小截细线会变成一团线……所以，我就在头脑里把这小截线剪断，然后让它变得越来越小，直到剩下一个小点。这个时候，疼痛就消失了。"

对于埃斯来说，甚至连数字都带有人的性格。他的原话是："1是一位很骄傲的体型很好的男士；2是一位情绪激昂的女士；3是一个忧郁的人（为什么？我怎么看不出来？）；6是一位男士，他的脚肿了；7是一位留着胡须的男士；8是一位胖胖的女士，或是一个麻袋套着另一个麻袋；而87则是站在一起的一位胖胖的女士和一位男士，这位男士使劲儿地捋着自己的胡须，而且动作很快。"虽然埃斯能够运用他的联觉记忆如此形象地想象出这些数字，但是他却理解不了所有的抽象概念和比喻。他解释说："如果在脑子里产生不出视觉影像，我就没有办法理解。"比如像"无限大"和"没什么"这样的抽象词语，他就很难理解。"比如说听到或看到'某些事情'这个词语时，我能看到的就是一片很浓的蒸汽，颜色跟烟一样。我听到'没什么'这个词的时候，看到的是一片稀薄的蒸汽，几乎是透明的。我尝试着去抓一些'没什么'的时候，什么也抓不到。"这时候，埃斯在脑海里就找不出什么东西可以描绘这些词语了。再比如像"字斟句酌"这样的抽象表达，在埃斯的大脑里出现的是一杆秤。埃斯基本上无法理解诗歌，除非诗歌的表面意思和深层含义完全相同。就连简单的故事他也很难理解，因为看到一个词语，他大脑里就会不自觉地产生这个词语的影像，再不然就是一些关联的影像或记忆，这样也就阻碍了他的理解。

像埃斯的记忆一样，我们所有人的记忆处于一个相互关联的神经网络中。但这里所说的相互关联的网络并不是比喻，而是大脑物理结构的一种真实状态。我们的脊柱前端顶着一个3磅重的家伙，它正是大脑。每个大脑中大约包含1000亿个神经元，而每个神经元与其他神经元之间的关联大约有5000～10 000个。

从最基本的生理学层面上讲，记忆其实就是神经元之间的关联。我们记忆中的每一种感受，我们的每一个想法都是由这个庞大的神经网络中神经元之间的关联改变而产生的，通过这种改变，我们的大脑也相应产生了变化。可以说，就在你读完这句话之后，你的大脑的物理结构就已经发生了很大变化。

听到"咖啡"这个词，你可能想到的是"黑色""早餐"和"苦"。这是一系列电脉冲沿着大脑中的某条路径飞驰的结果，这条路径在大脑中是真实存在的，它连接了一系列神经元，用以解码"咖啡""黑色""早餐"和"苦"等概念。科学家们已经十分清楚这个原理，但是这些神经元是怎样"承载"记忆的，至今在神经学领域还是一个难解之谜。

近几十年来，全球各行各业都取得了重大进展，但是时至今日，还没有谁真正看到过人类大脑里的记忆状态。依靠现有的成像技术，神经学家可以了解到大脑的基本结构。而对神经元的研究又让人们了解了脑细胞之间的关联和内部结构。但是，依靠现在的科学技术，人们依然搞不清楚大脑皮层神经回路是如何工作的，而大脑充满褶皱的组织又是怎么帮助人们计划未来、计算数学题、创作诗歌并保存记忆的。目前，我们对大脑进行认知就好比在飞机上俯瞰一座城市。我们能看到这座城市的工业区、住宅区、机场和主要交通干线的位置，也能看到郊区和城区的分界线，甚至连这座城市中的某位居民（相当于大脑中的一个神经元）的样子都能够清楚地看到。但是多数情况下，坐在飞机上的我们不可能知道，下面这座城市里的某位居民如果感到饥饿会到哪里就餐，也不清楚他们是怎样生活的，使用什么交通工具。大脑让我们的感知时而出现时而消失。大脑的内部，也就是一些想法、记忆和语言，对于研究者来说至今仍是一大谜团。

但是，至少有一件事是清楚的：大脑的非线性关联让我们难以有意识地按照一定的顺序去搜索记忆。只有在关联性的想法或知觉（在充满无穷关联的大脑神经网络中的其他节点）的触动下，在人们的意识中才会猛然跳出一种记忆。因此，在记忆偶尔消失时（例如突然忘记一个人的名字），继续往下回忆或回想都是徒劳的，也很容易让人产生一种挫败感。这个时候，我们唯一能做的就是在这一片黑暗中停下来，然后打开手电筒去寻找一些线索，帮助我们重新回忆起这条信息。比如，我们要回想"她的名字是以字母L开头的……她是画家……几年前我还在一次聚会上见过她"，就这样想下去，直到利用这些关联的记忆回想起某件事情，"哈，对了，她叫莉萨！"大脑的记忆并不是遵循线性逻辑而产生的，我们要做的是按照顺序在大脑中查询，或者整体浏览这些记忆。

但是，埃斯跟常人不同，他就可以按线性逻辑回忆信息。他的记忆就像图书馆里的卡片目录一样有条有理。他记住的每一条信息在他的大脑里都有着固定的地址。

比如，如果我让某个人记忆以下这些词语："熊""卡车""大学""鞋""戏剧""垃圾""西瓜"。他或许能够把这7个词全部记下来，但是很难按照顺序记住。埃斯却可以做到。对于埃斯来说，在一串信息中的第一条信息一直都会牢固地与第二条信息相连，然后第三条信息继续牢固地连接第二条信息。不管他是记忆意大利诗人但丁的《神曲》还是数学公式，所有的记忆都是按照线性方式存储的，这也就可以解释为什么他不仅能够从头到尾正常背诵一首诗歌，也能够把它倒着背出来。

埃斯在记忆信息的时候，他的大脑会严格按照一定的顺序把这些信息归入一定的结构和位置中，这样的结构和位置是他所熟悉的。卢里亚在书中写道："当埃斯读到一长串单词的时候，每个单词都能激发出一幅图像。如果这串单词太长，他就会找到合适的方法，按照一定的顺序来分配这些图像。大多数时间……他会沿着他脑海中的道路或街道'分配'这些图像。"

在记忆信息的时候，埃斯的大脑会沿着莫斯科的高尔基大街散步，或者来到他在托尔若克的家中，或者去其他一些他曾经到过的地方，然后把脑中的所有图像沿着他走过的路线安放到不同的位置。例如，他会把第一幅图像放在一座房屋的门口，把第二幅放在一个路灯附近，把第三幅挂在一个篱笆墙上，把第四幅放在花园里，然后把另外一幅放在一家商店的橱窗架子上。他的大脑在分配这些图像的时候，就像沿着一条真实的街道摆放真实的物体一样容易。如果要求埃斯记忆

"熊""卡车""大学""鞋""戏剧""垃圾""西瓜"这7个词语，他就会先想象出7幅图像，然后再沿着出现在他脑海中的道路摆放这些图像。

摆放完毕之后，如果未来的某年某月某日，甚至在10年之后，埃斯要回忆这些图像，他只需要重新来到存放这些图像的道路上，再沿着街道走上一遍。这时，他依然能清楚地看到他原先摆放的图像。不过，在少数情况下，埃斯也会忘记某幅图像，卢里亚这样描述埃斯的这种遗忘："这些遗忘……并不是'记忆的缺陷'，而是一种'感知上的缺陷'。比如说，埃斯在记忆一长串单词时，会忘记'铅笔'这个词。他自己是这样解释的：'我把铅笔的图像放到了篱笆边……你知道，就是街边的那个篱笆。但是，它掉到篱笆里去了，我沿着街道走的时候根本就没看到它。'有一次，他又忘记了'鸡蛋'这个词，他说：'我把鸡蛋靠在了一堵白墙上，但是鸡蛋是白色的，墙也是白色的，它们混在了一起，我也就看不到鸡蛋了。'"

埃斯的记忆力就像一头野兽，不管你喂它什么，它都狼吞虎咽地吞下去，却没有能力把那些不值得留在脑子里的信息排除掉。埃斯面临的最大难题就是卢里亚所说的"遗忘技巧"。每种感知所附带的图像都存储在他的大脑中，这些图像他一个都忘不掉，这种情况让他感觉很不舒服。埃斯尝试过各种方法，试图把这些图像从脑海中抹去。他把这些信息写到一张纸上，希望这样自己就不会再去记住它们，但是没用。无奈之下，他把这张纸给烧了，但还是不起作用，他居然在火中也能看到数字。最后，老天突然开眼了。有天晚上，他的脑子里浮现出以前记忆过的一张数字表，怎样都抹不掉。就在这天晚上，他找到了忘记的秘诀。他的方法是：告诉自己，想要遗忘的东西本身是没有任何意义的。他说："如果我自己不愿意记起这个数字表，它就不会在我的脑子里出现。我需要做的就是要意识到这一点。"

大家或许会想，既然埃斯拥有像吸尘器一样横扫一切碎屑的记忆，他应该会是一位很成功的记者。我想，如果我也可以不用记笔记而仅仅依靠大脑记住所有的信息，而且在需要这些信息的时候能够立刻回想起来，那么我的工作肯定会做得更好。或许，我还可以把所有事情都做得更好。

但是，埃斯的记者生涯并不成功。他在报社没待多久就换工作了，之后的其他工作也是一样，都做不长久。卢里亚说，埃斯就是那种"注定漂泊的人，然后日日期待着什么时候会有特别美好的事情出现在他的生活中"。到最后，再也没有公司愿意聘用他。他成了一位表演者，就像阿尔弗雷德·希区柯克的影片《三十九级台阶》中的记忆术职业表演者一样，成了舞台上的老古董。

在豪尔赫·路易斯·博尔赫斯的短篇小说《博闻强记的富内斯》中，他塑造了一个和埃斯一样的主人公富内斯。富内斯的记忆永不消退，但是他分不清楚什么是重要的事情，什么是不重要的事情，不会按优先顺序整理信息，也不知道什么是归纳。他"没有一般的、纯理论的思维"。就像埃斯一样，他的记忆力过于强大了。博尔赫斯在故事中总结道，是遗忘而不是记忆造就了人的思维。这个世界如果要变得更有意义，我们就要学会过滤信息，"思考其实就是遗忘"。

埃斯的记忆力强大得有些让人吃惊，不过事实上，普通人也拥有像他这样高度发达的记忆力。在伦敦，偶尔会看见骑着轻便摩托车的年轻男人（很少看到这样的女人）在车流中快活地穿梭，在行驶的空当，他们偶尔还会瞄上一眼绑在车把手上的地图。这些勤奋的摩托车驾驶员其实是在努力训练自己，希望能够成为伦敦市的出租车司机。在得到伦敦公共运输局的职业认证之前，这些准出租车司机需要花费2～4年的时间记忆2.5万条街道和1400个路标的位置，还要对这座巨型迷宫般的城市的交通情况了如指掌。这个过程完成之后，他们还要参加一项名为"知识测验"的考试，该项考试的难度极高。要想通过考试，他们不仅要准确地找出伦敦市内任意两个地点之间的最短路线，还要给出这条路线上所有重要旅游景点的名字。在参加考试的所有考生中，大约只有30%的人能够通过考试并拿到驾照。

2000年，英国伦敦大学学院的一位神经学家埃莉诺·马奎尔决心研究一下，在伦敦市内迷宫般的大街上开出租车的经历对这些司机的大脑有什么样的影响（如果有的话）。她把16位出租车司机请到了她的实验室，然后用核磁共振图像扫描仪扫描了这些司机的大脑。结果，她发现了一个惊人的现象：这些司机的大脑的右侧海马区后部比普通人的这一部位大7%。虽然这个数字本身微不足道，但是它却令我们看到大脑的差异是巨大的。马奎尔得出结论：这些司机在伦敦市内大街小巷穿梭的经历已经改变了他们大脑的总体物理结构；而且司机的驾龄越长，这种影响也就越大。

人类的大脑是一个易变器官，它可以在特定的范围内被重新构建。如果一个人接收到一种全新的感知，大脑也会重新适应这种感知。这种现象叫作"可塑性"。一直以来，人们都认为成年人大脑的神经元是不可再生的，而且神经元的突触可以通过学习重新组织，从而形成新大脑的细胞关联，大脑的基本解剖结构是相对稳定的。但是马奎尔的研究证明，这种看法是错误的。

马奎尔在完成了对出租车司机进行的突破性研究之后，把研究方向转向了脑力运动员。她和《超强记忆》一书的两位作者伊丽莎白·瓦伦丁、约翰·怀尔丁一起组成研究小组，对参加过世界记忆力锦标赛的10位顶尖记忆力选手进行了研究。他们想搞清楚，这些参赛选手的大脑结构和普通人的是否不同（就像伦敦出租车司机的大脑结构有异于常人的那样），如果不是，那么他们是不是因为很好地利用了记忆力，才令记忆力达到如此高超的水平。

　　马奎尔和其他两位小组成员用核磁共振图像扫描仪扫描了这10位参赛选手及一组被测试人员。在扫描仪进行扫描的同时，所有的被测试人员都开始记忆一组三位数字、一组人类面孔的黑白图片和一幅放大的雪花图像。马奎尔他们原本以为，这些拥有超强记忆的脑力运动员的大脑结构会与普通人不同，那样也就能说明在进行大量信息记忆的同时，这些选手可以重组自己的大脑。但是，根据扫描仪成像数据显示，他们的大脑结构并没有什么变化。这些脑力运动员的大脑与其他被测试者完全一致。另外，在对运动员进行普通认知能力测试之后，马奎尔发现，这些运动员的得分完全处于正常范围之内。这些拥有超强记忆力的脑力运动员并不比普通人聪明，他们的大脑也并没有什么特殊之处。埃德和卢卡斯曾经对我说过，他们的记忆力其实跟常人一样普通。看来这话并非谦虚，而是大实话。不过，这些记忆力锦标赛参赛选手的大脑还是和其他被测试者的大脑有着明显的不同之处。马奎尔发现，这些参赛选手在记忆信息的时候，被激活的大脑回路和其他被测试者完全不同。功能性核磁共振图像扫描仪的扫描结果显示，在记忆信息的时候，参赛选手大脑中的某个区域相当活跃，而其他被测试者的大脑中的相应区域却并不活跃。

　　接收到新的信息后，参赛选手大脑中的一部分区域就被激活了，这部分区域也包括伦敦出租车司机大脑中扩大的那部分右侧海马区后部区域。这些区域主要负责图像记忆和空间导航。乍看之下，这种现象并不能说明什么问题。但是，为什么参赛选手在记忆这些三位数字的时候，要在大脑中把这些数字转化成图像？而他们记忆雪花图像的时候，又为什么像伦敦出租车司机一样需要导航？

马奎尔和其他两位研究人员让这些脑力运动员描述一下在记忆信息的过程中具体都在想些什么，他们的回答揭示出他们使用了一种和埃斯记忆信息一样的方法。只不过他们的大脑并不是先天就拥有这样的联觉记忆能力，他们是有意识地把要记忆的信息转化为图像，然后把图像沿着自己熟悉的空间路线摆放。在这方面，他们的大脑并无天赋，而且也不是自动完成这一过程的。马奎尔的功能性核磁共振图像扫描仪扫描结果中所呈现的脑力运动员的脑神经活动方式，是经过训练和练习的结果。脑力运动员们进行自我训练，才使记忆力变得和埃斯的一样强大。

我对埃德、他那沉默寡言的朋友卢卡斯，以及他们推广超强记忆力的宏伟计划产生了浓厚的兴趣，而他们俩似乎对我这样一位和他们年龄相仿的记者也产生了兴趣。他们或许以为我会把他们的故事写出来，发表在某份他们没听说过的杂志上，或者能帮助他们快速成为记忆术领域的名人。结束了学校的培训课程后，埃德和卢卡斯邀请我到附近的一家酒吧里坐坐。在那里，我们和一位摄影师见了一面。这位摄影师很有抱负，是埃德上寄宿中学时的好友。在埃德和卢卡斯在纽约的日子里，他形影不离地跟着他们，用一台8毫米摄影机拍下了埃德和卢卡斯所有有趣的经历。有一次，他们要去帝国大厦的观景台游玩。在电梯到达观景台的53秒时间里，卢卡斯尝试着记住一副扑克牌的顺序。这次经历也被这位摄影师拍摄下来。（埃德面无表情地告诉我："我们想看看全球最快的电梯的速度能不能超过奥地利最棒的扑克牌记忆能手的记忆速度，结果电梯输了。"）

喝了几杯酒之后，埃德似乎很急切地希望我多了解一些关于这些脑力运动员的隐秘的地下世界。他要给我介绍一下关于KL7的一些仪式。所谓KL7，是"一个记忆能手的秘密组织"，是他和卢卡斯在参加2003年吉隆坡记忆力锦标赛时共同创办的。不过，很明显，这个组织可不像他形容的那样隐秘。

我问他："KL，指的是吉隆坡（Kuala Lumpur）吗？"

"不是的，KL代表的是'学习骑士'（Knights of Learning）。后面的数字7是因为最开始的时候，这个组织有7个人。"埃德一边给我解释，一边喝着啤酒。啤酒是免费的，因为他刚刚给这里的女服务生表演了记忆扑克牌的绝技，结果赢得了三杯免费啤酒。他接着告诉我："KL7是一个致力于改善教育水平的国际性组织。"

"能够成为我们协会的成员，是一种特别高的荣誉。"

埃德又补充了一句。

这个组织曾经获得过1000多美元的投资，但是现在都冻结在卢卡斯的银行账户里。埃德承认，KL7从成立至今还没有做过什么事情，组织里的成员也只是在记忆力比赛过后的晚上聚一聚。（卢卡斯曾经设计过一个可折叠箱子。靠这个小玩意儿，组织挣了一些经费。）我想了解这个组织的其他相关事情时，埃德却要向我介绍他们最重视的一项仪式。

"就叫它'魔鬼的仪式'吧！"埃德说完之后让身旁的纪录片摄影师乔尼用手表定个时间。然后他接着说："我们每个人只有5分钟时间，这期间要做的事情是喝两杯啤酒、亲吻3位女士和记忆49个随机数字。为什么是49呢？因为它是7的平方。"

卢卡斯很快回应道："我感觉这件事可是真有点儿难度，不过，让我说难还真是不容易啊！"他穿着一件亮闪闪的墨绿色外套，领带比这件外套还闪亮。他让那位刚刚看过他扑克牌表演的女服务生亲他3下，女孩很愉快地照做了。

"从技术上讲，你这3个吻是不太符合要求的。不过，我们饶了你！"埃德宣布，啤酒顺着他的下巴往下流。接着，他从口袋里抽出一页印有数字的纸，把它撕成了几部分。他的手指沿着这些数字飞快地往前移动，直到第49个数字那里停了下来，然后他站起身，唾沫飞溅地喊道："看我的！"说完之后，他一瘸一拐地走出酒吧，走到一个货摊前，那儿站着3位银发女士，看起来年纪很大，估计不太喜欢酒吧这样的喧闹场合。

埃德向这3位女士使劲儿解释着他的处境。时间一分一秒地过去了，3位女士对他的请求还是没有任何回应。但是埃德隔着一张桌子，倾身向前，一个个地吻了过去。她们满是皱纹的脸上不约而同地露出迷惑不解的表情。

埃德带着胜利者的姿态回来了。他挥舞着胳膊，要我们和他击掌庆贺，然后宣布下一轮比赛开始。

我有点儿搞不懂埃德这个人。我逐渐了解到他其实是个唯美主义者，这让他有些像作家奥斯卡·王尔德。他完全把生活看成了艺术，在我遇到的人里，还没有谁像他这样唯美地对待生活，就连他的无忧无虑都好像是仔细计划过的。他所认为的有价值的事情，和传统价值观里所谓的"有用的事情"是完全不同的。如果说在他的生命中还有一个可以调动他行动的目标，即所谓的最高人生追求的话，那就是恶作剧了。他不遗余力、分秒必争地追逐着这个目标。在饮食和生活享受方面，他是极其讲究的。在完成他的博士研究项目（记忆与认知的关系）的过程中，他的态度是极其认真的，对自己的要求又是极为苛刻的，看起来他好像要完成一项很伟大的事业。从传统审美观上看，他本人长得并不怎么帅。但是在酒吧小聚的那天晚上，我亲眼看到他在大街上跟一位女士搭讪，然后问对方要一根香烟。几分钟过后，那位女士离开了，而他居然拿到了她的电话号码，而且还念念有词地背下了这个号码。他告诉我，他"最常用的酒吧搭讪术"就是先故作潇洒地靠近一位年轻女士，请对方随便说一串"任意长度的数字"，然后告诉她，如果他能把这串数字全部背出来，她就请他喝香槟。

那天晚上，埃德告诉了我很多发生在他身上的有意思的故事，包括他遇到的一些堪称"教训"的事。在新西兰的时候，因为有酒吧保安追他，他曾经从一家酒吧越窗而逃；在英国的时候，他搞砸了一位超级名模的聚会（"那时我还在用轮椅，对单侧车轮离地平衡的特技很拿手，所以逃跑起来还是很容易的"）；有一次是在巴黎，他参加一位英国大使举行的聚会，把现场弄得乱七八糟（"那次我穿着一双很脏的鞋，那位大使撵着我满屋跑"）；在洛杉矶的时候，他为了付公共汽车的车票还乞讨过，这段经历他是怎么也忘不掉的。

那天，我对他的这些自我编排的离奇故事还有一点怀疑，因为那时我并不真正了解他。同时，我也没有意识到，其实在他心里，他很清楚这些行为是很过分的。我们一起喝了很多酒，我感觉这段酒吧时光过得还不错。不过，我忽然意识到，在这期间他们一直还没有叫过我的名字。我记得第一次向他们介绍自己的时候，已经告诉过他们我的名字了。埃德在服务生面前喊我"我们的记者朋友"，而卢卡斯根本没有叫过我。我知道他们这是在逃避。但是，埃德早些时候跟我吹嘘过，他能把他见过的所有女孩的名字和电话号码都记下来。我以为，这种令人钦佩的技巧可以让一个人生活得更好。据说，比尔·克林顿从来都不会忘记别人的名字，看看，人家最后成了总统。

但是，此时我对埃德口中的"能够记住"就有点儿不太确定了，或许就像他说"可以倒着背出一个长达百万位的数字"一样让人不太确信——或许是因为在他真的愿意这么做的时候，他才能做到这些。于是，我就问埃德是否记住了我的名字。

"当然了，乔希[1]嘛。"

"我的姓呢？"

"该死。你告诉过我吗？"

"当然了。福尔啊。全名是乔希·福尔，看来你还算是人类。"

"咳，我……"

"我以为你记忆人名的时候，应该有很不错的技巧啊。"

"理论上讲，是这样的。但是这种技巧的实用性和我的酒量是成反比的。"

后来，埃德对我解释了他记忆人名的过程。在参加记忆力锦标赛的面孔与人名项目时，他就是按照那样的过程记住了全部99张面孔所对应的名字（只包括名和姓两个词）。他向我保证，我也可以使用这种方法记住参加聚会和会议的人们的名字。"其实很简单，"他说，"就是把一个人的名字的发音和你很熟悉的一个形象联系起来。要在大脑里想象出跟这个人有关的一个生动的形象，然后利用这个形象，把你对这个人的脸

---

1 乔希，乔舒亚的昵称。

部记忆和名字的记忆永久地联系在一起。如果以后回想起或者需要记起这个人的名字的时候，你所想象的那个形象就会自动跳到你的大脑中……然后呢，呃，你说你叫乔希·福尔，对吧？"他扬了扬眉毛，夸张地摸了摸下巴："嗯，我会想象我们在比赛大厅外第一次见面的时候，你在调戏我。然后我呢，就把自己分成了四份回应你。'四'（four）不是和'福尔'（Foer）的发音一样吗，知道了吧！相比你的名字本身来说，这种想象更有意思一些——至少对我来说是这样的，也就会在脑子里停留得更加长久一些。"我突然感觉，他的这种技巧其实就是一种人为制造的联觉记忆术。

为了弄清楚这种记忆小窍门为何会起作用，你首先得清楚一种很奇怪的健忘现象，也就是心理学家所说的"贝克（Baker）和面包师（baker）的悖论"。这个悖论是这样的：有位研究人员分别向两位被测试者展示了同一个人的照片，然后告诉其中一位，这张照片中的人是位面包师，告诉另外一位，这张照片中的人姓贝克。几天后，这位研究人员又向这两位被测试者展示了这张照片，然后问他们这是谁的照片。被告知是面包师的那位被测试者记住了照片中的人是面包师，但是另外一位却没有记住这个人的姓氏。为什么会这样呢？同一张照片，对应又是同一个单词，记忆的结果却如此不同。当你听到这张照片中的人是一位面包师的时候，这个事实就会很容易进入你的整体思维网络中，你会想象面包师的样子：他戴着一顶白色的高高的帽子，烤着面包，回到家之后身上会有一股很好闻的味道。但是，听到名字"贝克"之后，进入你的记忆的只是这个人的脸部特征。这时，大脑的记忆与这个人的脸部的联系就不太牢固，而且很快就会消失。于是，这个名字也就不可避免地被抛弃到"遗忘"这个地下世界里。（有时你感觉有一个名字就在嘴边，却怎么也想不起来，那是因为与我们的记忆关联着的只有部分"承载"这个人名的神经网络，而不是全部神经网络。）但是，当你听到这个人的职业的时候，就会有许多关联来唤起记忆。就算刚开始你没有记起这个人是个面包师，但是在你的大脑中或许会有一些关于他做面包的朦胧记忆，或者你会把他的面部和一顶高高的厨师帽联系起来，或者会想起你家旁边的面包店等。在这个混乱的关联中，任何一个联系点都能够让你回想起他的职业。在面孔与人名记忆项目中获胜的秘诀，以及在真实的世界中记忆别人的名字的方法其实都很简单，就是把"贝克"（Baker）这个词转成"面包师"（baker），或者把"福尔"（Foer）联想成"四"（four），或是把"里根"（Reagan）转化成"射线枪"（ray gun）。[1]这种技巧虽然简单，但是很有效。

　　我试着利用这种技巧去记忆那位随同埃德和卢卡斯的摄影师的名字。他告诉我，他叫乔尼·朗兹。埃德插嘴说："他在高

1　在英语中，这三组词语中的前后词语的发音相似。——译者注

中的时候可胖了，所以我们都叫他'胖子朗兹'。"我哥哥的小名就叫乔尼。于是我闭上眼睛，想象我哥哥和朗兹在一起，手挽手狼吞虎咽地吃一块一磅重的蛋糕。

"我们可以多教你一点儿这方面的技巧。"埃德说，然后很兴奋地转向卢卡斯，"我在想，今天晚上我们能不能教他如何夺取美国记忆力锦标赛的冠军呢？"

"我想你是不是太不把美国人当回事了？"我回应他。

"不是。跟你想的恰恰相反，我认为他们只是没有好教练。"埃德说，"我敢保证，如果你每天练习一个小时，明年的美国记忆力锦标赛冠军就是你。"说完，他又看着卢卡斯问道："你觉得他行吗？"

卢卡斯点点头。

"那要你和东尼·博赞一起教我才行。"我说。

"啊，对了，那位大家很尊敬的东尼·博赞，"埃德带着嘲弄的口吻说道，"他是不是又跟你吹他的那一套'大脑其实跟肌肉一样'的废话了？"

"呃，是啊。"

"大脑和肌肉都有各自的特征，任何人只要明白这一点，就会意识到这个比喻是多么可笑。"埃德说。从他的这句话里，我隐约感觉到他和博赞的关系不太好。"其实你最应该做的就是让我当你的教练，训练你的记忆力，管理你所有的记忆力训练活动。然后，嗯，我也可以做你的精神瑜伽引导师。"

"那你能从教我的这个过程中得到什么呢？"我问他。

"开心。"他笑着回答我，"另外，你是记者，如果你要把这件事情写出来，我不介意你把我写成是一位优秀的家教老师，在度假胜地给你的女儿上课，一小时的家教费相当可观。"

听他这么说，我不禁笑了起来。我告诉他我会考虑考虑。说实话，要我每天都花上一个小时去记忆那些扑克牌，那么多页的随机数字，或是完成其他要成为一位"脑力运动员"所要完成脑力训练，我可真没多大兴趣。我早就承认自己是有点儿聪明，在高中的时候，我可是学校问答比赛小组的组长，虽然我的任务只是看着手表计数。但是，埃德这样的脑力训练对于我来说还是有点儿难了。不过，我还是很想知道自己的记忆力到底能有多好，再加上埃德的鼓动，我开始考虑他所说的脑力训练。我见过的所有脑力运动员都认为普通人可以改善自己的记忆力，也就是说，普通人的大脑都拥有埃斯的那种未经开发的记忆能力。我决定自己要去亲身验证一下他们的说法是否正确。那天晚上回到家之后，我打开电脑，看到我的邮箱里有一封埃德发来的电子邮件，里面写着："怎么样，想好没有？我能做你的教练吗？"

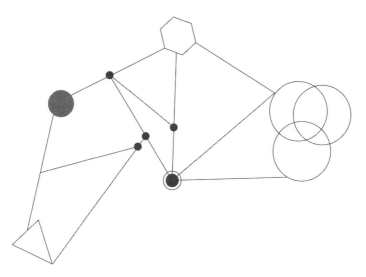

第 3 章
高手中的高手

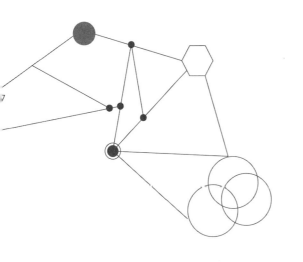

来到这个世界上，你最好祈祷自己不是一只鸡。如果是的话，也最好不是只公鸡，要不然你可就倒霉了。

在家禽饲养者眼里，公鸡可是一点儿用都没有。它们既不会下蛋，肉里的筋又太多，而且对辛辛苦苦把鸡蛋贡献到人们餐桌上的母鸡们又凶又狠。商业孵化场把公鸡当作多余的碎布料或废金属一样看待——虽然没有多大用处，却是工业生产过程中避免不了的副产品。越早处理掉它们越好，通常情况下，这些公鸡最后都会变成动物饲料。但是数千年来，一个问题常常困扰着家禽饲养者们，那就是小鸡长到4～6周之后，才会出现鸡冠这样的第二性征。而在这之前，小公鸡和小母鸡看起来都是一样的，都是毛茸茸的小球，几乎无法辨别。如此一来，家禽饲养者们就也要为小公鸡准备鸡笼，还要喂养它们。于是，一笔不小的却不必要的开销也就不可避免了。

直到20世纪20年代，一批研究动物疾病的日本科学家发现了一个重要的现象，才解决了这个问题。他们发现，在小鸡的屁股上有一片由褶皱、斑点、丘疹和突起组成的区域，普通人如果未经训练，在观察这片区域时，会感觉这些褶皱、斑点、丘疹和突起是随机分布的，公鸡和母鸡并没有什么不同。但是如果经过训练、仔细观察，就能区分出刚刚出生一天的小公鸡和小母鸡。这个发现在1927年的加拿大渥太华世界家禽大会上公布于众，从此，全球家禽产业发生了革命性的变化，全球的鸡蛋价格也降低很多。初生鸡性别鉴定师成为农畜牧行业里最热门的职业。但是，要想成为一名鉴定师，需要花费好几年的时间学习这种鉴定技术。全球的顶级初生鸡性别鉴定师都毕业于全日本初生鸡性别鉴定学校。这所学校学制两年，学风极其严谨，每年只有5%～10%的学生拿到毕业证。不过，一旦能顺利毕业，日薪就可以达到500美元，而且赶赴工作地点的时候一般都是乘飞机前往，与高级商务咨询师的待遇差不多。如今，在世界各地都能够看到日本的初生鸡性别鉴定师的身影。

初生鸡性别鉴定是一项很细致的技术活儿，需要带点儿禅师的专注和脑科医生的机敏。在鉴定的时候，鉴定师通常会把小鸡放在左手手心，然后轻轻地挤压小鸡，把小鸡的肠子暴露在体外（如果挤压的力道过重，就会把小鸡的肠子全部挤出来，那样小鸡也就死了，更不用提性别鉴定了）。然后，鉴定师用大拇指和食指在小鸡的身上轻弹几下，再弹一下小鸡的尾部，让它的阴沟暴露出来，这里有小鸡的生殖器和肛门。之后，鉴定师再仔细地观察阴沟内部。要完美地完成这一系列动作，鉴定师的手指甲必须经过修剪。一般情况下，即在小鸡性别很容易鉴别的情况下，鉴定师这样观察的目的是要找出一个用肉眼很难看到的小突起，叫作"珠"，大小跟针头差不多。如果这个小突起是凸出来的，那就是公鸡，就放在左侧；如果是凹进去的或平的，就是母鸡，鉴定师就会把小鸡放进一个斜槽，让它滑到右侧去。在这样的情况下，一般都很容易鉴别。事实上，经过研究证实，业余人员只需要接受几分钟的训练就能分辨出这些"珠"的不同。但是，在大多数情况下（概率可达到80%），这个"珠"并不明显，就算是鉴定师都看不出有什么特别的不同之处。

据统计，一名初生鸡鉴定师要学会辨别1000多只小鸡的阴沟结构才能更具竞争力。更重要的是，鉴定师只能看一眼小鸡，就得分辨出它是公是母。他根本没有时间去思考，如果犹豫上一两秒，他手部的挤压就会让一只小母鸡的阴沟膨胀成小公鸡的阴沟的样子，那样也就没有办法辨别了。一旦出错，鉴定师的损失就会很大。因为这个要求，这项工作变得更有难度了。20世纪60年代，在一个孵化场里，正确鉴定一只小鸡可以挣到1美分。但是，如果错误辨别一只小鸡，就会被扣掉35美分。曾经，顶级的鉴定师在一个小时内能鉴定出1200只小鸡的性别，而且准确率也达到了98%～99%。在日本，有些顶级鉴定师居然能双手同时鉴别一对小鸡，鉴别速度更是达到了每小时1700只。

初生鸡性别鉴定为什么会这样吸引人？纯理论哲学家和认知心理学家又为什么撰写了那么多关于它的论文？我是在研究记忆力，现在为什么要来研究这项神秘的技术？原因就在于，在小鸡性别最难辨认的情况下，就算是顶级的鉴定师也描述不出他们是如何辨别出小鸡的性别的。他们的技术无法用言语表达清楚。他们只是说在三秒钟内，自己就"知道"了一只小鸡的性别，但是说不出是怎么辨别的。研究人员从各个方面问了他们很多问题，他们还是说不清楚辨别的方法。按照他们自己的话说，这是一种本能。从一定意义上讲，初生鸡性别鉴定师对这个世界的认知方式（至少是对小鸡生殖部位的认知方式）是跟常人不同的。当他们看向小鸡的屁股时，他们看到的东西和普通人看到的是不一样的。那么，初生鸡性别鉴定和我的记忆力又有什么关系呢？哦，关系可大着呢。

当时我想，如果要训练记忆力，要先查一些科学文献参考一下。我希望能够在这些文献中找到一些有力的证据来证明人类的记忆力的确是可以提高的，就像博赞和那些脑力运动员所保证的那样。我在浏览科学文献的过程中，有一个人的名字反复出现，那就是安德斯·埃里克森，他是佛罗里达州立大学的心理学教授，曾经写过一篇论文《杰出的记忆大师：人为而非天生》。

在东尼·博赞大力宣传他的"利用完美记忆力"的思想之

前，埃里克森教授的研究已经为"技巧性记忆理论"奠定了基石。所谓的"技巧性记忆理论"阐述了记忆力能够得到改善的原因和方法。

1981年，他和另外一位心理学家、同事比尔·蔡斯一起对一位卡内基·梅隆大学的本科生进行了测试。这次实验目前已经成为心理学领域的经典之作，时至今日，在很多心理学文献中还可以见到这位学生的名字缩写——斯弗。当时，斯弗每周要到埃里克森和蔡斯的实验室待上几个小时，两位心理学家利用这段时间不断重复地对斯弗进行记忆力方面的测试。斯弗也因接受测试而获得了一些报酬。这些测试跟卢里亚对埃斯所做的测试一样。斯弗坐在一张椅子上，两位教授以每秒读一个数字的频率读出一串数字给他听，然后他尽力去记忆，记得越多越好。刚开始，他只能一次性记住7个数字。这项测试一直持续了两年又250个小时，在测试结束的时候，他的记忆力已经得到了扩展，可以一次性记住10个数字。人们一直以为，人类的记忆能力是固定的、不会变化的，但是这项测试证明了这种观点是错误的。埃里克森教授认为，斯弗的记忆扩展过程正是理解其他领域的高手（包括记忆能手、象棋大师和初生鸡性别鉴定师等）对自己领域的基本认知过程的关键所在。

每个人都能拥有针对某个领域的超强记忆力。我们已经知道了伦敦出租车司机的记忆能力，而且科技文献中也充斥着各种各样的"超强记忆力"案例，例如服务员的记忆力、演员对台词的记忆力以及其他很多领域中的专家的记忆力等等。研究人员也研究过各行各业的人的特殊记忆力，比如医生、棒球迷、小提琴演奏家、足球运动员、斯诺克台球手、芭蕾舞演员、珠算高手、猜字谜高手等。在任何存在高手的领域，心理学家都撰写过相应的文章，文章的主题就是关于这个领域高手的特殊记忆力的。

为什么有经验的服务生不需要用笔把顾客的点餐内容记下来？为什么全球顶级小提琴演奏家能够毫不费力地记住很多新乐谱？一项研究表明，顶级足球运动员只要看上一眼电视里的足球比赛就能说出两支球队的阵形布局，这又是为什么呢？有一种原因或许可以解释这一切。在如何做好餐饮业方面，那些能够熟练记忆点餐内容的服务生有自己独特的门道，那些能够很快地记住比赛中的球员阵形的足球运动员有进入超级联赛的独门诀窍，而那些能够精确辨别初生鸡性别的鉴定师则是经过全日本初生鸡性别鉴定学校培训过的。但是，这个解释看起来不太合理，其中的因果关系应该倒置才对。也就是说，肯定存在什么诀窍才能让人们对某个领域达到精通的程度，然后人们才拥有了对这个领域很多细节的极好的记忆力。但是，这个诀窍是什么呢？能不能普及这个诀窍，让更多人掌握它呢？

埃里克森和其他几位佛罗里达州立大学的研究人员创办了一个人类行为实验室，这里就是测试各领域的顶尖高手的记忆力和其他能力的地方。在全球范围内，埃里克森是研究各领域顶尖高手的顶级专家。他的研究证明，如果一个人想在某个领域达到世界级的顶尖水平，至少需要花费10 000个小时去训练自己。正是因为这一研究结果，近年来，他的知名度越来越高。我给他打了一个电话，告诉他我准备训练自己的记忆力。他问我是不是已经开始了记忆力训练，我说还没有。他显得很兴奋，然后告诉我，他还从来没有研究过造就天才的全过程，如果我真的要这么做，他希望我能做他的研究对象，同时他邀请我到佛罗里达州去做一些测试，以便弄清楚在开始训练之前我的记忆力的基础水平。

人类行为实验室位于佛罗里达州首府塔拉哈西市郊区，占据了好几个豪华的办公室。靠着四周墙壁的书架上摆放着很多跟埃里克森的研究有关的书籍，如《音律》《足部手术》《如何成为职场明星》《现代国际象棋战略之秘密》《奔跑的学问》《初生鸡性别鉴定专家》等。

戴维·罗德里克是实验室的助理研究员，用他的话说，实验室就是"我们的玩具宫殿"，说这话的时候他的语气欢快极了。在我和埃里克森第一次通话的几周后，我来到了实验室。当时，实验室的正中央放置着一面9英尺×14英尺（约2.7米×4.3米）大小的显示屏，显示屏高及屋顶，屏幕上播放的是一幕例行交通检查的情景。有一辆停着的车，一位交通警察正向这辆车走过去。屏幕上的图像跟真人真车一样大小。

在我刚到实验室的前几周里，埃里克森和他的同事们把几位塔拉哈西特种部队的高级警官和几位刚刚从警察学院毕业的警官请到了实验室，并给每人配备了一把贝瑞塔手枪，手枪就插在他们腰间的手枪皮套里，没有子弹。埃里克森把他们带到了那块巨型显示屏前，然后开始不断播放各种令人毛骨悚然的画面，埃里克森和他的同事在旁边观察这些警官的表现。在其中的一个场景里，一个人正在往一所学校的大门走去，他的胸前鼓鼓的，似乎绑着一颗炸弹。实验室的研究员们想看看，这些有着不同经验的警官对这个场景会有什么不同反应。

测试结果很让人吃惊。有着丰富对敌经验的特种部队高级警官会立即掏出手枪，然后不断地大声命令这名嫌疑犯停下来，不要继续往前走。这名嫌疑犯没有听从，继续往前走，快走进学校的时候，警官们差点儿都开枪了。但是，那几名刚从警察学院毕业的警官的反应却大不一样，他们大多是任其一步步地走过一段台阶，然后走进学校的大门。对于这两种截然不同的反应，最明显的解释应该是后者缺乏必要的经验去判断当时的情景，也就无法正确地做出反应。但是，所谓的"经验"到底意味着什么？那些特种部队的高级警官究竟看到了什么东西，而这些东西正是那些刚毕业的警官所看不到的？这些高级警官的眼睛到底被施了什么魔法？他们的心里在想什么？他们的处理方式为什么会和那些刚毕业的警官不同？他们从大脑的记忆中得到了什么启发？就像那些专业的初生鸡性别鉴定师一样，这些特种部队高级警官拥有一项特殊的技能，而这项技能又很难用语言表达清楚。总体上来说，埃里克森的研究就是把所谓的"专家"与其他人区分开，然后再仔细地进行研究，辨别这些人对事物的认知基础。

为此，埃里克森请这些警官大声说出，在这个场景不断向前推进的时候，他们的头脑里在想些什么。埃里克森希望从这些警官的陈述中验证一个结论，即专家们看待世界的方式跟普通人是不一样的。在研究其他行业的专家们的行为时，他得到的就是这个结论。普通人看不到的东西，这些专家却能看到，他们很容易去追踪那些最重要的信息，然后几乎自动地反应下一步应该怎么做。而且，更重要的是，这些专家在处理大量经过感知的信息时，会采用更加精确、更加富有经验的方式。他们能够突破大脑最基本的限制，就是所谓的神奇的数字"7"。[1]

1956年，哈佛大学心理学家乔治·米勒发表了一篇论文，成为记忆力研究领域的经典之作。论文的简介很是耐人寻味：

> 我一直被一个整数困扰着。7年了，这个问题始终如影随形，在我最为隐秘的个人资料中存在着，在最畅销的杂志里也存在着。它的伪装千变万化，

1　在心理学中，学者们认为多数人的短时记忆容量最多只有7个，超过7个，就会遗忘。另外，生活中很多现象和数字"7"密切相关。

有的时候稍微大一点，有的时候又会小一点。但是任它再怎么伪装，我都能把它识别出来。这个整数对我的这种挥之不去的困扰不是偶然间产生的。用一位著名参议员的话说，不管这个数字真的是有什么不同之处，还是我的错觉，在它的背后肯定隐藏着什么规律，或是什么模式在引导着它频频出现在我的眼前。

事实上，我们每个人都被米勒所说的这个整数困扰着。他所撰写的这篇论文名为《神奇的数字7±2：我们信息加工能力的局限》。米勒发现，我们在处理信息的过程中，或做出某个决定的时候，都有一个最基本的限制在约束着我们的大脑，即我们的大脑只能同时处理大约7件事情。

当大脑接收到一个新的想法或感觉时，不能立刻将其转化为长期记忆存储起来，而是要暂时存储在一个叫作"工作记忆"（working memory）的域中，这个域的功能就是暂时储存人类意识中的感知。

不要回头重读你正在看的这句话，尝试重复这句话的前三个字：

不要回

很简单，对吧。

再重复一下刚才那句话上一句的前三个字，是不是稍微有点儿难度了？这是因为工作记忆系统已经把这句话从你的大脑中过滤掉了。

大脑工作记忆系统的作用是很重要的，它就像一个过滤器，把长期记忆从我们对外部世界的所有认知中过滤并储存起来。如果不经过滤，那么我们对外部世界的所有认知以及所有思想就会存储在长期记忆库中，那么我们就会被这些海量的带有关联的信息淹没，最后变得像埃斯一样。在大脑接收到的所有信息中，大部分是没有必要储存下来的，这些信息仅仅在大脑接收后几秒钟内就被过滤掉了。当然，如果有必要的话，大脑会对这些信息做出反应。把人类的记忆分为长期记忆和短时记忆是一种很有效的方法。如今，人们在利用计算机管理信息的时候，也常常使用这种方法。所有存储在硬盘上的信息是计算机的长期记忆，而计算机CPU的工作记忆缓存区上的信息则是短时记忆，在这个区域，储存的是处理器正在处理的信息。

就像计算机一样，人类一次性处理的信息量也是有限的。因此，人类在这个世界上的执行能力是有局限的。很多事情都会从记忆中溜走，除非这件事情被重复记忆很多遍。人人都知道短时记忆能保留的时间极短，米勒的论文指出，短时记忆能保留的时间基本上限制在一个范围内。在任何给定的时间内，有的人至少能记住5件事，而有些人可以记住9件，"7"是人类普遍的短时记忆量。不仅如此，对这些事项的记忆力的保持也只能持续几秒钟。如果精力不集中，瞬时记忆就会消失，根本不存在任何保留。而正是因为存在与"7"密切相关的这一普通人共同的记忆力局限，我们才会感到那些记忆大师的记忆能力是那么神奇。

在测试我的记忆力时，他们没有让我站在实验室里的那块显示屏前，也没有让我在腰带上别支手枪，我的头上也没有连接什么眼球跟踪仪之类的装置，他们只是把我领到了佛罗里达州立大学心理学系的218室。这算是我对人类认知的一点微薄贡献吧。这间屋子没有窗户，地上铺着脏兮兮的地毯，放着一些陈旧的IQ测试仪。不客气地说，这里跟一间小小的储藏室差不多。

为我做测试的是埃里克森实验室里的一名三年级博士生，叫特雷斯·罗林。不过，在看到他脚上的人字拖和冲浪爱好者一样散开的金发后，你肯定不会觉得他是名博士生。特雷斯在俄克拉何马州南部的一个小镇长大，父亲是位石油工人。16岁那年，他夺得了俄克拉何马州青少年国际象棋冠军。他的全名是罗伊·罗林三世，于是又叫"特雷斯"[1]。

特雷斯和我在218室里整整待了3天，为我做记忆力测试。我戴着一副笨重的耳机，耳机连线的另外一端接在一台老式录音机上。特雷斯就坐在我身后，交叉着双腿，膝盖上放着秒

---

1 "Tres"在英文中的意思是"三"。

表，不断地记着笔记。

在我所做过的记忆力测试中，有数字（包括以顺序和逆序记忆数字）、词语、人类面孔，也有一些表面上看跟记忆力测试无关的测验，比如我的大脑中是否能浮现出旋转的方块，或者我是否知道"诙谐""柔软"和"暴躁"3个词语的含义。特雷斯还对我做过一项"多维适应性电池信息测试"，主要是测量我对常识的掌握水平，以多选题的方式出现。我做过的多选题类似于下面的题目：

孔子大约生活在什么年代?

A）公元1650年

B）公元1200年

C）公元500年

D）公元前500年

E）公元前40年

汽油发动机中的汽化器的主要功能是：

A）混合汽油和空气

B）保持蓄电池电力充足

C）点燃燃料

D）容纳活塞

E）把燃料送入发动机

在特雷斯对我所做的测试中，很多都来自美国记忆力锦标赛的项目，比如15分钟诗歌背诵、面孔与人名记忆、随机单词记忆、快速数字记忆和快速扑克牌记忆等。特雷斯想知道在我的记忆力还没有提高之前，在这些项目上的我表现究竟如何。还有一小部分测试来源于世界记忆力竞赛的项目，比如二进制数字记忆、历史日期记忆，以及听记数字等。第三天测试结束的时候，特雷斯已经为埃里克森收集了7个小时的录音数据，之后，埃里克森和他的研究生会分析这些数据。

然后，另外一位研究生凯蒂·南达哥帕尔和我进行了面谈，他问了我很多问题，比如：

　　你觉得自己的记忆力好吗？（挺好的，不过跟普通人差不多。）

　　在成长的过程中，你玩过记忆力游戏吗？（我不记得曾经玩过。）

　　那么棋类游戏呢？（只跟我爷爷玩过。）

　　你喜欢猜谜语吗？（谁不喜欢啊。）

　　你能把魔方复原吗？（不能。）

　　你喜欢唱歌吗？（我只在洗澡的时候唱歌。）

　　那跳舞呢？（一样，在洗澡的时候跳。）

　　你有没有进行过健身锻炼？（这是个让我伤心的话题。）

那你在健身的时候，会不会听一些有关的健身磁带？（你真的想知道？）

你在电控工程方面是否有专长？（你什么意思？）

作为一名科学实验的测试对象，虽然我十分好奇实验人员到底做了些什么，以便哪天告诉别人，但置身其中的整个实验过程却十分痛苦。

"我们为什么要做这些测试？"我问特雷斯。

"现在我不能告诉你。"（就算之后还有测试，他也不会告诉我，结果果然是还有别的测试。）

"上个测试我的表现怎么样？"

"所有测试做完之后，我们会告诉你的。"

"至少告诉我你对测试的想法吧？"

"现在还不行。"

"我的IQ高不高？"

"我不知道。"

"很高，对吧？"

对卡内基·梅隆大学学生斯弗的测试持续了两年零250个小时，这个漫长得几乎让人精神麻木的记忆力测验被称为"数字广度测验"，是测试一个人在数字方面的工作记忆量的一种标准测试方法。在最初阶段，大多数接受测试的人的记忆量跟斯弗是一样的，只能记住大约7个数字（5～9个）。而且，很多人还需要在自己大脑的"语音环路"中不断重复这几个数字好多遍，才能记住。我们在跟自己说话的时候，能听到大脑中有一个很小的声音，这个声音有一个很奇特的名字，就是上文提到的"语音环路"，它的作用类似于回声，为人的大脑提供一个短时记忆缓存。如此一来，如果我们没有重复刚刚说过的话，这个环路就可以把这些话语产生的声音暂时在大脑中存储几秒钟。在蔡斯和埃里克森对斯弗进行测试的时候，斯弗也运用了语音回路来储存信息。但是，过了很久，他的测试成绩都没有提高。后来，事情有些变化了。在测试进行了几个小时之后，斯弗的成绩开始慢慢提高。有一天，他记住了10个数字。第二天，他记住了11个。他能够记忆的数字量一直持续地增多。他后来有了新的发现：虽然说他的短时记忆存在局限性，但还是找到了一个方法，可以直接把信息储存成长时间记忆。他所说的方法就是"组块"（chunking）法。

所谓"组块"，就是不再按照要记忆的信息的单项进行记忆，而是将单项合并成几个部分进行记忆，最终使得要记忆的单项数目减少。电话号码的设置遵循的就是这个原理。一般的电话号码都由区号和另外两部分数字组成。而信用卡的卡号则分成4个部分。"组块"也能帮助我们理解为什么各个行业的专家能够拥有特殊记忆力。

对"组块"法原理的解释和语言有关。在记忆

"HEADSHOULDERS–KNEESTOES"这22个字母时，如果你没有注意到这些字母的拼写，那么背起来会相当困难。但如果把这些字母分成4块，也就是"HEAD"（头）、"SHOULDERS"（肩膀）、"KNEES"（膝盖）和"TOES"（脚趾），那么记忆起来就相当简单了。另外，如果你知道还有一首"Head, shoulders, knees, and toes"（头、肩膀、膝盖和脚趾）的儿歌，那么就可以把这几个词语处理成一个组块来记忆。同样的道理，记忆数字的时候也可以分块记忆。由12个数字组成的数字串"120 741 091 101"是很难记忆的。但是，如果将其分成4个部分"120""741""091""101"，就好记多了。如果将其分成两个部分，就成了"12/07/41"和"09/11/01"这两个日期。按照这样的方法记忆的话，以后就不容易忘记了。你也可以把这两个日期转化成一个信息块来记忆，即在美国本土发生了两个令人震惊的事件。[1]

注意，组块的过程就是把看似没有意义的信息转化成可以存储在长久记忆区中的某种记忆。在这个例子中，如果你不清楚日本偷袭珍珠港和"9·11"事件的日期，那么你就不可能把这12个数字串组成两块。如果你只懂斯瓦希里语而不懂英语的话，那么那首儿歌对你来说也就是一团混乱的词语。换句话说，在进行组块的时候，要扩展记忆的范围，决定性的因素是

1　1941年12月7日，日本偷袭珍珠港；2001年9月11日，震惊世界的"9·11"事件发生。

大脑里的固有知识，这些知识决定了我们能够学到的信息量。没人教过斯弗组块这个记忆技巧，但是他自己发现了。斯弗很喜欢跑步，所以就慢慢开始把要记忆的数字串想象成跑步的时间。比如，"3492"是"3分49.2秒，接近一英里跑步的世界纪录"，"4131"就是"4分13.1秒，是跑一英里所需的时间"。那些要记忆的随机数字对于斯弗来说没有任何意义，但是他了解很多与跑步有关的知识。他发现，把那些没有任何意义的信息过滤成有意义的信息后，他对这些信息的记忆就会很牢固。他利用过去的经历记忆当下接收到的信息，利用数字与自己的长时记忆之间的关联加以记忆，这样一来，他看待数字的方式就不同了。

各个领域的专家就是这样做的。他们利用自己的长时记忆，用独特的眼光看待这个世界。在自己的职业领域努力工作的那些年中，他们为自己建造了一个小银行，里面储存的是自己的长时记忆。在这些长时记忆的基础上，再去接受新的信息。那位有着丰富对敌经验的特种部队警官看到的不是一个走向学校前门台阶的普通人，而是那个人胳膊上肌肉的抽动，那是因为紧张而引起的。在多年的对敌斗争中，他见到过无数次这样的抽动。于是，他把这名嫌疑犯与之前的罪犯联系了起来。他根据过去类似的经历来判断当下的嫌疑人。

一名学员从日本初生鸡鉴定学校毕业之后，当他去鉴定小鸡的性别时，他学到的精湛的感知技术可以帮助大脑快速、自动地重现有关小鸡性别特征方面的知识，之后，在还没有意识到头脑中的任何想法的时候，他就判断出了这只小鸡的性别。但是，如果让那位特种部队高级警官来鉴定小鸡性别的话，他的大脑是不可能自动重现有关小鸡性别特征方面的知识的。据说，日本初生鸡鉴定学校的学生在达到熟练辨别小鸡性别之前，至少要辨别25万只小鸡。初生鸡性别鉴定师说他们依靠的是一种"直觉"，但这种"直觉"也是经过数年来对小鸡性别进行鉴定才可能拥有的。正是依靠在大脑中建立的关于小鸡性别特征的知识储备，他们才能在迅速看过初生鸡的腹部之后辨别出它们的性别。大多数情况下，这种技能并不是伴随意识而产生的，而是一种模式识别的结果；是感知和记忆的技能，而不是分析技能。

专家的感知能力是因为记忆而形成的，能够证明这个观点的典型例子是国际象棋。在这个领域内，直觉是最不可靠的。自从15世纪现代游戏出现以来，国际象棋一直就被认为是检验一个人认知能力的最高级方法。20世纪20年代，一批苏联科学家计划对8位世界顶级棋手的智力进行量化，他们对8位棋手进行了一系列认知和感知能力测试。测试结果让他们很吃惊，这些象棋大师并不比普通人好到哪里去。看来，他们在认知能力上并没有任何优势。

但是，如果这些象棋大师并不比其他棋手聪明，他们又是怎样赢得一场又一场比赛的呢？到了20世纪40年代，荷兰心理学家、国际象棋迷阿德里安·德·赫罗特提出了类似的问题：与那些水平一般的国际象棋玩家相比，到底是什么让世界级国际象棋大师的棋艺变得如此高超？顶级的国际象棋大师真的能预测到更多棋路吗？他们能够想象出更多可能走得通的棋路吗？他们是不是利用了更好的工具来分析这些棋路？难道在感知整盘棋的走势方面，他们拥有比普通棋手更好的直觉？

国际象棋之所以吸引了众多棋手去玩、去钻研，其中一个原因就是水平一般的棋手在下棋的时候，完全可能被一位大师级棋手的棋路搅得糊里糊涂。很多时候，大师的棋路完全和直觉相反。德·赫罗特意识到了这一点，他仔细研读了很多历史上大师对弈的棋局，然后挑选出少量棋局，其中有一步需要棋手们去走，走这一步棋肯定是正确的，但是表面上很难看出来。然后，他邀请了一批国际象棋大师和顶级象棋俱乐部玩家来重新对弈这些棋局。他请这些大师在考虑整盘棋局的时候，把自己的想法说出来。

在这个过程中，德·赫罗特发现了一个现象，这个现象比上述几位前苏联科学家的发现更加令人吃惊。大多数情况下，至少是在刚开局的时候，这些象棋大师并没有预测出更多的棋路。他们甚至考虑不到更多可能行得通的棋路。他们的行为跟那些初生鸡鉴定师很相似：注意力只是集中在寻找正确的棋路上，而且速度很快。

好像他们连想都没想就做出了反应。在倾听他们的描述时，德·赫罗特注意到这些大师所用的语言和水平一般的棋手并不一样。他们在描述棋子的布局时用的词是"兵形"，在出现任何混乱的棋路时，比如车暴露了，他们能够迅速地意识到。他们把整盘棋看成是由棋子组成的一个组块，一个紧张的局势，而不是零散的32颗棋子。

他们看到的棋局跟普通棋手看到的不一样。对这些大师在对弈时的眼部运动的研究表明，相对于水平一般的棋手，他们看得更多的是棋局的边缘部分，也就是说他们能够一次性从棋盘的多个角度吸收信息。他们的眼睛能够扫视的距离也较远，在每个地方停留的时间也相对更短。而且，他们关注的地方也比普通棋手少，然而一旦关注某处，就说明他们在思考如何走下一步才是正确的。

在对这些象棋高手的早期研究中，最吸引人的还是他们那令人吃惊的记忆力。象棋大师在简单地看完一盘棋之后就可以记下整盘棋，他们还可以依靠记忆重现很久以前的棋局。事实上，之后的科学研究证明，记忆棋步的能力就是检验一位棋手技艺高低的最好方法。另外，大师对这些棋步的记忆不仅是短时记忆，也就是说，一旦记住一个棋步，几个小时、几周甚至几年之后，他们都还能回忆起来。其实，在每一位象棋大师的成长过程中的某个时期，记忆棋盘上的棋步会成为一件轻而易举的事情，然后他们就可以在脑海中和多名对手交锋。

虽然这些象棋大师在记忆棋局方面的能力令人吃惊，但他们在其他事情上的记忆力可谓表现平平。如果让他们记忆一盘随机摆放的棋子，这些棋子的分布根本算不上是棋局，他们的表现只是比那些刚学会国际象棋的新手们好一点点。他们只能记住7个多一点的棋子的位置。同样的棋子，同样的棋盘，为什么他们突然间就被这个神奇的数字7限制住了呢？

象棋大师揭示了一个关于记忆力的事实，这个事实同样适用于其他领域的专家：我们记不住孤立的事实，只能记住有联系的事实。一盘随意摆放的棋子根本显示不出任何关联——没有可以比较的棋局，在过去的棋局里也找不出类似的棋局，根本没有办法把这些棋子转化成有意义的组块。就算是世界顶级象棋大师看这盘棋，看到的也是一团乱麻。

正如上文提到过的，我们利用大脑中的已有历史数据来对那12个数字进行分块，这些象棋大师也利用长期记忆库中的"棋局博物馆"来对一局棋进行组块。象棋大师高超棋艺的基础其实就是他们大脑中丰富的象棋词汇库，这个词汇库可以帮助他们对棋局进行组块辨识。因此，如果在象棋领域或其他领域内没有积攒足够多的经验，一个人很难获得世界级的地位。博比·费希尔是一位古今少有的国际象棋天才，他在15岁就成为世界国际象棋大师。但是，在15岁之前，他曾苦练过9年棋艺，最后才坐上了世界大师的宝座。

人们通常认为，国际象棋是一项智慧型的竞技项目，需要棋手对整盘棋局进行分析把握。但事实上并不是这样。很多象棋大师在看到棋局时的瞬间，就能确定下一步棋该怎么走。初生鸡性别鉴定师也一样，他们看一眼小鸡的阴沟，就可以辨别出它的性别。而那些特种部队的高级警官也是在瞬间就觉察到嫌疑犯携带着炸弹。国际象棋大师跟这些鉴定师和高级警官一样，也是在看到棋局的瞬间就能确定最合适的下一步棋步。这个过程通常在5秒钟内完成，而且还可以从他们的大脑中看出来。脑磁图（MEG）是一项用来检测思维活跃的大脑内的弱磁场的技术，利用它，研究人员发现，象棋高手在观察一盘棋时，大脑中的额叶皮质和顶叶皮质比较活跃。也就是说，这些高手正从长期记忆库中调集信息。而水平一般的棋手在对弈时，大脑中的内颞叶比较活跃，也就是说他们是在解码新的信息。象棋高手利用丰富的对弈经验来理解正在进行的棋局，而水平一般的棋手则把面前的棋局看作是新的信息。

国际象棋毕竟只是一种比赛，对于心理学家来说有些微不足道了，不值得去研究。但是德·赫罗特认为，他对象棋大师所做的测验意义要深远得多。他坚持认为，在制鞋业、绘画界、建筑行业、糖果业工作的精英之所以技艺精湛，是因为他们跟象棋大师一样积累了大量的"经验连接"。根据埃里克森的研究，我们通常所说的"专业知识"，其实就是"在相关领域内经过数年的经验积累而形成的大量知识、一定模式基础上的检索和计划机制"。换句话说，强大的记忆力并不是这些专业知识的附属品，而是专业知识的本质。

不管有没有意识到这个事实，我们普通人和那些国际象棋大师及初生鸡性别鉴定师一样，依靠过去的经验来理解当下，感知我们周围的世界，并做出最终决定。

在提到记忆力的时候，我们常常把它比喻成一家银行。接收到新的信息后，把新的信息储存进去；需要一些过去的信息的时候，再把这些信息提取出来。但是，这个比喻并不能反映出真正的记忆力工作方式。我们的记忆力永远跟随着我们，以不间断的"反馈回路"的方式，在我们感知到信息时重新形成信息，同时也因为这些信息而形成新的记忆。我们看到、听到和闻到的所有信息都要通过过去所看到、听到和闻到的信息反映出来。

判定小鸡性别和诊断病人病情一样微妙，我们是谁以及我们在做什么，从本质上讲，都是我们记忆的活动之一。但是，如果说对周围世界和自我行为的理解是基于过去记忆的积累的话，那么埃德和卢卡斯以及其他脑力运动员的超强记忆力又是怎样形成的呢？

他们并没有在任何领域积累过任何经验，而是仅仅通过所谓"很简单"的记忆宫殿方法就拥有了和专家一样强大的记忆力。

埃里克森和他的学生不愿意告诉我测试结果，那可是我辛辛苦苦在实验室待了3天才有的结果啊。不过，我自己做了很多笔记，这些笔记足够帮我辨别自己记忆力的最高上限。我的数字记忆能力上限是9（高于普通水平，但也不能说有多好），对诗歌的记忆力很差，我也不清楚孔子生活在哪个年代（虽然我知道汽化器的功能）。从塔拉哈西回来以后，我打开电脑，看到收件箱里有一封埃德的信，信中写道：

> 你好，我的明星学生！我知道你去了一趟佛罗里达，而且在那里帮人测完你的记忆力之前，你是不会结束这次旅行的。不错啊，真是佩服你，至少为科学做出了一点贡献。不过，下一届记忆力锦标赛可不是在几百万年后才举行的，所以你得尽快开始准备了。我最好还是鼓励你一下：继续你那枯燥的测试吧，祝你愉快！

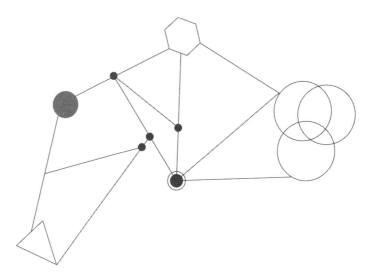

第 4 章
世界上最健忘的人

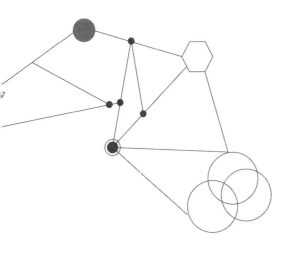

与那么多拥有超强记忆力的人见过面之后，我决定下一步要尝试找一找记忆力最差的人。要想把握人类记忆力的本质和意义，还有什么方法比研究记忆力缺失更为有效呢？我再次登录谷歌网站，查询了一些关于健忘症的书籍里的记录，这里面所记载的人可是跟记忆高手本·普里德莫尔截然不同的。在《神经科学杂志》里，我找到了一篇文章，里面记录了一位84岁的退休实验室技师伊普，他只能记住刚刚发生的事情。目前为止，他的这种病症是有记录的最严重的健忘症之一。

　　我给拉里·斯夸尔打了一个电话。他是一位神经学家，同时也是记忆力领域的研究者。当时，他在加州大学圣迭戈分校任教，同时也任职于圣迭戈VA医疗中心。斯夸尔已经对伊普研究了整整10年，同意下次见伊普的时候带上我。伊普和他的妻子住在圣迭戈郊区，他们有一座采光很好的小木屋。同去的还有斯夸尔实验室的研究协调员耶恩·弗拉希诺，每次斯夸尔去拜访伊普的时候，她也会同去，主要负责记录对伊普的认知测试。虽然他们已经去过伊普家不下200次，但每次造访，伊普都会像第一次见面一样和他们打招呼。

伊普身高约1.8米，他的耳朵比常人的长很多，一头白发梳理得很整齐。他很有风度，很和善，也很亲切，而且很爱笑，看上去就像一位祖父。弗拉希诺是一位金发碧眼的女士，个子很高，体格健壮。我们坐在伊普家的餐桌旁，和伊普面对面。弗拉希诺问了他很多问题，主要是测试他对一些基本知识和常识的把握程度。她问伊普，巴西属于哪个洲，一年有多少周，还有水的沸点是多少。她问这些问题是想证明伊普对一些常识还是了解的。这个结论已经经过了无数次认知测试的验证。伊普的IQ是103，但是他的短期记忆完全失效了。他很有耐心地回答了这些问题，而且答案都是正确的。在回答这些问题的时候，他的神情略有些困惑。我想，换作是我，如果有一个陌生人闯进我的屋子，然后很认真地问起水的沸点是多少的时候，我也会感到困惑的。

弗拉希诺继续问伊普："如果你在大街上发现一个信封，信封没有打开过，上面有地址，还贴着邮票，你会怎么做？"

"呃，当然是放到邮筒里了，还能做什么呢？"他扑哧一笑，回答道。然后很快地瞥了我一眼，眼神里带了点儿心照不宣，好像在跟我说："他们把我当成傻瓜了吧。"不过，他很快意识到在这种场合需要对人礼貌一些，于是就又扭过头，看着弗拉希诺，补充道："但是你的问题很有意思，真的。"他根本不知道自己已经回答过这个问题很多次了。

"那我们为什么要煮东西呢？"

"是因为它们不熟？"在说"不熟"这个词的时候，他的声音很清晰地在音调记录器上显示出来。这时，他的神情里不再是困惑了，而是带了些怀疑。

我问伊普知不知道上一任总统的名字。

"我感觉脑子里没什么印象，真是奇怪。"

"比尔·克林顿，这个名字听起来有印象吗？"

"我当然知道克林顿，他是我的老朋友了。他是科学家，很好的一个人。我还和他一起工作过呢。"

他看到我很吃惊的表情和瞪得大大的眼睛，就停下来不说话了。不过，他又继续说道："除非，你说的是另外一个克林顿……"

"呃，我们的上一任总统的名字也叫比尔·克林顿。"

"是吗？我……"他拍了一下大腿，然后笑了，但是看起来一点儿都没感觉到不好意思。

"你能记得的最近一任总统是谁？"

他停了一下，想了想，然后说："让我想想，是富兰克林·罗斯福……"

"没听说过约翰·F.肯尼迪吗？"

"肯尼迪？呀，我不知道。"

弗拉希诺问他："我们为什么要学习历史？"

"呃，是为了了解过去发生了什么事情。"

"但是，为什么要了解过去发生的事情呢？"

"坦白地说，因为很有意思啊。"

1992年11月，伊普得了一场病，看上去就像是普通的流感，却让他在床上整整昏睡了五天五夜。在这期间，他高烧不退，浑身无力，意识混沌。当时，在他的大脑中，有一种叫单纯疱疹病毒的恶性病毒正在吞噬着他的大脑，就像虫子正在啃啮一个苹果核儿。在病毒的攻击下，伊普的大脑内侧颞叶里的两块核桃大小的部位消失了，然后他的短时记忆也随之消失了。

病毒的进攻出奇精确。人的大脑两侧各有一块内侧颞叶，在这里有大脑的海马区，海马区和其他相邻的区域一起工作，可以把我们对世界的认知转化为长时记忆。记忆并不是存储在海马区的，而是存储在其他地方，比如大脑充满褶皱的外层和新皮层。但是，海马区能把记忆转化成长时记忆。伊普的海马区被病毒损坏了，他就像一台没有磁头的摄像机，只能看见东西，但是记录不下来。

伊普患有两种健忘症，即顺行性健忘症和逆行性健忘症。前者是不能形成新的记忆，后者是记不起来原有的记忆，至少是从20世纪50年代以来的记忆。他的童年、他在商船上的工作经历以及第二次世界大战，这些他都记得很清楚。但是，在他的记忆中，1加仑汽油的价格永远是25美分，人类也从来没有登上过月球。

　　虽然伊普患健忘症已经有15年了，但这样的状况从来没有恶化过，也没有得到任何改善，斯夸尔和他的团队希望能够从他的身上了解到更多信息。伊普这个案例算得上是大自然的一个残忍但却完美的试验品，用冷酷一点的语言来形容，他对于科学研究还是大有裨益的。其实，从全球范围看，除了伊普，只有小部分人群大脑的海马区和相邻的关键部位受到了损伤。另外一位患有严重健忘症的人是克莱夫·韦尔林，他是一位前BBC（英国广播公司）的音乐制作人。1985年，他得了疱疹性脑炎。跟伊普一样，他的大脑从此变成了一副筛子。每次和妻子打招呼的时候，就好像在这20年里他从未见过他的妻子一样。他常常会给她发一些恼人的短信，请求她把他从疗养院接回家去。他也记日记，里面的内容很详细。这本日记已经变成了他日常生活中痛苦心情的记录，而且他还可以看见这个记录。但是因为他对日记里面的内容完全陌生，所以他感觉日记跟其他事物一样不可相信。每次他打开这本日记，就感觉在和他的过去做斗争。日记里面充满着类似的内容：

　　　　上午8:31：现在，我真的醒着，是完完全全醒着的。上午9:06：现在，我是完全清醒的，清醒得不能再清醒了。

　　　　上午9:34：现在，我确确实实醒着，再也没有比现在更清醒的状态了。

那些被画去的内容体现出一个事实，即他或许还意识到了自己的状态。但是伊普意识不到，伊普或许比他活得更开心一些。斯夸尔坐在伊普对面，问他最近感觉自己的记忆力怎么样。

"呃，就是那样。说不上好坏。"

伊普的左手腕上戴着一个医用警示识别金属腕带。虽然很容易就能看清楚这样的腕带是做什么用的，但是我还是问伊普那是做什么用的。他转了转手腕，漫不经心地看了一眼那只腕带，然后说：

"嗯，这上面写着丢失的记忆。"

伊普甚至不记得自己的记忆力有问题。于是，几乎每时每刻，他发现的东西对他来说都是新鲜的。而且他也忘记了自己患有健忘症这个事实。于是，每一部分丢失的记忆都会随风而去，带给他的只是一点点烦恼，然后就再也没有其他感觉了，就像遗忘对你我这样的普通人的感觉一样。

"他的大脑没有任何问题，算是比较幸福了。"他的妻子贝弗莉后来跟我说，当时伊普就坐在沙发上，听不到我们的谈话，"我想，他肯定能意识到自己有什么地方不对劲儿，但是他没说过什么，也没有表现出什么。他是伪装起来了，但是我肯定他能意识到，他肯定能。"听到这番话，我意识到伊普失去的除了记忆，还有更多，这让我感到有些心痛。就连他的妻子都把握不住他最基本的思想和情感，当然这并不是说他没有思想和情感。他有，而且时时刻刻都有。每次听到孙子们的生日时，他的眼睛就会突然瞪大，不过很快他就忘记了自己还有孙子这件事。他无法把当下的感觉和过去的放在一起加以比较，因而也就无法连贯地描述发生在自己身上或其他人身上的事情。因此，对于他的家人和朋友来说，他不能为他们提供最基本的心理依托。伊普终究只能对那些能够吸引他的注意力的人或事产生兴趣。一旦受到一些不受控制的想法的干扰，他的注意力就会分散，对话就得重新开始。对于只生活在现在而对过去没有记忆的人来说，人与人之间的亲密关系是不可能维持的。

自从患上健忘症之后，他的整个世界就是眼前的这一片天地，他的整个社交圈就是家里的这几个人。他的生活只有一丝光亮，周围是一片漆黑。他的早晨通常都是这样度过的：起床之后吃早餐，然后躺回床上听收音机。但是，重新躺到床上后，他就忘记了自己是吃过早饭还是刚刚醒来，然后就会继续去吃早饭，然后再回到床上听一会儿收音机。有些时候，他可以连续吃三次早饭。他也看电视，对他来说，电视节目根本就不会有清晰的开头、中间情节和结尾，但是他感觉节目时时刻刻都很精彩。他很喜欢看历史频道和一些关于第二次世界大战的节目。他也很喜欢到周围散步，通常会在午饭前出去好几次，但是很多时候他的散步时间能持续45分钟之久。他也会坐在院子里看报纸。看报纸的时候，他肯定以为自己刚刚从一台时空穿梭机里走出来——伊拉克战争？互联网？这都是什么呀。在看完一个大标题后，他通常就会忘记标题刚开始说的是什么。很多时候，看完天气预报后，你会看到他或是在报纸上乱画，或是给照片上的人画胡子，或是在找他的勺子。每次看到报纸上房地产版块的房价时，他都会吃惊地感叹。

伊普失去了记忆，也就失去了时间概念。他的大脑中也不存在连续的意识，只是一些点滴的记忆，但即使是这些记忆也很快就蒸发了。如果你摘掉他手腕上的手表，或者更残忍点儿，把手表上的时间改一下，他就完全迷失了。就这样，他永远地被困在了现在，对过去没有任何记忆，不会思考未来。他的生活是静止的，也就不存在任何烦恼。"他一直都很开心，非常幸福。我想，这大概是因为他的生活中根本就没有压力。"他的女儿卡罗尔说，她就住在伊普家附近。因为伊普的慢性健忘症，他已经达到了一种病态的智者状态，一种反常的佛教理想生活——永远生活在现在。

斯夸尔问他："你今年多大了？"

"让我想想。59或60吧，你还真难住我了。"他回答道，在沉思中扬了扬眉毛，好像不是在想年龄，而是在计算什么，"我的记性可不算好，虽然也算可以，但是有些时候，别人问我的问题我总是记不起来。你肯定也差不多吧？"

"当然了。"斯夸尔很和善地回答。其实，伊普已经差不多有75岁了。

没有了时间概念，也就不需要有什么记忆。但是失去了记忆，还会有时间概念吗？我这里提到的时间并不是物理学家所说的世界的第四维度，那个接近光速时会变慢的自变量，而是一种心理时间，也就是人类感受生命流逝的速度，属于一种心理概念。看着伊普努力回想自己的年龄，我想起了在美国记忆力锦标赛期间埃德·库克跟我讲过的一件事情，这件事情和他在巴黎大学所做的研究有关。

"我在研究怎么延长主观时间，如果能够成功，我就能感觉自己可以活得更久一些。"埃德站在联合爱迪生总部大楼外的人行道上，嘴里叼着根烟咕哝着跟我说，"每到年底的时候，人们都会感叹，这一年的时光都跑哪儿去了？我的这个构想就是为了解决这个问题。"

我问他："那你怎么延长呢？"

"就是要多记一些东西。按照时间顺序，给我的生活里多增添一些标志性的事件，让自己对时间的流逝更敏感些。"

我告诉他，他的想法让我想起了约瑟夫·海勒的小说《第二十二条军规》里的飞行员邓巴。按照邓巴的说法，在你感觉到快乐的时候，时间就会流逝得很快，所以想让时间慢下来的最保险的做法，就是让生活尽可能无聊。

埃德耸耸肩："恰恰相反。生命中可记忆的东西越多，时间就会流逝得越慢。"

人们对时间流逝的感觉是多变的。我们都有过这样的感觉，有的时候一天就像一周一样漫长，一个月好像一年那么久。相反，有的时候感觉一个月或一年过得飞快，好像根本就没来过一遍似的。

对生命中发生的事件的记忆构成了我们的生活。比如说，你记得去巴黎过长假之前，发生了X这件事；在学会开车的第一个夏天里，做了Y这件事；在找到第一份工作之后的第一周，发生了Z这件事，等等。我们在记忆某件事情的时候，往往都会把它与其他事情联系起来。正如在记忆事情的时候，要把这些事情编织到一个网络中，我们在积累生活经历的时候，也要把这些经历编织到其他按照时间存储的记忆网络中。这个网编织得越密实，我们对时间的感觉就会越敏锐。

法国科学家米歇尔·西弗伊已经证明过上述看法。米歇尔·西弗伊的研究方向是时间和生物有机体之间的关系，他曾经把自己当成试验品，做过一次实验。这次实验算得上是科学史上最奇特的一次实验。1962年，西弗伊在一个地下洞穴里生活了两个月。在洞穴中，他完全与外界隔绝，身边没有表，没有日历，也见不到太阳。感觉困了，他就睡觉；感觉饿了，他就吃东西。这项实验的目的是为了研究当人们生活在"时间之外"的时候，生命的自然节奏会受到什么影响。

进入洞穴之后，西弗伊很快就完全丧失了记忆力。在一片漆黑中，他度过了一天又一天，完全感觉不到今天与昨天的区别，所有的日子都混在了一起。没有人和他说话，他也没事情可做，没有什么新鲜的东西能够储存到他大脑的记忆库中，也没有什么明显的可以标记时间的事物来帮助他区分时间。有些时候，他都记不住前一天发生过的事情了。这种与外界完全隔绝的状态让他变成了另一个伊普。随着时间观念的逐渐模糊，他的记忆力也在慢慢消失。很快，他的睡眠开始变得不规律起来。有些时候，连续36个小时他都不睡觉，而有些时候刚刚醒来8个小时后他又想睡觉。而且这样的时间差他是觉察不出来的，对他来说，36个小时和8个小时没有什么不同。9月14日，实验结束日期到了，在地面上等待的实验团队通知西弗伊可以走出洞穴了。他出来之后，大家看到他日记里的当天日期是8月20日。也就是说，他认为实验只进行了一个月，但实际上两个月已经过去了，他的时间整整压缩了一半。

单调的生活压缩时间，新奇的经历延长时间。你可以每天都锻炼身体，保持健康的饮食习惯，从而拥有较为长久的生命，但是你能感觉到的生命却是短暂的。如果你整天坐在一个小房间里传递公文，今天和明天就不会有什么区别，然后时间就那么一天一天消失了。因此，定期地改变一下自己的生活习惯，出国度一次假，尽可能用新鲜的经历来更新记忆库是很重要的。新鲜的记忆延长了心埋时间，也延长了我们感知到的生命。

在1890年出版的《心理学原理》一书中，威廉·詹姆斯首次描述了这种心理时间被扭曲和缩短的奇特现象。"年轻的时候，每一天甚至每一个小时，我们都会获得很多新的经历，包括主观上的和客观上的。那时候，我们的理解能力很强，记性很好。每当回忆起年轻时候的时光，就像是在回忆一次短暂但很有趣的旅行，感觉生活丰富多彩，一点儿都不单调，而且那段时间好像也很漫长似的。"他写道，"但是，随着岁月的逝去，这些经历慢慢变成一种例行程序，规律得几乎都让人注意不到。当我们回忆这些经历的时候，就会感觉尽是一些空洞无物的内容，然后，一年年过去，日子就会变得空洞乏味，时间也就悄无声息地逝去了。"我们常说年龄越大，时间流逝得越快，其中的原因就是，年龄越大，可记忆的东西会变得越少。埃德说："如果说是记忆造就了人类，那么记得东西越多就意味着你越发人性化。"

埃德希望自己的生命中尽可能充满值得记忆的事情。听到他的这种想法，你会感觉他就跟童话故事中那位长不大的小飞侠彼得·潘一样天真。但是，在那么多值得人们迷恋和收藏的东西中，收藏记忆听起来也不是太离谱，甚至还有一定的合理性。在哲学导论课上，教授们常常会提到一个哲学难题：在19世纪，医生们开始怀疑，他们在给病人做手术时所使用的普通的麻药量不足以麻醉病人的肌肉，让他们对疼痛失去知觉，进入睡眠状态，然后忘掉这场手术。如果事实真是如此，那么能不能就此判定这些医生做错了？就像静悄悄倒下而无人知晓的寓言树一样，如果一个人忘记了哪次经历，那么是否还能说他的这次经历存在过，他的这次经历还有意义吗？苏格拉底认为，浑浑噩噩的生活是不值得过的。那么那些已经忘却的生活经历呢？

科学家们对记忆力的认识基本上都来源于一位非常著名的病人的大脑，这位病人和伊普一样，大脑受过损伤，之后患上了健忘症。他叫亨利·莫莱森，简称亨利。他一生中大多数时间生活在美国康涅狄格州的一家疗养院里，2008年去世。（为保护隐私，医学文献中引用到的人名一般都用缩写表示。亨利的真实姓名是在他逝世后才公开的。）9岁那年，亨利被自行车撞到头部，之后就得了癫痫病。一直到27岁，他每周都要晕倒数次，什么事情都做不了。后来有位神经外科医生威廉·斯科维尔认为亨利大脑中有个部位是导致癫痫病发作的病因所在，只要做手术切除掉就可以治愈。不过，这次手术是实验性质的。

1953年的一天，亨利躺在手术台上。斯科维尔医生只给他实施了头皮局部麻醉，所以在手术时，他本人是清醒的。医生在他眼睛上方的头盖骨上钻了两个洞，然后用一只很小的金属刮铲提起他的大脑前部，再插入一根金属吸管，抽出了他大脑内的海马区以及附近的内侧颞叶。做完手术之后，亨利的癫痫症大为好转，但是却带来了一个悲剧性的副作用：手术夺走了亨利的记忆力。

在此后的50年里，数不清的科学家都把亨利当作科学实验的研究对象，他因此也成为脑科学史上经历研究实验次数最多的一位病人。因为斯科维尔的这次手术所带来的可怕后遗症，人们猜想，以后应该不会再出现像亨利这样的案例了。

伊普的出现说明这种猜想是错误的。斯科维尔的一根金属吸管使亨利患上了健忘症，这是人为的。而伊普是患上了单纯性疱疹才得了健忘症，是自然造就的。把他们两人的颗粒状大脑黑白核磁共振成像放在一起比较，你就会发现两张成像竟然惊人的一致，伊普的大脑损伤范围相对来说更广一些。就算你不清楚正常人的大脑结构，你也能清楚地看到那两个对称的空洞，看起来就像是一对幽暗的眼睛在瞪着你。

跟伊普一样，亨利也只是在思考一件事的时候对这件事有记忆，一旦大脑意识转向别的地方，就再也记不起来这件事了。布伦达·米尔纳是加拿大的一位神经科学家，她在亨利身上做过一项很著名的实验。这项实验是这样的：按照要求，亨利要记忆"584"这个数字，而且记得越久越好。亨利一边记忆这个数字，一边大声说着：

> 很容易啊。只要记住8就可以了。你看，5加8再加4就是17。记住8，再用17减去8就是9。然后把9分成5和4，这不就是584吗？很简单。

他像念咒语似的就这么念叨了几分钟。但是，一旦分心，他就彻底忘记了，甚至都不记得布伦达·米尔纳让他记过这个数字。从19世纪末开始，科学家们就清楚长时记忆和短时记忆是不同的。但是，从亨利这里，他们才有了证据证明这两种记忆模式是大脑不同部位的功能。亨利大脑中的大部分海马区已经没有了，因而他无法把短时记忆转化成长时记忆。

科学家们从亨利身上还发现了另外一种记忆模式。亨利记不起来早上吃过什么，也说不出在任美国总统的名字，但是他还是能记起来其他一些事情。米尔纳发现，亨利在自己没有意识到的情况下居然能完成一些比较复杂的任务。1962年，她在亨利身上进行了一次实验，这次实验是具有里程碑意义的。在实验中，她让亨利沿着一张白纸上的五角星的内侧把这个五角星连起来，但是亨利不能看着白纸上的五角星来画，他参照的是在一旁的一面镜子中看到的五角星。每次做这个实验之前，亨利都说自己从来没有这么做过。但是，每一次，他的大脑都指引着他的手，参照着方向相反的五角星，出色地完成了任务，而且比上一次完成得更好。虽然他患有健忘症，但是他还是能记住一些东西。

之后对包括伊普在内的健忘症患者的研究测试表明，他们仍然可以完成其他一些忘却性学习。在一次测试中，斯夸尔让伊普记忆24个单词，跟预计的一样，没过几分钟，伊普对这些单词根本就没有印象了，甚至连自己参加测试这件事也给忘记了。斯夸尔每次问伊普见过这些单词没有，只有一半的时候他答对了。之后，斯夸尔让伊普坐在一台电脑前，再次对他进行测试。这次是48个单词，每隔25毫秒，电脑屏幕上就会显示出一个单词。按照这个频率，人的眼睛捕捉不到全部的单词，但至少能捕捉到其中一部分（人类每隔100～150毫秒眨一次眼睛）。在这48个单词中，有一半是伊普刚刚读过但很快就忘掉的，剩下的一半是新单词。斯夸尔让伊普在每个单词出现后把它读出来。测试结果令人吃惊，对于那些刚刚读过的单词，伊普能辨认出来的数量显然要比新单词多。虽然他对这些已经读过的单词没有任何记忆，但是对这些单词的记忆还是在他的大脑里某个隐秘的部位存储了下来。

这种无意识的记忆，也称为"激发键"，它证明在我们意识的表层以下隐藏着一个神秘的记忆世界。这个世界到底包含多少个记忆系统，科学家们仍然没有定论。但是他们普遍同意把记忆分为两种类型：陈述性记忆和非陈述性记忆，也称外显记忆和内隐记忆。陈述性记忆，是指那些你认为自己已经记住了的事物，比如你的车的颜色，或是昨天下午刚刚发生过的事情。伊普和亨利都丧失了这种陈述性记忆能力。而非陈述性记忆，是指那些无意识间就学会的东西，比如怎样骑自行车，参考镜子中的物体的影像把这个物体画下来，或者是辨别出电脑屏幕上快速闪现的单词的意思等等。与陈述性记忆不同，非陈述性记忆不用通过短时记忆缓存区，也不需要通过海马区来整理和存储。它依靠的是大脑的不同部位。对驾车技术的学习主要依靠小脑，知觉学习主要通过新皮质完成，习惯的形成主要依赖基底神经节。大脑的一部分区域受到损害之后，其他部位仍然可以继续工作——伊普和亨利就是很显著的例子。事实上，人们对自我的认知和思考方式（人的性格的核心部分）是由内隐记忆形成的，而这种记忆能力与大脑的意识无关。

在陈述性记忆中，心理学家又分出语义性记忆、事实概念记忆、情景记忆和生活经历记忆。能够回忆起今天早上吃了鸡蛋，这属于情景记忆；知道早餐是一天中的第一次用餐，属于语义性记忆。情景记忆与时间和空间相关，跟它紧密联系的是时间点和地点。语义性记忆则脱离了时间和空间，主要是一些知识碎片。这两种记忆虽然都离不开大脑的海马区和内颞叶，但是它们利用的神经通路是不同的，所依靠的大脑部位也是不同的。伊普同时丧失了这两种记忆功能，但奇怪的是，他只是对他生命的最后六十多年没有了记忆。他的记忆力呈斜坡状退化。

伊普这样的健忘症患者对柏林墙倒塌没有任何印象，但是却能记住原子弹投向日本广岛这件相对较为久远的历史事件。不知为什么，这些健忘症患者对发生在最近的事很容易忘却，对较为久远的事却记得很清楚。在记忆力领域有很多谜团，这种现象就是其中之一。在阿尔茨海默病患者身上也存在同样的现象，这种现象被称为"里博定律"，是19世纪法国的一位心理学家首先注意到并提出的。它揭示了一个较为深刻的规律，即我们的记忆并不是静止的。从一定程度上说，随着记忆的逐渐积累，记忆本身也在发生着变化。每回忆一次，我们都会把这次回忆编织到其他记忆网络中去。于是，这个网络会变得越来越密实，记忆也就会越来越牢固，最终储存在大脑中永远不会消失。

但在这个过程中，我们的记忆也在改变，也会被重新改造。有的时候，对某件事情的回忆和实际情况只有那么一点相似的地方。神经科学家最近才觉察出这一过程在人类大脑中是存在的。但是很久之前心理学家就清楚，旧的记忆和新的记忆之间是存在质的差别的。西格蒙德·弗洛伊德曾经发现了一个奇怪的现象，即在通常情况下，很早之前发生的事情很容易在头脑中储存下来，就像是另外一个人用照相机把它拍下来一样；而最新经历的事却只是刚刚进入记忆，就像是一个人匆忙间看了一眼这件事，在大脑中并未留下印迹。然后，随着时间的流逝，大脑自动地就把这些事情的零碎片段转化成了事实。

至于这个过程在神经元层面是怎样进行的，至今都是一个谜。有一种猜想是，记忆就像游牧民族一样，是不断移动的，这个猜想得到了很多人的支持。在大脑的海马区刚刚形成时，经过这个区的记忆最终在新皮质中储存起来，成为长时记忆。随着时间的推移，海马区经过多次记忆存储，逐渐变得坚固起来，记忆也逐渐变得牢固并最终不会再消失。这些记忆盘踞在相互联结的皮质网络中，不再依靠海马区就可以存储下来。这就引出了一个令人格外好奇的问题：在病毒啃啮了伊普的内颞叶后，伊普对于1950年之后发生的那些事情的记忆是完全丧失了，还是藏匿在脑袋里的某个地方让他找不到了？打个比方，这些病毒是烧毁了整座房子，还是只是把房子的钥匙给吞噬了？至今也没人知道这个问题的答案。

人们普遍认为，在稳固记忆力和揭示这些记忆力所蕴含的意义的过程中，睡眠是至关重要的。小白鼠沿着轨道跑上一个小时之后，在睡梦中也会表现得像是在沿着同样的轨道奔跑；小白鼠在第一次学会如何钻出一个迷宫时的大脑神经兴奋形态和它在睡觉时梦见钻迷宫的兴奋形态是相同的。这也就可以解释，人们在做梦时为什么会梦到一些跟现实生活有关的事情，然后这些事情好似被重新组合过，变得荒诞离奇。这些梦境其实就是我们的经历在逐渐转化为长时记忆的过程中附带产生的结果。

和伊普一起坐在他家卧室的沙发上的时候，我一直在想，他会不会做梦。他肯定是不知道的，不过我还是问了他，只是想看看他怎么回答。"有的时候会做梦，"他一本正经地告诉我，尽管他的反应更像是闲聊，"不过，我基本上记不住都梦到了什么。"

我们来到这个世界的时候其实都是健忘的，然而却很少有人在离开的时候依然健忘。有一天，我问3岁的小侄子记不记得他的两岁生日聚会，这是他人生中的第二次生日聚会。让我吃惊的是，虽然这次聚会已经过去一年多了，都超出了他生命的1/3那么久，但他对那次聚会的情景依然历历在目。他记住了为他和他的小朋友们演奏的吉他手的名字，还能唱出聚会上他们唱过的一些歌曲。他还记得我送给他的生日礼物——一只小鼓，也记得吃过冰激凌和蛋糕。不过，再过10年，他肯定会把这些事情都抛到九霄云外去了。

成年之后，在回忆3岁或4岁之前经历过的事情时，几乎没有人能记起什么。通常情况下，平均而言最早的记忆开始于3岁半，但是这些记忆也是模糊的，是一闪而过的碎片，很多时候还不正确。在这个年龄段，孩子们学习走路、说话，学习感知世界的速度很快，生命中其他任何年龄段的学习速度都赶不上这个时段。但是，让人奇怪的是，成年之后对于这个年龄段学习的记忆却消失得无影无踪。

弗洛伊德认为，人们在婴儿时期是有性幻想的，而对这个时期的经历的遗忘是成年人压抑性幻想的结果，因为人们羞于记忆这个时期的经历。我不知道有多少心理学家同意这个观点，但是我认为比较合理的解释是，在生命的最初阶段，大脑发育的速度很快，在新的连接不断形成的时候，很多还没有利用到的神经系统连接逐渐就被修剪掉了。在三四岁以前，大脑中的新皮质尚未发育健全，而这个年龄段正是孩子开始储存长时记忆的时候。解剖学只是解释了其中的部分原因。在婴儿的大脑中，还不存在感知世界和联系过去及未来的具体模式。婴儿缺乏很多生活经历，尤其是最重要的经历——语言，这是基本的组织工具。于是，婴儿就没有能力把记忆编织到一个有意义的网络中，好在长大成人之后进入这个网络去寻找这些记忆。随着时间的推移，我们对世界的感知不断增加，这些大脑结构在不断发展。在生命的最初阶段，我们学习到的几乎都是非常重要的、内隐的、非叙述性的记忆能力。换句话说，在这个世界上，所有人或多或少都有着和伊普类似的健忘症，而且和伊普一样，我们都忘记了自己还有这样的健忘症。

我很想知道潜意识的、非陈述性的记忆会对伊普产生什么影响，所以我问他有没有兴趣和我一起出去到邻居家附近散散步。他回答说："我不太想去。"听到他这么说，我等了一会儿，几分钟之后又问了他一次。这一次他同意出去了。我们一起走出他们家的前门，走到太阳底下，然后向右拐——这可是他的决定，不是我的。我问伊普，为什么不向左拐。

他回答说："我就想走这边，不想往那边拐。我不知道为什么。"虽然他每天都沿着这条路线至少散步三次，但如果我让他把每天的散步路线画出来，他肯定做不到。他连自己家的地址都不知道，也不知道哪条路的方向是指向大海（不过，住在圣迭戈市的一些人或许也不知道）。但是这么多年来，他散步的时候走的都是同一条路线，这条路线已经牢牢地存在于他的潜意识中。他的妻子贝弗莉很放心让他自己出门散步。不过，如果他拐错一个路口，就会彻底迷路。有时，他散步回来，手里会拿着从路上捡到的一些东西，比如几块圆圆的石头，一只玩具狗，或者不知谁丢弃的钱包。他永远也解释不清这些东西是怎么跑到他这儿来的。

贝弗莉对我说："每次遇到邻居的时候，他都会走过去跟他们讲话，所以邻居们都很喜欢他。"虽然每次他都认为这些邻居是陌生人，但是通过潜意识的强制性习惯，他知道应该和这些人融洽相处。这种潜意识的感觉体现在他的行动中就是：停下来和邻居们打招呼。

伊普在不认识邻居是谁的情况下学会了善待他们，这种表现证明了一个事实，那就是很多基本的日常行为的形成和陈述性记忆没有任何关系，而是在隐性的价值观和判断的指引下完成的。我在想，通过强制性的习惯，伊普还学到了什么其他能力？在他失去陈述性记忆的这15年里，还有什么其他的非陈述性记忆在塑造着他？他肯定还会有欲望，会有恐惧，会有情感和渴望，只不过他对这些感觉的意识很短暂，短暂到还来不及用语言表述出来的时候，就已经把这些感觉忘记了。

我回想了一下15年前的我，想看看这15年来自己有什么样的变化。结果是，如果把15年前的我和现在的我放在一起做比较，看起来基本上是相同的，没有什么变化可言。但是这些年里，我身体里的分子组成已经完全不同了。我的发际线变了，我的腰围也变了。和以前相比，除了姓名还是一样的，几乎没

114

有什么相同的地方了。把现在的我和以前的我连接在一起的，让我幻想着把这一刻和下一刻的自己、把今年的和明年的自己连在一起的是生命核心中的一种相对稳定，但也逐渐演化着的东西。我们可以称之为灵魂，也可以称之为自我，还可以把它看作是神经网络以外附带的一个东西。但是，不管怎么称呼它，这种生命的连续性依靠的是记忆。

虽然人对自我的认知依赖于记忆，但是不能说伊普就是一个没有灵魂的机器人。他确实丧失了记忆，但他至少还是一个"人"，他有自己的性格（其实他的性格还是很吸引人的），他在这个世界上是独一无二的。即使病毒毁掉了他的全部记忆，也没有毁掉他的人格。只是，他的自我是空洞的，是静止的，以后不会再有什么发展，也不会有什么变化。

我和伊普穿过马路，渐渐远离贝弗莉和卡罗尔。这是我和伊普第一次单独相处，他不知道我是谁，也不清楚我为什么跟他走在一起，不过他好像明白我这样做是有原因的。他看着我，嘴角扬了扬，我知道他是想找一些话说。我想看看这种不舒服的感觉会让他有什么样的举动，所以暂时没说话。我想，我希望看到这种没有任何开场白的场面会让伊普感到一些困惑，虽然这种困惑稍纵即逝。但是，伊普没有这种感觉。即便有，他也不会让它显露出来。我明白，他现在被困在一个永远没有尽头的噩梦里，对自己周围的现实一片茫然。我的心里涌起一阵冲动，想帮他逃脱这个噩梦，哪怕只有一秒钟的时间。

我想拉着他的胳膊使劲儿摇醒他，然后告诉他："你得了一种非常罕见的记忆障碍症，你的记忆力一直在衰退。最近50年里发生的事情你都不记得了。在一分钟之内，你也会忘记咱们的这次谈话。"我想象着他听到这番话后，脸上现出惊骇的神情。他会有瞬间的清醒，空虚感随即也会张开大口，在他面前出现，但是瞬间就会合起来。一辆飞驰而过的汽车或是一只小鸟的鸣叫，都会打断他的思绪，重新把他拉回到他那遗忘的泡泡世界里。我当然不会这么做。

我对伊普说："我们走得太远了。"然后指了指一路走来的方向。我们转身，重新走到刚刚走过的大街上，这条大街的名字他早就忘记了。遇到他的邻居跟我们挥手，他不认识他们；我们走回他的家，他也不知道这个家的存在。房子前面停着一辆车，看着车窗上我们的身影，我问伊普他看到了什么。

他说："一个老头儿，没别的了。"

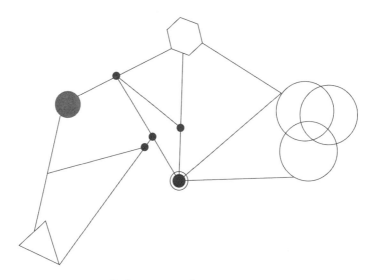

第 5 章
记忆宫殿

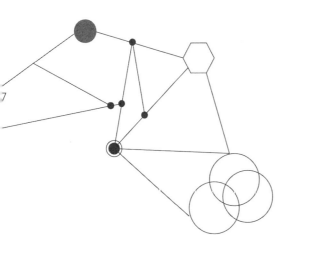

在埃德回欧洲之前，我准备和他再见一面。他约我在中央公园见面，还说这里是他的美国之旅很重要的一站，他以前还没有来过这里。我们一起观赏了深冬时分光秃秃的树木，也看了跑步的人在大中午沿着水塘跑步的情景。之后，我们来到了公园的最南端，街对面是著名的丽思卡尔顿酒店。那天下午寒风凛冽，并不适合讨论问题，更不用说讨论记忆力了。但是，埃德非要坚持待在室外。他把拐杖递给我，然后勇敢地爬到了公园里临街的一块大石头上，看起来他那患有慢性关节炎的关节有点儿疼。他坐在石头上向远处望了望，又对这个地方做了一番评论，说这里"极其庄严"。然后他邀请我和他一起坐到石头上去，还向我保证，在之后的一个小时里他会教给我一些基本的记忆技巧。真是难以想象，在那样的天气里，我们还能勇敢地坐在那儿继续谈论下去。

埃德优雅地盘腿坐在石头上，开始说话："我得先警告你，你现在对那些记忆力超群的人还充满敬畏；不过，马上你就会喊了，'啊，原来都是一些愚蠢的诡计！'"说完之后，他偏了偏头，好像要看看我的反应会不会像他说的那样，然后继续说："你这么想的话就错了。对你来说，这个阶段会有点儿难熬。"

接着，他就开始给我上课了。第一课是关于记忆术中最基本的原则"精细编码"。他说，记忆并不是在现代社会形成的。它跟人类的视力、语言能力、直立行走的能力以及其他的生物功能一样，是经过大自然的选择，经过了漫长的进化才形成的，而最初的记忆环境和我们现在的生活环境是截然不同的。

史前类人猿的原始大脑经过进化，形成了具备语言功能、符号功能以及神经系统的大脑，也就是现在被我们所用的大脑（有时我们会觉得它不大好使）。这种进化主要发生在更新世时期，这个时期开始于180万年前，结束于1万年前。存在于这一时期的很多与世隔绝的地方到现在依然存在。在这个时期，人类主要依靠狩猎和采集食物为生，正是这种生活方式形成了我们如今所拥有的记忆能力。

在缺乏营养的年代里，糖和脂肪对我们的身体是很有好处的。但是，在到处都是快餐店的现代社会，糖和脂肪就不太适合了。同样，我们的记忆能力也没有完全适应如今的信息时代。如今我们要记忆的东西跟大脑进化时期的周围环境一点儿关系都没有。我们的祖先不用记住一串电话号码，不用一字一句地记住老板的指示，不用学习美国历史这样的大学预科选修课程，也不用记住鸡尾酒会上那么多陌生人的名字（相比之下，那一时期他们所在群体的成员相对稳定，而且人数较少）。

我们的原始人祖先要记忆的是到哪里去寻找食物或其他资源、回家的路线以及哪种植物能吃或不能吃。这是他们每天都赖以生存的重要记忆技能，而正是为了满足这些生活需求（至少部分原因是为了满足这样的需求），人类的记忆才开始进化。

所有记忆术的通用原则是：大脑对所有信息的记忆程度并不是完全相同的。我们比较容易记住视觉图像（比如埃德在高中礼堂对学生们所做的图片辨认测试），却很难记住其他形式的信息，比如一串单词或数字。因此，记忆术的秘诀就在于形成类似于埃斯的那种天生的联觉记忆方式：把大脑不容易记住的信息类型转化成擅长记忆的信息类型。

"大多数记忆术的核心方法就是把将要进入记忆的那些枯燥的信息转化为富有色彩和超级有趣的信息，而且转化后的信息要和你以前见过的所有事物有很大的不同，转化之后，你就再也忘不掉了。"埃德边跟我解释，边向握成拳头的手里哈气，"这就是所谓的'精细解码'。一会儿你做一个单词记忆训练，这是掌握记忆术的最普通的训练之一。然后还有数字记忆训练、扑克牌记忆训练，之后我们再转向抽象概念的记忆训练。完成这些训练之后，基本上你就能学到任何你想学的信息了，真的。"

埃德接着对我讲了最近他和卢卡斯在维也纳发生的一件

事。有天晚上，他们一起参加了一个聚会。两人狂欢到了第二天早上，在太阳升起之前互相搀扶着跌跌撞撞地回到家。这天卢卡斯要参加全年最重要的一次考试。"卢卡斯睡到中午才起床，然后用闪电般的速度把考试内容看了一遍。他就那样去考试了，最后他通过了。"埃德说，"要是有这样的学习效率，就不会在考前复习的时候因为自己没有好好学习而感觉愧疚了，这可是相当有诱惑力的。卢卡斯估计，只需要很普通的练习就可以达到这种效率。"

埃德把一缕卷发拨到耳朵后面，然后问我想先学习记忆什么东西。他建议我说："我们可以先学习记忆一些有用的东西，比如埃及法老的名字或者美国总统的名字之类的，或者先学习一首浪漫主义诗歌。不过你要是喜欢的话，我们也可以先从地球的地质时期学起。"

我笑了："听起来真的很有用啊。"

"或者也可以快速记忆一下20世纪美国橄榄球运动员明星，或者你要是喜欢学的话，就从那些超级棒球明星的成绩开始。"

"你能记住历届超级碗大赛的胜出者？我是说，你真的能全部记住？"

"呃，我可记不住。我喜欢板球。但是如果能教你怎么记忆这些胜出者，我会很开心的。重点是依靠我所说的记忆术，我们可以很快地学习所有东西。怎么样，有兴趣吗？"

"有兴趣。"

"那么，我感觉记忆术最常用、最实用的地方就是任务清单。你有任务清单吗？"

"算是有吧，不过在家里。有时我会列一份这样的清单。"

"让我想想。在我的记忆里一直都有一份清单。那么我们就用我的这个吧。"

埃德向我要了一张纸，在上面随便写了一些词之后又递给了我，脸上带着略显得意的笑容。我看了一下，上面列出了15项。埃德又说："我还得去参加一个朋友的宴会，去之前我得买点儿东西，还有些事情要做，都在这个清单上了。"

我大声念道：

腌蒜

白干酪

鲑鱼（炭熏的最好）

6瓶白葡萄酒

袜子（3双）

3个呼啦圈（也可以不用）通气管

干冰机

给索菲娅发一封邮件

肉色紧身连衣裤

找一部保罗·纽曼主演的电影——《回头是岸》

麋鹿肉香肠？

扩音喇叭和手扶折椅保护带和绳子

气压计

"这些都是你记下来的？"我有点怀疑地问他。

"我能记住，但是你，这些肯定早就在你的脑子里消失得无影无踪了。"他说。

"你真的要买这些东西，要做这些事情吗？"

"呃，我可不确定这张单子上的所有东西我都能买到。纽约有白干酪吗？"

我说："我对这上面的麋鹿肉香肠和肉色紧身连衣裤比较感兴趣。不过，你明天不是要去英国吗？"

"是啊，我也开始想了，这上面的很多东西我根本就不需要。"他眨眨眼睛，继续说，"不过，你得把这份清单上的东西一一记住，这是这次练习的目的。"

埃德告诉我，如果学会他马上要教给我的记忆术，我就能跻身"拥有光荣传统的记忆专家"的行列。这项光荣的传统是在公元前 5 世纪由诗人西蒙尼戴斯站在色萨利的一片废墟前开创出来的，至少传说中是这样的。诗人紧闭双眼，根据他的想象重建了这座坍塌的建筑物，他的记忆力很强，居然记得所有参加这个倒霉宴会的宾客的位置。他并没有刻意记忆这座宴会厅的结构，但是这座建筑物却给他留下了深刻的印象。就是通过这么简单的观察，西蒙尼戴斯发明了一种记忆方法，这种方法最后成为所谓的记忆术的基础，西蒙尼戴斯也因此而名垂千古。后来他意识到，如果坐在宴会厅里的不是宾客，而是其他人，比如所有的希腊戏剧家，他们按照自己出生日期的先后，坐在这个宴会厅里。这种情况下，他也能把这些戏剧家记下来。或者是他创作的某一首诗歌里的所有词语，围着桌子摆放在那里；又或者是那天他要做的所有事情。所有这些，他都能把它们记忆下来。因此，他认为，只要利用空间记忆法，我们就能够按照顺序记住所有想象出来的事物。在使用西蒙尼戴斯的记忆方法的时候，人们只需要把那些记不住的东西（比如一串数字、一副扑克牌、一份购物清单，甚至是《失乐园》这首长诗）转化为一系列吸引人的视觉图像，然后把这些图像安排在想象中的一个空间内。这样一来，人们很快就能记住那些总会忘记的东西。

　　大约在公元前86年至公元前82年之间，一位不知名的作者曾经用拉丁语撰写过一本修辞学教科书——《修辞学》。这本书很薄，首次记述了我们现在所知道的几乎所有经典记忆训练的细节，也包含了如今的脑力运动员所运用的所有记忆技巧。这本书也是唯一一本对西蒙尼戴斯发明的记忆方法进行完整准确阐述的书籍，该记忆方法一直流传到中世纪。虽然在接下来的2000年里，记忆术没有任何创新性的发展，但是这本书中所记载的基本记忆技巧大体上没有什么改变。埃德说："这本书就是我们的《圣经》。"

埃德精通拉丁语和古希腊语（也能说一口流利的法语和德语），他自称是一位业余古典学者。他推荐我看的第一本古代著作是《修辞学》，还推荐了另外一些古典主义时期的著作，包括昆体良的《雄辩术原理》和西塞罗的《论演说家》，另外还有托马斯·阿奎那、大阿尔伯特、圣维克多的休格和拉文纳的彼得等人所著的一些中世纪的记忆术著作。他希望我在读东尼·博赞的书或其他顶级脑力运动者所著的自助类读物前，先把这些著作读一遍。东尼·博赞当时已经独立创作和以合著者的身份出版了120多本书，可谓著作等身。

《修辞学》中所介绍的记忆方法在古代得到了广泛使用。西塞罗在关于记忆术的著作中曾提到，因为这种记忆方法已经被大众熟知，他感觉自己甚至不需要再浪费笔墨详细地加以介绍了（一直以来人们都在参考《修辞学》）。那个时候，受过教育的人对如今埃德要教给我的这种记忆方法都很精通。在古典教育中，记忆力训练和语法、逻辑及修辞一起，都是语言艺术学习的重心。学生们不仅要学习记忆知识，还要学习记忆知识的方法。

在那个几乎没有书本的时代里，记忆力是一种很神圣的能力。罗马学者老普林尼撰写的巨著《自然史》可谓世纪初的一本百科全书，里面收录了古代很多有趣的事情，也收录了历史上最独特的记忆术，还能帮你赢得很多打赌游戏。老普林尼写道："赛勒斯国王能记住他的军队里所有士兵的名字；卢修斯·西皮奥能记住罗马所有人的名字；刚到罗马的第二天，赛勒斯国王的特使齐纳斯就记住了元老院的所有议员和所有骑士的名字……在希腊，有一个叫查马达斯的人可以背诵图书馆里所有的书籍。你随便从书架上抽出一本书，他都能倒背如流，好像他正在打开来阅读一样。"当然，对于他的这些记述我们不能全盘接纳（他甚至还讲过，在当时的印度存在一个长着狗头的人种），但是其中所记载的大量关于记忆力的奇闻逸事还是很能说明问题的。老塞内加可以按照顺序背下来2000个人名；圣奥古斯丁[1]提到过他的一个朋友辛普利丘斯可以倒着背诵诗人维吉尔的长诗《埃涅阿斯纪》（他能从前到后背下来就够令人吃惊了）。在当时，超群的记忆力被视为一种无上的美德，因为它代表着一个人已经把大量的外界知识吸收到了自己的大脑中。玛丽·卡拉瑟斯写过两本关于记忆术历史的书，她在书中这样写道："生活在古代和中世纪的人对记忆很是敬畏。当时，具有超群记忆力的人都被大家看作是天才。"事实上，在提到一位圣人的时候，除了他们的优良品德，人们最常提到的就是他们的超群记忆力。

在《修辞学》中，关于记忆力（"创造力的宝库和修辞的监管者"）的内容所占的篇幅很少，大概只有10页，剩下的内

---

1 圣奥古斯丁，生于公元354年，古罗马著名神学家和哲学家，著有自传体作品《忏悔录》及《上帝之城》。

容全是对修辞和演说的论述。在开始论述记忆力时，它首先提及了自然记忆力和人工记忆力之间的差别："自然记忆力就是根植在我们头脑中的记忆力，随着思想的诞生而自动生成；人工记忆力就是经过训练，借助一套原则而被加强的记忆力。"换句话说，自然记忆力就是人天生就附带的"硬件"，而经过训练的记忆力则是在"硬件"上运行的"软件"。

这本书的作者继续论述道："人工记忆力有两个基本的组成部分，即图像和位置；图像代表一个人想要记住的内容，位置——按照拉丁语里的说法是地点，代表的则是这些图像存储的位置。"

也就是说，在记忆的时候，要在头脑中形成一个空间，生成一个自己熟悉的、很容易就想到的场所，然后把那些代表着要记住的内容的图像放在这个场所里。罗马人把这种方法叫作"位置记忆法"，这样的场所后来被称为"记忆宫殿"。

虽然被称为记忆宫殿，但并不意味着这样的记忆场所就必须像个宫殿，甚至也不需要是一座建筑物。它可以是一个小镇上的一条路线，就像S的路线一样，也可以是一座火车站，或者是十二星座，甚至可以是神话中的动物。这个场所可大可小，可以在室外也可以在室内，可以是真实的也可以是虚构的，只要你对它足够熟悉，而且是井然有序的，可以让你把一个地点与临近的一个地点联系起来。曾四次获得美国记忆力锦标赛冠军的斯科特·海格伍德利用《建筑学文摘》里的豪华房间作为他的宫殿来存储记忆。那位精力充沛的马来西亚记忆力锦标赛冠军叶瑞财博士，他的记忆宫殿是自己的身体。利用自己的身体，他记住了5.6万个词语、1774页的《牛津高阶英汉词典》。一个人可以拥有几十座、上百座甚至几千座记忆宫殿，每座宫殿都可以用来储存不同的记忆。

在澳大利亚和美国西南部，土著人和美洲印第安部落里的阿帕切族人发明了他们自己的位置记忆法。他们没有使用建筑物，而是依靠当地的地形地貌画出要叙述的故事内容，或在各种地貌之间穿行，然后唱出这些内容。每个小山丘、每个巨型石头或每条小溪流代表他们故事内容的一部分。约翰·福利是美国密苏里大学的一位语言人类学家，他研究的领域是记忆和口述传统，他说："神话和地图可以统一起来。"但是，这种把故事内容嵌入地形地貌的方法最终酿成了一个悲剧，在美国政府把土著人的土地夺走之后，他们在失去自己家园的同时，也失去了他们民族的很多神话传说。

"乔希，你必须明白，人类的空间学习能力是非常非常强大的。"埃德坐在那块石头上继续跟我说，"咱们举个例子，如果哪天让你在其他人的房子里单独待上5分钟，在这之前你从来没有到过他家。这个时候，你肯定会感觉精力旺盛，而且对这座房子充满好奇。想象一下，在这短暂的5分钟内，你能记住多少关于这座房子的信息。你不仅能记住不同的房间的位置，哪一间与哪一间是挨着的，还能记住这些房间的大小和装饰，还有里面的摆设、房间窗户的位置。在你还没有意识到的时候，你就能记住上百件物品的摆放位置和所有物品的大小尺寸。你甚至都没有意识到自己在观察这些物品。如果把这些进入你大脑的所有信息放在一起，都可以写成一部短篇小说了。但是，人们从来不会把这种空间记忆能力当成是自己的记忆成就。人类只是在无意识地大量吸收着这些空间信息。"他告诉我，记忆宫殿就是要利用人的这种敏锐的空间记忆力，组织并储存那些没有次序的信息。我们当时要组织和储存的就是他写下来的那张清单。埃德说："你马上就会发现，在我把买三个呼啦圈、一个通气管、一台干冰机和给索菲娅发邮件这几件事情摆放好之后，你很容易就能记住它们。就像在刚刚我们说的那座房子里，你对里面房间的位置能够了然于心一样。"

最关键的一步是你要选择一座自己最熟悉的记忆宫殿。埃德说："我建议你把从小住到大的房子当作你的第一座记忆宫殿，因为你肯定对它很熟悉。之后，我们会把清单上的内容围绕这座房子的一条路线一项一项地摆放出来。在记忆这个清单的时候，你只需要在想象中重新把刚才的路线走一遍。希望这些要记忆的物品到时能从你头脑里自动地跳出来。我问你，你小时候住的房子是平房吗？"

"不是，是一座两层的砖房。"我回答他。

"那么，在车道尽头是不是有一个很可爱的小邮筒？"

"没有啊，为什么问这个？"

"可惜，那可是摆放这个清单上第一项内容的绝佳地方。不过，没有也没关系。我们可以从车道的尽头开始。现在，你把眼睛闭上，然后尽可能地联想这样一个情景：车道尽头的地方本来是停车的，现在那里立着一瓶腌蒜。能联想到越多的细节越好。"

他说完之后，我不太清楚自己要想象的东西到底是什么。我问他："什么是腌蒜？是不是一种英国小吃？"

埃德听到我的问题，脸上再次浮现出一抹顽皮的笑容，他说："呃，不是。其实就是在周末去爬山时顺便带的一种零食。现在，你要利用你的多种感官来记忆这个场景，这很重要。"在记忆一条信息的时候，你联想到的东西越多，这条信息就能越牢固地织入已存储的信息网中，你也就越不容易忘却这条信息了。就像埃斯一样，能自发地、不自觉地把每一个听到的声音转化成一系列的颜色和味道。《修辞学》的作者鼓励读者们在记忆每一种情景的时候，都尽力这样做。

埃德继续说："你要在大脑深处记忆这个情景，这很重要。所以尽可能地集中精神，我们很容易记住那些能够吸引注意力的事情。但是，注意力不是说想被吸引就能被吸引的，要用细节去吸引它。如果你能在大脑中联想到一些详细的、能吸引人注意力的、比较生动的场景，那么储存下来的记忆差不多就很牢固、很可靠了。所以，你得尽可能地联想腌蒜的味道，然后再把这种味道夸大一点，想象一下正在吃腌蒜，你的舌头要真正地感觉到它的味道，你自己还要看到自己就在车道的尽头做我上面所说的这一系列动作。"我不知道腌蒜到底是什么东西，也不清楚它是什么味道。

不过，我还是想象出一个很大的瓶子骄傲地立在我父母家的车道尽头，里面装着一些什么东西。

（读者朋友，我鼓励你和我一起做这件事情。试着想象在你们家的车道尽头有一个装着腌蒜的大瓶子。如果你家院内没有车道，那就想象它在你们家外面的任何一个地方。一定要运用想象。）

"你的大脑中已经有了一幅关于腌蒜的多感官画面。现在，我们开始沿着通往你家里的那条路往前走，然后开始想象把清单上的第二项放在你家的正门前。这一项是白干酪。现在闭上你的眼睛，想象出一个浅水池大小的浴盆，里面全是白干酪。做到了吗？"

"做到了。"

（读者朋友，你做到了吗？）

"现在，想象赤身裸体的超级名模克劳迪娅·希弗正在这个满是白干酪的浴盆里洗澡，乳液从她身上滴落。你能想象出来这样的画面吗？我希望你不要错过任何细节。"

《修辞学》一书建议读者在建造记忆宫殿的时候，要尽可能地注意细节，尽可能地有趣一些、粗俗一些、奇特一些。"日常生活中的很多事物都很琐碎、很普通，没有什么奇特之处，记忆起来就很困难，因为大脑很容易被新奇的和令人意想不到的东西所刺激。如果我们见到或听到什么特别粗俗的事情，或者一些稀奇古怪、伟大、匪夷所思或令人捧腹的东西，那就很有可能会牢牢地记住它们，而且很长一段时间都不会忘却。"

大脑中想象到的图像越生动，就越能防止记忆内容与这个地点脱离。我慢慢明白，那些记忆大师之所以能成为大师，就是因为他们能够把记忆内容想象成上文所描述的丰富多彩的各种图像，然后在大脑中快速画出一幅以前从来没有见过的图画。所以，东尼·博赞告诉大家，其实世界记忆力锦标大赛并不是记忆力比赛，而是创造力比赛。

在大脑中想象各种图像的时候，图像越粗俗越能帮助记忆。经过进化之后，人类对两种事物最感兴趣，同时也记得最为牢固，那就是笑话和性行为，尤其是与性行为有关的笑话。（你还记得本书第一章开头，雷亚·珀尔曼和马努特·波尔在做什么事情吗？）就算在较为保守的时代，这个规则也很适用。15世纪最为有名的记忆教科书的作者拉文纳的彼得对当时的神职人员讲了一个秘密，在告诉他们这个秘密之前，他还特意请求过他们的原谅，他说："我已经把这个秘密藏在心中很久了（我想自己得谦虚一些）。那就是，如果你想快速记住一些东西，那就把世界上最漂亮的处女和你要记的东西联系起来；女性形象通常有着惊人的唤起记忆力的力量。"

但是，我感觉克劳迪娅·希弗和她在白干酪浴盆里洗澡的情景对我的记忆并没有什么效果。我的鼻子和耳朵一直被刺骨的寒风折磨着，我问埃德："呃，埃德，我们能不能到室内上课？附近肯定有星巴克。"

"不行，不行。寒风能够让大脑保持清醒。"他说，"现在，集中注意力。我们走进了你家的房子，想象一下，你要向左拐走进一个房间，这是什么房间？"

"客厅，里面放着一架钢琴。"

"太好了。第三项要放的东西是炭熏鲑鱼。接下来我们想象，在钢琴的琴弦下有很多泥炭，琴弦上有一条赫布里底群岛鲑鱼。哇……你闻到香味了吗？"埃德在冷风中吸吸鼻子。

我还是不太清楚炭熏鲑鱼是什么味道，不过估计和一般的熏鱼味道差不多。于是我想象了一下，"味道真不错。"我说。我的眼睛还没有睁开。

（如果你的房间里没有钢琴，就把炭熏鲑鱼放在房子前门的左边。）

清单上的下一项是6瓶白葡萄酒，我们决定把它们放在钢琴旁边的一个白色沙发上，沙发上有一些污渍。

埃德建议我说："现在，把这6瓶白葡萄酒拟人化，这可是一个好方法。与没有生命的图像相比，人们更容易记住有生命的图像。"这个建议也来自《修辞学》，作者建议读者想象出一些"特别漂亮或者特别丑陋"的图像，然后让它们动起来，或者把它们装饰一下，让它们看起来更醒目一些。"可以把一个图像想象得极为难看，比如在上面弄出些血渍，涂点儿泥巴，或者喷点儿红色的油漆"，也可以"给这些图像加上点儿戏剧效果"。

"你可以想象这些葡萄酒聚在一起在讨论自己的优点和缺点。"埃德继续建议我。

"比如，梅洛[1]先生说……"

埃德一愣，扑哧笑了，插话说："乔希，梅洛可不是白葡萄酒的名字。我们还是这么联想吧。一瓶霞多丽在说长相思葡萄的土壤质量怎么怎么不好，琼瑶浆在旁边嘲笑雷司令……类似这样的场景。"

我感觉这个情景很滑稽，一定会深深地刻在我的脑子里。但是为什么？为什么这6个拟人化了的傲慢酒瓶会比"6瓶白葡萄酒"更容易记住呢？首先，与简单阅读"6瓶白葡萄酒"这

---

1 梅洛（Merlot），是著名的红葡萄酒品种之一。后文的霞多丽、长相思、琼瑶浆、雷司令均为著名的白葡萄酒品种。——编者注

几个字相比，想象出这样奇怪的场景，需要花费更多的精力。而在消耗这种精力的过程中，大脑中的神经元就会形成更多稳固的联系，这些神经元又可以解码记忆。不过，更重要的原因是，对我来说，能够开口说话的酒瓶会更加新奇一些，也更加容易记住。以前我也见过很多酒瓶，但是还没有见过能说话的酒瓶。如果只是简单地记忆"6瓶白葡萄酒"，这几个字很快就会和大脑中关于酒瓶的其他记忆混在一起。

请思考下面的问题：在上周吃过的所有午饭中，你能记起来的有几次？今天的午饭吃的什么，你还记得吗？我想，你还能记得。但是，昨天的午饭吃的是什么呢？这就要回想一下才能记起来了。然后，昨天之前的午饭呢？一周之前的午饭呢？你肯定想不起来了吧。但这并不是说，关于上周午饭的记忆在你的大脑中消失了。而是你的大脑把这些午餐同其他所有午餐混在了一起，这些午餐对于你来说也就只是"另外一顿午餐"而已。如果给你提供正确的暗示，比如，吃饭的地点，或者和你一起吃饭的人的名字，你肯定就能记起来了。在我们试图回忆一个隐藏在某个记忆类别中的事物时，这个类别又包含很多其他事物（像"午餐"或"葡萄酒"），那么，大量的记忆就开始互相竞争，目的就是为了赢得我们的注意力。你对上周三的午餐的记忆并不是消失了，而是没有利用正确的"鱼钩"把这顿午餐从一片午餐记忆之海中"钓"出来。一旦一瓶酒可以说话，它在你的记忆之海中就变得奇特无比，于是就再也没有什么竞争者了。

埃德继续说道："接下来我们要记忆的是3双袜子。你家有没有一个台灯，我们可以把它们挂在旁边？"

"有，沙发旁边就有一个。"我回答。

（读者朋友，如果你还在跟着我想象的话，就把
这6瓶酒和3双袜子放在你的房子的第一个房间里。）

"真不错。现在，有两种方法可以让这3双袜子吸引我们的注意力。一种方法是把它们想象成3双又破又臭的袜子；另外一种方法是把它们想象成3双很独特的棉袜，颜色很漂亮，这种颜色你在现实世界里是见不到的。我们用第二种方法。现在，你想象一下，这3双袜子在那个台灯旁边挂着。有时候，想象一些超自然的事情也很有意思。所以，你也可以这样想，在袜子里藏着一个幽灵，这个幽灵一会儿把袜子拉得很长，一会儿又在里面使劲地撕扯袜子。你的大脑里要真实显现出这样的情景。最后试着感受一下，这些柔软的棉袜在磨蹭你的前额，感觉凉凉的。"

按照埃德的话，我想着童年时住过的房子，然后想象自己从一个房间逛到另外一个房间，把这些要记忆的东西沿着走过的路线摆放好。在客厅里，有三位女士站在桌子上转着呼啦圈。在厨房里，我看到一位男士戴着一个通气管潜在水槽里。

一台干冰机正隔着厨房的台面呼呼吹气。（读者朋友，你在跟着我一起想象吗？）然后，我走进了卧室里。下一个要记忆的项目是"给索菲娅发邮件"。

我睁开眼睛，向埃德求助。他用卷烟纸卷了一支烟，正在舔卷烟纸的边沿。我问他："记忆'给索菲娅发邮件'的时候，要想象什么样的情景？"

他把卷好的烟放下，说："哦，这个是有点儿难。你看，发邮件这件事本身很难记住。越是抽象的词语越不容易记忆，我们需要在一定程度上把它具体化。"说到这里，埃德停下来想了一会儿，然后继续说："我建议你把它想象成是一个人妖在发邮件。能想象得出来吗？然后，把这个人妖与索菲娅联系起来。听到'索菲娅'这个词的时候，你首先想到的是什么？"

"保加利亚的首都。"我回答。[1]

"乔希，你可真是知识渊博啊，了不起！哎，不过就是有点儿不好记。我们不要想这个首都，要想索菲娅·罗兰[2]这位性感明星。你能想象出来这样的图像吗？你确定自己完全沉浸在这样的想象中了吗？嗯，不错。"

现在，我开始继续想象。我离开卧室，看到一位穿着肉色紧身衣的漂亮女人在走廊里像猫一样呜呜叫。我把保罗·纽曼

1　人名"索菲娅"（Sophia）与保加利亚的首都"索菲亚"（Sofia）谐音。
2　索菲娅·罗兰，意大利女演员，1934年出生，以性感偶像成名。曾获奥斯卡最佳女主角奖，1992年获奥斯卡终身成就奖，被誉为意大利的女神。

的影片放到身边的一个壁龛里，把一根麋鹿肉香肠放在通往地下室的最上面的楼梯上，然后沿着台阶走到车库里。这时，我看到埃德坐在一张手扶折椅里，手里拿着一个大大的扩音喇叭在发号施令。我按了一下遥控器，车库的门打开了。我顺着车库走到了后院，看到一个全副武装的人正在沿着一根绳子往一棵大橡树上爬。最后，我把最后一项物品——一个气压计——放在了后院篱笆的旁边。"你要想象，有一个像体温计一样的柱形物体躺在一张床上，床上堆满了脆猪皮片等各种零食。"埃德在旁边提醒我。在想象中沿着房子走了一圈之后，我睁开了眼睛。

"做得很好！"埃德轻轻地鼓着掌，鼓励我说，"现在，我想，你肯定会认为这个记忆过程是完全靠直觉进行的。普通的记忆一般都存储在大脑的语义网络或者有联系的网络中，只是存储的方式是随机的。经过类似的想象后，大量的记忆就在特定的环境中存储了下来。然后，再借助空间认知能力，你就可以沿着记忆宫殿的路线寻找这些记忆。在你走过放置记忆的某个地点时，在这个地点上放置的记忆就很有可能会跳出来。在此之后，只要把这些跳出来的图像重新转化成你要记忆的东西就可以了。"

我再次闭上眼睛，想象自己站在父母家里的车道尽头。之前我在这里放了一大瓶腌蒜，现在它就立在那儿。沿着车道，我走到前门，看见名模克劳迪娅·希弗正坐在一个盛满白干酪的浴盆里拿一块海绵擦拭身体，看起来性感无比。然后，我推开前门，向左走，闻到了一股鱼的味道。在钢琴琴弦上放着一条炭熏鲑鱼，我的鼻子能够闻到它的香味。我还听到那些傲慢的白葡萄酒瓶在沙发上高谈阔论，感觉到挂在那个台灯旁边的3双昂贵的棉袜轻柔地拂过我的前额。当时，我真有点儿不敢相信，这种方法真的很管用。埃德让我说出来清单上的前五项，好确认一下我的想象是否有效。我回答说："腌蒜！白干酪！炭熏鲑鱼！6瓶白葡萄酒！3双袜子！"

"真厉害！"埃德在寒风中兴奋地大喊，"你真厉害啊！天生就是加入KL7的料！"

其实，与前一天我看到的那么多精彩的记忆特技相比，我的表演根本不算什么，一点都没有埃德说的那样好。不过，能取得这样的成绩，我还是很高兴的。接着，我再次沿着这条路线走了一遍，边走边把刚刚放置的那些奇异图像所留下的"面包屑"捡起来。"客厅桌子上有3个呼啦圈！水槽中的通气管！餐桌上的干冰机！"这15项内容的位置居然和我刚刚放置的位置完全符合，我感到很惊奇。不过，这次的记忆到底能持续多久呢？一周之后，我还能记住埃德的这份清单上的内容吗？

埃德说："我向你保证，一周之后，除了这些狂欢般的新奇场景和对你的大脑产生的强烈冲击之外，在你的大脑中能留下深刻记忆的还有这些图像，而且它们在你的大脑中停留的时间会远远超出你的预期。今天晚上和明天下午把你的记忆宫殿里的这条路线再走一遍，如果有可能，一周之后再来一遍，那这张清单上的内容就能够真正地印在你的脑海中了。练习完这15项内容之后，我们就可以记忆1500项内容，但前提是你的记忆宫殿要足够大，能放得下这么多项要记忆的内容。掌握了如何记忆随机词语之后，我们就开始记忆一些真正有意思的东西，比如扑克牌，或者海德格尔的《存在与时间》。"

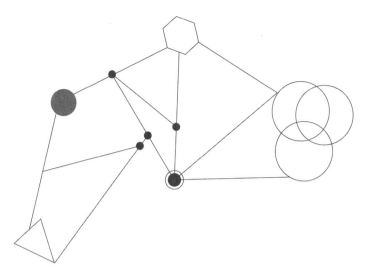

第 6 章
怎样记住一首诗

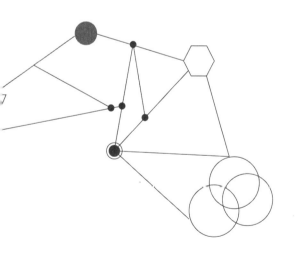

我的第一项任务是"收集"建筑物。在开始正式的记忆力训练之前，大脑需要储存大量的记忆宫殿。我到邻居家附近散步，去参观朋友的房子和当地的运动场，也去了巴尔的摩的金莺坎登球场[1]和国家艺术馆东馆等。我还穿越时空，回到了过去。我回忆上中学和小学时的学校，还有雷诺路上的家，那是我4岁以前住的地方。想着家里墙上的壁纸和家具的摆设，试着感受脚下的地板，回忆在每个房间里发生过的那些能够引起情绪波动的事情。之后，在每一栋建筑物里我都标出标志性的地点，作为储存记忆的文件夹。埃德说，这样做的目的就是要完全熟悉这些建筑物，把每座房子的角角落落编织成丰富的、有特定结构的联系网络。在接收新信息的时候，就可以在这些宫殿里畅通无阻，在想象中把要记忆的内容的图像快速放置在各个地点。对这些建筑物越熟悉，就越感觉它们跟自己的家很

1　金莺坎登球场，美国著名职业棒球队金莺队的主球场。

像，这样的话，放置在里面的图像就越稳固，以后大脑就越容易重现这些图像。埃德计算过，在开始训练之前，我大概需要12座宫殿。而他的大脑里存储的宫殿可是有几百座，可谓是一座布满脑力仓库的大都市。

在完全披露我的训练细节之前，我想应该先描述一下接受记忆力训练时我的生活状况。当时，我刚从大学毕业，希望能够成为一名记者。那时，我在生活上依然依靠父母，住在华盛顿的家里，我就是在那儿长大的。从小就属于我的个人世界的房间里，房间窗户上插着两面巴尔的摩金莺队的队旗，书架上放着一本谢尔·希尔弗斯坦的诗集。我的工作室设在地下室里，里面放着一张桌子，是我的办公桌。桌子旁边放着父亲的诺迪克跑步机和一摞箱子，箱子里面放着家里的旧照片。

办公室里到处都是便利贴，上面列着一长串的清单，都是我要做的事情：要回的电话、要研究的文章主题、要完成的一些私事和公事等。在中央公园里成功地完成了埃德的那次记忆力训练之后，我变得信心十足。我把列有最紧急事情的便利贴扯下来，把上面的内容转化成图像，然后努力把它们存储在一座记忆宫殿里，这座记忆宫殿是位于郊区农场的我祖母的家。我要做的一件事情是"把车送去检查一下"。我把它转化成这样一幅图像：神探加杰特[1]开着他的老别克车在祖母家的车道上

---

1 神探加杰特，是20世纪80年代美国著名动画片《神探加杰特》中的主人公。

转圈。另外一件事情是"找到一些关于非洲国王的书"。记忆这件事情的时候，我就想象祖鲁人沙卡[1]把一支矛投到了祖母的前门上。在想象"预订到凤凰城的票"这件事情时，我把祖母的客厅想象成一个布满沙漠和峡谷的地方，然后，一只凤凰从她那个古老书橱的灰烬里飞出来。对于这些事情的想象都还不错，感觉上还很有趣，不过就是很费力气。我发现，把便利贴上的10件左右的事情记忆下来后，我会感到极度疲惫，而且心灵之眼似乎也布满了血丝。

看起来，这要比想象中难得多。另外，这些想象出来的图像也并不像我想的那样奏效。对于便利贴上的某些项目，我根本无从下手，想不出来任何跟它们有关的情景。怎样把电话号码转化成图像？电子邮件地址又该怎么记忆？我一屁股瘫坐在办公室的椅子上，手里全是便利贴。我抬头看了看白墙，上面有几块掉色的地方被重新粉刷过，好像是几块补丁。我在想，这一切究竟有什么意义？事实上，便利贴仍旧牢牢地粘在墙上。记忆术肯定会有更大的价值。

我站起来，从书架上抽出一本《诺顿现代诗选》，这本书是我有次逛二手书店时买到的，一共有1800页，看起来像一块砖头。买到它之后，我只翻过两次。我想，如果说古代的记忆术对什么事情最有好处，那肯定是记忆诗歌了。我很清楚，

1　祖鲁人沙卡，是南非境内祖鲁王国的第一任国王，大约出生于1787年，逝于1828年。祖鲁族是南非人口最多的民族，目前只有夸祖鲁-纳塔尔省保留有祖鲁王国。

西蒙尼戴斯虽然发明了一种聪明的方法来记忆清单，但他还算不上是古代的英雄。他的这个发明的意义在于为一些日常工作事项赋予了人性。那么，还有什么事情比记忆诗歌更富有人性化呢？

我发现埃德一直在不停地记忆东西。他很久以前就能够背诵《失乐园》里的大部分章节了（他告诉我，他的背诵速度是每小时200行），也很勤奋地背诵过莎士比亚的很多作品。他说："我的人生哲学是，一个伟大的人必须能够在与世隔绝的环境中至少生活上10年，而且还不感觉到烦闷。经过一个小时的记忆力训练后，你可以完全脱离书本，背诵10分钟诗歌。不过仅仅这10分钟里要记忆的内容，都够你忙活一天的了。我想，如果是生活在一个与世隔绝的环境中，你每天至少要抽出一个小时来训练记忆力。"埃德曾经读过大量古代和中世纪的关于记忆力的书籍，他的这种世界观跟这些书籍有着密切的联系。他不厌其烦地向我灌输这些知识。撰写这些早期记忆力书籍的作者认为，训练记忆力不仅是为了获取信息，也能够加强人们的道德观，完善人格。在培养人们的"公正观念、公民意识和虔诚的心"的过程中，训练过的记忆力起着非常关键的作用。记忆过的内容能够塑造人的性格，正如要成为国际象棋大师，秘诀就是要学习以前的棋局，而成为一名生活大师的秘诀也是要学习古代的书籍。假如你身处险境，除了存储在记忆深处的那些知识之外，还有什么能够帮助你脱离危险呢？在我每次尝试回忆起已经记忆过的一本书中的内容时，我都会面临这个问题，即阅读本身并不代表着学习。要想真正地学习一本书，就要把它的全部内容记忆下来。

18世纪初，荷兰人简·勒伊肯[1]这样写道："一本书刻在心中／胜过坐拥千卷。"古代和中世纪的人们阅读的方式和我们现在的阅读方式有着天壤之别。他们不仅要记忆书的内容，还要反复思考这些内容，就像老牛反刍一样，把这些内容反复咀嚼，在大脑中一遍一遍地回想。在这个过程中，他们对书的内容变得相当熟悉，最后就把这些内容转化成了自己的知识。意大利诗人彼特拉克在给他的一个朋友的信中这样写道："我早上吃的东西，到了晚上才消化掉。在吃的过程中，我狼吞虎咽，就像一个孩子；而在消化的时候，却慢得像一位老人。我完全吸收了书里的内容，这些内容最后不仅根植于我的记忆中，也深深地刻入我的骨髓。"据说，奥古斯丁对《旧约·诗篇》烂熟于心，拉丁语本身已构成他写作的主要语言。

如果我能够像西蒙尼戴斯一样记忆，我就可以将大量诗歌背诵下来，可以饱览那些最经典的诗篇，然后把它们吸收到我的大脑中。我想象着，在聊天的时候，自己能恰到好处地引用一些名句，然后成为大家羡慕和佩服（尽管也有可能遭人厌烦）的对象。我想象着自己某天能成为一个移动诗歌储藏库。

1　简·勒伊肯（1649—1712），荷兰诗人、插图画家、雕刻家。

这些想象中的情景可真是诱人啊！

最后，我决定把训练记忆力安排为日常生活的一部分；就像坚持用牙线清洁牙齿一样，只是实际上我没有这种打算。于是，每天早上起床之后，我喝完咖啡，就会坐在办公桌后面，花10～15分钟的时间努力背一首诗。然后才开始读报、洗澡或者穿衣服。

但问题是，我对这种记忆方法不太擅长。我坐下来，试着往记忆宫殿里存放刘易斯·卡罗尔[1]的诗歌《胡言乱语》。这首诗一共有28行，全诗废话连篇。我没有办法把"brillig"和"slithy toves"这样的词语转化成图像，最后只好死记硬背，这恰恰是我最不愿意使用的记忆方法。然后，我试着背诵美国著名诗人T. S. 艾略特的长诗《J. 阿尔弗雷德·普鲁弗洛克的情歌》。我很喜欢这首诗，曾经零零碎碎地读过一些。"房间里女人们来往穿梭／谈论着米开朗琪罗"，我怎么能忘记这句诗呢？但是，我应该怎么去记忆它呢？想象着一个女人，在我叔叔的浴室里走来走去，谈论着米开朗琪罗，这种画面会是什么样子的？或者想象一个女人的形象，一个"来"的形象和一个"去"的形象，然后再想象一个米开朗琪罗的形象？我彻底不知所措了，而且之后一直是这样的状态。当初，我和埃德挤在一起，坐在中央公园的大石头上瑟瑟发抖的时候，感觉这些记

1　刘易斯·卡罗尔（1832—1898），英国作家，小说《艾丽丝漫游仙境》的作者。

忆技巧是相当奏效的，但是当我把自己关在父母家里的地下室里开始练习的时候，这些技巧却没有效果了。我感觉自己就像是买了一双运动鞋，在商店里试穿的时候还好好的，但是到了家里穿上之后，脚上却磨出了水泡。我想，自己肯定是什么地方没有做对。

我翻开刚买的《修辞学》，找到讨论记忆词语的那个章节，希望能从这里得到一些启示，弄清楚为什么我的记忆力训练会如此失败。但是，这本两千多年前的书，里面的内容只是起到了一点儿心理安慰的作用。书的作者也承认，记忆诗歌和散文的难度很大。不过，他接着解释说，难度大才是重点，记忆文本内容是很有价值的，但这并不意味着记忆这些内容的过程就很简单；恰恰相反，正是因为记忆文本的过程很难，记忆才变得有价值。书中写道："我以为，要想不费一点力气地记住很多东西，就要提前进行难度更高的记忆力训练。"

我花费了大量时间学习这些记忆技巧，即将开始一项崭新的事业，而我却对这项事业真正的适用范围没有清晰的了解。我还是觉得，记忆力训练只是自己心血来潮开始的一项实验，对自己并没有什么坏处。我希望了解的只是记忆力是否可以提高，如果可以的话，到底能提高多少。东尼·博赞曾经鼓励我参加美国记忆力锦标赛，但是我从来没有认真考虑过他的建议。毕竟，每年至少有30多名脑力运动员在训练记忆力，备战每年3月在纽约举行的记忆力锦标赛。

我只是一名普通的记者，偶尔还会忘记自己的社会保险号，怎么可能有实力与这些全美记忆力天才竞争呢？不过，我很快发现，在国际记忆力比赛上，美国人很像参加国际雪橇车比赛的牙买加人，虽然总是一副从容不迫、潇洒无比的样子，但在记忆力技巧和训练上一直落后于其他国家的选手。

美国顶级的记忆力高手能够在一个小时之内记忆上百个随机数字，但与欧洲的顶级记忆力高手相比，他们要逊色许多。在美国，人们对这项脑力运动还不够重视，在世界记忆力锦标赛之前的三个月，没有谁会像获得过八次世界记忆力锦标赛冠军的多米尼克·奥布莱恩那样，放下手头所有的工作，全天进行记忆力训练。博赞曾经主张，参赛选手应进行严格的体能训练。不过，按照上述情形，至今还没有参赛选手接受他的建议，进行过体能训练（他主动对我提出的第一项建议就是要保持身体健康）。大家不可能天天都喝下几瓶鱼肝油，也想不到服用欧米茄–3这种营养保健品。当时，受邀加入KL7的美国人只有一位，他就是四届美国记忆力锦标赛的冠军得主斯科特·哈格伍德。

虽然美国举办全国记忆力锦标赛的历史和其他国家一样长，但是，美国选手只在1999年的世界记忆力锦标赛上进入了前五名。或许是因为美国人的国民性格，美国培养不出记忆力领域的世界冠军。美国人不像德国人那样注重细节，不如英国人严谨，也不像菲律宾人那样有紧迫感。一位欧洲人曾经很严肃地告诉我，美国人的记忆力很差劲，原因是他们的双眼紧盯着的是未来；而在大西洋对岸的那些国家，人们看重的则是过去，是历史。不管是什么原因，有一点很清楚，那就是，如果想学到更多关于记忆术方面的知识，想跟随世界一流记忆大师学习的话，我必须马上起程去欧洲。

我花费了几个星期的时间，很艰难地在自己的记忆宫殿里摆满了诗歌。之后，我认为自己应该找到一名大师帮助我把记忆力再提高一个台阶。世界记忆力锦标赛每年都会举行，这项比赛可谓是记忆力领域的鼻祖。那一年的比赛是在英国的牛津举行，时间是夏末。我决定去英国观看比赛。我说服《探索》杂志社，把我派到牛津完成一篇关于那次比赛的文章。我联系上埃德，问我可不可以住在他家里。他家就在牛津，他在那里长大，又在那里读了大学。他家的房子叫"磨坊农场"，是由石头砌成的，建成于17世纪。当时他和父母一起住在那里。

在世界记忆力锦标赛举行的前几天，我来到了磨坊农场。那是一个夏日的下午，阳光灿烂。埃德见到我之后，接过我的包，把我领到了他的卧室。他从小就一直住在这间卧室里。卧室的地板上胡乱扔着几件衣服，书架上放着一本足有90多年历史的板球年鉴。接着，他把我领到紧邻厨房的谷仓，这个谷仓是这座房子里最古老的房间，用石头砌成，足有400年的历史。谷仓的角落里放着一架钢琴，房顶上垂下来一些色彩斑斓的装饰性布料，这是几年前他家里举行聚会的时候装上去的，后来一直没有取下来。房间的一头放着一张长长的木头桌子，桌子前端放着8副扑克牌。

埃德说："这就是我平时训练记忆力的地方。"然后，他指了指谷仓顶部的一个小阳台，说："在记忆二进制数字的时候，我联想的图像都是源自通往这个阳台的楼梯，刚好穿过这间屋子。在你的想象中，记忆力冠军练习记忆力的地方就是这样的，对不对？"

吃饭前，埃德的一位儿时朋友顺道过来和他打招呼，他叫蒂米，经营着一家在线应用程序开发公司，开一辆宝马车。我和埃德从楼上下来的时候，他正坐在桌子旁边和埃德的父母聊天。他穿着一件干净的马球衫，皮肤呈现出一种暖色调的棕褐色。埃德的父亲叫罗德，母亲叫蒂恩。他还有一个妹妹叫菲比，当时正在他家的菜园里摘菜。

蒂恩向蒂米介绍了我，然后撇撇嘴，笑着对他说，埃德是我的记忆力教练。看起来，蒂米好像不太相信埃德还在做跟记忆力有关的事情。他那次疯狂的吉隆坡之旅不是已经过去很久了吗？

蒂恩问埃德："爱德华，你不怕你的学生超过你吗？"她这是在跟她的儿子开玩笑。

我说："我感觉大家根本不用担心这个。"

"呃，我认为，这是对现在的教育体制沉重的打击。"埃德骄傲地说。

罗德问蒂米："你能帮埃德找一份朝九晚五的正式工作吗？"听到这里，埃德笑了，他说："对啊，或许我可以给你的职员开一些记忆力训练的课程。"

蒂恩建议说："你可以做程序员。"

"我不会编程序。"

"你爸爸可以教你啊。"

20世纪90年代，罗德靠开发电脑软件赚了一大笔钱，在很年轻的时候就退休开始过自己的休闲日子。他在生活上的有些追求很奇特。他是一位养蜂人，也是一位园丁。他甚至想把屋里的电线都拆掉，然后利用他很久之前取得的用水权在房子附近的小溪里安装一台水力发动机发电给家人用。蒂恩在当地的一座学校里担任教师，主要是给特殊儿童上课。她酷爱读书，也是一位网球爱好者。对于埃德的怪癖，她给予了最大限度的包容和理解，但是她还是希望埃德在未来的日子里，能把自己的才华集中应用在某个领域，包括一些对社会有用的领域。

她问埃德："爱德华，要不就做一名律师？"

埃德说："我认为法律就是一场零和游戏，根本就是在浪费生命，做一名好律师只不过就是把不公平最大化了。"埃德侧过身对着我，继续说道："18岁的时候，我可是有为青年啊！"

菲比听到这里，插话说："在13岁的时候就是了吧。"

埃德去洗澡的时候，我问罗德，如果他的儿子最后成了一位特立独行、拥有很多财富的心理自助大师，就像东尼·博赞一样，他会不会感到失望。罗德想了几秒钟，然后用手抚摩着下巴说："我还是想让他做一名律师。"

第二天早上，我们去了设在牛津大学里的比赛现场。这次记忆力大赛汇聚了世界上顶尖的记忆高手。埃德戴着一顶亮黄色的帽子，到了那里就四肢伸开，懒散地躺在一张沙发里。他的T恤衫前胸上印着"埃德踢屁股-220"几个粗体字，下面是他自己的咄咄逼人的照片、练空手道的漫画和一个被鞭打的女人的下半身。（埃德跟我解释说，"埃德踢屁股"这几个字纯粹是用来吓人的废话，除了能够震慑对手之外，也是一种记忆方法，可以帮助他记住"220"这个数字。）他嘴里叼根烟（他对所谓的体能训练不太在意），与闲逛到门口的所有参赛选手热情地打招呼。他告诉我，上次见面之后，他已经停止了在巴黎的博士研究项目，而且他和卢卡斯准备建立的牛津记忆力学院也暂时搁置了。因为在美国记忆力锦标赛结束之后不久，卢卡斯在表演喷火特技的时候，肺部烧伤了。

记忆力锦标赛其实也是一种心理上的竞争。埃德说，他那件没有什么用处的T恤衫其实只是"假装恐吓行动"的一部分，目的是为了"提高竞争对手之间的，尤其是和德国人之间的挑衅质量"。为了达到这个目的，在参加比赛的时候，他曾经制作过一张关于自己信息的数据表，然后复印了很多份发给了媒体和其他参赛选手。这张表上写着他的性格特征（用的是第三人称）——"无礼、爱夸张、随时准备应付一切事情（尤其是过去的事情）"。他的训练内容包括"早早起床、练瑜伽、跳绳、吃超级食物（包括蓝莓和鱼肝油）、4个小时的训练、每天喝两杯酒、每晚日落时30分钟冥想、在网上写日记"，他的"独特的能力"包括清醒梦[1]和密宗性爱（tantric sex）[2]。在他眼里，东尼·博赞是"一位记忆力锦标赛舞会上的舞者，青春期的良师益友"。他对竞技性记忆力前景的畅想是，"希望它能在2020年之前成为奥林匹克运动会的比赛项目"，到那时他"计划退休，开始'联觉'生活，安度晚年"。参加完比赛后，他的计划是"变革西方教育"。

坐在埃德身边的是一位传奇性的人物——世界记忆力锦标赛冠军本·普里德莫尔。在那天见到他之前，我只是通过谷歌搜索和传闻了解到一些关于他的信息（据说，他在翻一副扑克牌的同时就能记住它们）。他穿着一件领口松松垮垮的苏斯博士短袖，上面印着"一条鱼、两条鱼、红色的鱼、蓝色的鱼"几个字。他腰上挂着一个腰包，手里把弄着一顶很大的黑色宽边帽，那顶帽子很像澳大利亚殡仪人员戴的那种阉牛皮帽子。

---

1 "清醒梦"一词最初由荷兰医生弗雷德里克·范·艾登在1913年提出。在清醒梦的状态下，做梦者可以在梦中拥有清醒时候的思考和记忆能力，部分人甚至可以使自己的梦境中的感觉真实得跟现实世界并无二致，但知道自己身处梦中。
2 密宗性爱，国内又译为"唐乐可"。密宗是佛教的一个分支，与其他教派不同，它提倡和谐性爱。密宗性爱提倡缓慢性爱方式，据说可增加男女之间的亲密程度并使肉体和灵魂合一。

他告诉我们，这顶帽子他已经戴了6年了。"这是我的秘密装置，是我灵魂的一部分。"说这话的时候，他的声音很轻柔。他的脚旁放着一个粉黑色相间的背包，背包的后面歪歪扭扭地写着两个字"加油"。他告诉我们，背包里装有22副扑克牌，接下来的一天他要在一个小时内把这些牌都记住。

他秃顶，蓄着黑色的胡子，戴着一副几乎遮住脸的大眼镜，眼镜后面藏着一双大大的眼睛，眼神敏锐，看起来极似漫画大师罗伯特·克鲁伯[1]笔下的卡通形象；再加上耸肩的动作和大摇大摆的走路姿势，那就更像了。他脚穿一双很破的鞋子，脚在地板上踏着拍子，啪嗒啪嗒地响。他说话时带点儿鼻音，声音里带点儿轻柔的英国约克郡口音，在说"my"（我的）的时候听起来就像在说"me"（我）。他说："我讨厌自己的声音。"然后向我解释，就是因为这个原因，在大赛开始前几周给我回电话的时候，说话才会小心翼翼的。他告诉了我很多关于他的事情，第一件是他认为自己是全英国年龄最小的大学辍学者。他说："我17岁考上金斯顿大学，不过读了6个月就退学了。我今年28岁，这个年龄让人感觉很压抑。我觉得自己已经是脑力运动中的老将了，但我曾经也是很受欢迎的新人啊！"

本的运气似乎一直都不太好。他本来并没有打算参加这次世界记忆力锦标赛，而是要参加世界脑力奥林匹克运动会。脑

---

1 罗伯特·克鲁伯，美国著名的另类漫画大师，《怪猫菲力兹》的作者。

力奥林匹克运动会为期7天，在记忆力锦标赛结束后的一周举行。他本来打算利用比赛前的6个月时间专门训练记忆圆周率小数点后5万位数字，如果成功，他会创造一项新的世界纪录。但是，一个月之前，不知道从哪里冒出来一位不起眼的日本记忆高手原口证，居然记住了圆周率小数点后的83 431位数字。本一共花费了16小时28分钟把前5万位数字背了下来。但是，看过网络上的报道后，他不得不改变自己的计划。他不准备继续背诵剩余的33 432位数字了，而是计划再次参加世界记忆力锦标赛，并争取夺得冠军。在剩下的6周内，他把每天的空闲时间都利用起来，清空了那些用来记忆圆周率的记忆宫殿，好在记忆力锦标赛中使用。

很多参加记忆力大赛的脑力运动员参赛前的经历和我基本相似。某一天，他们看到有人表演了一次记忆绝技，感到很震惊，同时觉得很有意思，然后就去学习背后的记忆窍门。学会之后，他们回到家，自己尝试着去记忆。但是，本却跨越了很重要的一步。他看到有人在表演记忆扑克牌，感觉很有意思，然后就回到家开始自己尝试。但是，从来没有人告诉过他其中的记忆技巧。他不懂得任何记忆术，只是一遍一遍地盯着扑克牌反复不停地记，直到那些扑克牌都刻在了他的大脑中。不过，令人吃惊的是，他只是利用业余时间连续训练了几个月。他认为自己肯定会成功。最后，他将记住全副扑克牌的时间减少到15分钟，而且全是靠死记硬背。从很多方面来看，与他利用了记忆术之后的32秒的世界纪录相比，这个成绩更令人佩服。那是在2000年，他第一次参加世界记忆力锦标赛，然后才发现了记忆宫殿这种记忆术。第一天比赛结束之后（当天他几乎是最后一名结束比赛的选手），他就直奔书店，买了一本东尼·博赞的书。他觉得自己在记忆力领域里有天赋，然后就把其他所有的业余兴趣都丢弃了。之前他曾有一个愿望，要利用一生的时间看完由华纳兄弟公司制作的、1930—1968年上映的1001部卡通电影。

本当时正在写一本书，名字叫《如何变聪明》。他写这本书的目的是要教给读者怎样计算历史上某天是星期几，如何记忆扑克牌，以及如何在IQ测试中耍诡计提高自己的IQ。他告诉我说："这本书是要告诉大家，其实你根本不用提高自己的大脑智力就能变得很聪明。不过，问题是我总是有很多重要的事情要做，比如说看卡通片，就没有写出多少。如果要我很严肃地写一本如何改善生活的书，那写出来的肯定全是废话，因为我根本就不知道怎样改善我的生活。"

在这次世界记忆力锦标赛中，最有可能与本抗衡的是冈瑟·卡斯滕博士，他43岁，也是秃顶，动作看起来很笨拙。他连续获得了1998年以来历届德国记忆力大赛的冠军，可谓是德国记忆力大赛的教父。冈瑟带着他的标准装备来到了比赛现场：一对威风凛凛的黑色耳套和一副金属太阳镜，镜片后面全部用胶带缠了起来，只留出两个针眼大的小孔。他把这两个小孔称作"外界的干扰"，这种干扰正是毁掉记忆的祸根。（丹麦一位退休的记忆高手曾经在比赛时戴过眼罩。）他的皮带搭扣是金黄色的，上面饰有浮雕花纹，是他名字的首字母。他穿着一件白色紧身短袖，一条黑色水手喇叭裤，脖子上挂着一条金项链。他告诉我，读大学的时候，他还为日产汽车公司做过摄影模特。从不同的角度看，他有时看起来像詹姆斯·邦德电影中的坏蛋，有时又很像是一位上了年纪的花样滑冰运动员。他体形保持得很好，而且很快我就了解到，他的实力很强。他的一条腿看起来要比另外一条短一些（小的时候得过骨骼方面的疾病），虽然如此，他还是经常参加一些中年人的田径比赛，而且总能得奖。他走到哪里都会带着一个亮闪闪的金属皮箱，皮箱总是上着锁，里面装着20～30副扑克牌，这都是他计划要记忆的东西。至于到底是多少副，他不愿意告诉我，因为他担心本·普里德莫尔会知道。

比赛在牛津大学一座古老大楼里的一个房间里举行。房间很大，橡木镶板，高高的哥特式窗户。墙上挂着第三世利奇菲尔德伯爵和第十四世德比伯爵的超大肖像画。房间里的摆设和每学期举办的牛津大学本科生入学考试的考场是一样的。赛场共设48张桌子，每张桌子上固定有一个6英寸高的秒表，用于最后一项比赛，也是最激动人心的比赛——速记扑克牌。在这个项目中，参赛选手要记忆一副扑克牌，记得越快越好。

美国记忆力锦标赛只设置了5个考试项目，而且每个项目都不超过15分钟。但是，世界记忆力锦标大赛设置的比赛项目有10项，通常称为"十项脑力运动"，每个项目又被称为一个"科目"，而且每个科目的比赛方式都略有不同。比赛一共进行三天，每天的比赛结束后参赛选手都会感到筋疲力尽。在这三天中，参赛选手必须记忆一首长达好几页的未公开发表过的长诗、好几页的随机单词（当时的世界纪录：15分钟内记忆280个单词）、二进制数字（当时的世界纪录：30分钟内记忆4140个数字）、几副洗过的扑克牌、历史日期以及人名头像等。有些科目称为"速记项目"，测试的是参赛选手在5分钟内能够记忆的内容（当时的世界纪录：405个数字）。还包括两项马拉松式的比赛项目，测试的是参赛选手在一个小时内能够记忆的扑克牌和随机数字的数目（当时的世界纪录：27副扑克牌，2080个随机数字）。

1991年，第一届世界记忆力锦标赛在伦敦富丽堂皇的阿西纳姆俱乐部举行。东尼·博赞回忆这次比赛时说："我感觉那次比赛还真有点儿疯狂。我们设置的比赛项目包括字谜、拼字、国际象棋、桥牌、扑克牌、国际跳棋、卡奈斯塔纸牌[1]、围棋等，甚至还设置了科学展览会项目，就是没有设置有关记忆力的比赛项目。但是，在人类所有认知过程中，记忆力的作用

1　卡奈斯塔纸牌是始于乌拉圭的一种纸牌游戏，20世纪50年代风靡美国，直到如今依然很流行。

应该是最根本的，而且其影响力也是最大的。"他其实已经意识到设置一场"世界记忆力锦标赛"一定会吸引众多媒体的注意，同时也是扩大他的一系列思维训练书籍的影响力的绝佳途径。

东尼·博赞的一位朋友雷蒙德·基恩是英国的一位国际象棋大师，也是伦敦《泰晤士报》的国际象棋专栏作家。在他的帮助下，东尼·博赞给参与过记忆力训练的一些人写了信，然后又在《泰晤士报》上发布了关于举办记忆力大赛的广告。在比赛当天，有七名参赛选手参加比赛。其中一位选手是一名精神病护士，叫克赖顿·卡夫罗。这位选手能够记住当时住在英格兰东北部的港口城市米德尔斯堡市内所有叫史密斯的人的电话号码。另外一位选手布鲁斯·巴尔莫创造了一项纪录，即在一天内记住2000个外国单词。在这些选手中，有几位是穿着燕尾服参加比赛的。

1991年之后的历届比赛中，虽然选手们的着装开始变得越来越不正式，但是比赛的其他方面却越来越正式。1991年的比赛只进行了一天，而现在是三天，把周末都利用上了。在这3天的所有记忆力比赛科目中，第一天的第一项科目是诗歌。参赛选手们普遍惧怕这项科目。我自己在这项科目上花费了太多功夫，因此这也是我最关注的一项科目。每年，冈瑟都会游说大赛举办方取消这个项目，或者按照他的话说，至少把比赛的规则改得更加"客观"一些。但是，记忆的起源就是诗歌，如果仅仅因为少数选手认为它有难度就取消的话，那就违背了举办大赛的初衷——记忆力是一项创造性的人性化的事业。因此，在每届大赛上，举办方都会提供一首新的、未公开发表过的诗歌作为比赛项目。在20世纪90年代举办的几届大赛中，大赛的诗歌都是由英国诗人特德·休斯[1]所写，东尼·博赞称他是"老朋友"。1998年诗人去世以后，所有的诗歌都是博赞本人所写。这次大赛的诗歌选自一本叫作《特德安魂曲》的诗集，诗的标题叫《恳求之声》，是一首自由诗，一共有108行。诗歌的开头是这样的：

> 在广袤的宇宙中
>
> 我喜欢
>
> 超新星
>
> 马头星云
>
> 螃蟹星云
>
> 以及无数光年之外的星云
>
> 那是所有星座发育的子宫

诗歌接下来列举了很多东尼·博赞喜欢的星云，其中包括

---

1 特德·休斯，"二战"后英国最重要的两位诗人之一，诗歌多以暴力为主题，1985年成为英国桂冠诗人。

164

"上帝的冰冻的"。结尾写道：

> 但是，我不喜欢
> 因为
> 特德去世了

参加这个项目时，参赛选手要在15分钟内尽可能多地记忆这首诗。然后在另外30分钟内，把所记忆的内容写在一张空白纸上。选手需要把一行中所有内容都准确记录下来，才能得到这一行的分数，包括大写字母和标点符号。比如在结尾的那几行中，如果遗漏了"不"下面的下划线，或者把"去世"中的大写"D"写成了小写"d"，选手就只能得到一半分数。

千百年来，如何更好地记忆一篇文章或演讲稿的内容，一直困扰着记忆高手们。在最早论述记忆的文献里提出了两种记忆方法："记忆事物法"和"逐字记忆法"，也就是记忆内容重点和记忆单个词语。在记忆文章或演讲稿内容时，可以努力尝试记忆其中的主要内容，也可以尝试逐字记忆。罗马修辞学教师昆体良并不提倡逐字记忆法，因为在记忆的过程中要转换的图像太多了，所需要的记忆宫殿也就必须很宏大。如此一来，不仅记忆效果不好，而且也不稳定。如果在记忆某次演讲内容时，你采用的是逐字记忆法，那么就要记忆大量的词语。在这种情况下，如果忘记一个词，你就会陷在记忆宫殿的某个房间里，盯着房间里的白墙，彻底迷失，那样也就进行不下去了。

西塞罗认为，记忆演讲内容最好的办法是逐点记忆，而不是逐字记忆，也就是要利用"记忆事物"这种方法。他在《论演说家》中提到，演讲者应该在自己的大脑中为每一个要演讲的主题想象出一幅相关的图像，然后再把这些图像放到相关的场所。他提到的"topic"（主题）源于希腊词语"topos"（主题）或者"place"（地点）。英语短语"in the first place"（首先）就源自记忆术。

我们的大脑并不擅长准确记忆词语，1973年著名的"水门事件"国会听证会就验证了这个观点。当时，在参议院水门事件调查委员会在场的情况下，理查德·尼克松总统的顾问约翰·迪恩向国会议员们陈述了总统和他就如何掩盖"水门事件"所进行的几十次讨论的内容，他居然逐字逐句地复述出了这些谈话内容，调查委员会的委员们喜出望外，尼克松总统却大为恼火。他的复述相当详细，媒体记者甚至把他称作"人体录音机"。当时，这些在白宫办公室谈话的真实录音还没有公布于众。

这些录音公布于众之后，全国人民关注的是录音背后的政治阴谋，而心理学家乌尔里克·奈瑟尔却看到了这些录音资料背后的价值。他把录音内容的手写稿与迪恩的证词做了对比，把其中一致和不一致的地方都做了分析。结果证明，迪恩不仅没有逐字逐句地记住谈话的内容，很多时候甚至连谈话的主题都没有记住，也就是说他的逐字记忆和主题记忆都不成功。虽然迪恩对单个谈话场景的记忆并不准确，但是，奈瑟尔注意到一个事实，即"总体上来说，他说的还是准确的"。在迪恩的证词里，每次谈话的主题全部和录音材料吻合，比如他在证词中说："尼克松希望能成功掩盖这次窃听事件；在掩盖窃听事件进行顺利时，总统很高兴；窃听事件暴露，总统感到很不安；如果能够扩大他的权力或混淆政敌的视听，他会考虑使用非法手段。"奈瑟尔认为，迪恩的表述没有错误。他在细节方面有误，但重要内容是正确的。因为没有经过特殊训练，我们的记忆力注意的只是大的方面。因此，普通人在复述过去的谈话内容时，也会像迪恩一样。

奈瑟尔对大脑这种表现的解释是很有道理的。大脑是人体上一个很昂贵的器官，虽然只占据人整个身体的2%，但是却吸收了人体内1/5的氧气和1/4葡萄糖，堪称是人体最消耗能量的器官。另外，人体为了能够更加有效地发挥作用，经历过一个进化的过程，在这个过程中，大脑已经经过了无情的打磨。或许有人会说，从为大脑提供信息的感觉器官到解码信息的大团神经元，神经系统的主要功能就是为大脑提供当下所发生的事情的信息，并预测未来发生的事情，之后大脑再以最合理的方式回应这些信息。除去提供情感、哲学思维、神经症状、梦境等功能外，如果把大脑还原到最初状态，从根本上讲它就是一台预测未来和计划未来的机器。为了工作起来更有效率，大脑往往还要从乱麻似的记忆中理出一定的条理。从感官那里接收到的大量信息中，大脑必须以极快的速度筛选出那些对未来最有意义的信息，认真地管理这些信息，然后忽略其他没有意义的信息。在这个过程中，大脑筛选掉的绝大多数信息就是词语，因为在通常情况下，传递信息的语言其实就是一种装饰，而真正重要的内容是"事件"，即词语所表达的意义。大脑最擅长记忆的就是这些内容。在现实生活中，很少有人会在国会听证会上逐字逐句地复述记忆内容，也很少有人会在世界记忆力锦标赛上用这种方法去记忆一首诗。

即使历史之钟走到最后一刻，人类的文化传承也是一种口头传承。诗歌，被某个人诵读出来，然后被另外一个人听到，这样的传递方式才是在我们生活的这个时空的信息传递方式，也是下一代获取上一代的信息的方式。口头诗歌并不仅是一些有趣或者重要的故事，也并不意味着抑制想象力，而是古典主义学者埃里克·哈夫洛克所说的"有价值的知识储藏库和关于道德、政治、历史和科技的大百科全书，所有有求知欲的公民都应该学习，而且应该把它看作是最核心的教育设施"。伟大的口头著作都属于文化遗产，一代一代地往下传播着，它们拥有很多共同点，这些共同点并不存在于书架上的著作中，而存在于我们的大脑中。

在全世界，有很多职业记忆高手通过口头文化这种方式向下一代传递着祖先的文化遗产。在印度，专门有一个祭司阶层负责记忆《吠陀经》，他们对自己的职业极为虔诚。在伊斯兰教创立以前的阿拉伯世界，有一类称为"罗伊斯"的人被归于诗人类别，他们是官方委任的记忆者。最初，佛教的教义一直依靠口头传承，且不间断地传递了4个世纪。直到公元前1世纪，斯里兰卡开始把这些教义记录下来。另外，在犹太历史中的几百年里，统治者雇用了一批学者，代表全体犹太人负责记忆当时的口传律法，他们被称为"tannaim"（背诵者），是口传律法的人体录音机。

在西方世界的传统文化中，最著名的口头著作，也是最先经过系统研究的口头著作就是古希腊著名诗人荷马的《奥德赛》和《伊利亚特》。这两部史诗一直是文学作品领域里的经典之作，很可能是最先用希腊文字记录下来的著作。虽然所有的文学创作者都把它们当作典范，期望自己的作品能达到这样的成就，但是很久以来，荷马的这两部代表作一直让很多学者感到疑惑。最早的现代批评家注意到，这两部史诗或多或少都与之后的文学作品有本质的不同，这让人感觉有些奇怪。一方面，从词语的角度看，两部史诗里都很奇怪地出现了大量重复性词语。提到奥德赛的时候，诗人总是说"聪明的奥德赛"。黎明总是有着"玫瑰色的手指"。为什么要这样写？有时候，对一些人物的描述又极不恰当。比如，为什么要把谋杀阿伽门农[1]的凶手称为"没有过错的埃癸斯托斯"？为什么在阿喀琉斯[2]坐着的时候也要称他为"脚步飞快的阿喀琉斯"？在阿佛洛狄忒（Aphrodite）[3]痛哭的时候还要称她为"笑着的阿佛洛狄忒"？在诗歌的结构和主题上，两首诗也都相当公式化，在阅读的时候，读者甚至都可以预测到接下来的结构或主题。叙事单元也很趋同化——聚集军队，英雄式的保卫，然后是敌我双方之间的较量——这样的情节不断地出现，只是人物和环境产生了一点变化。很难解释清楚，为什么在这样两部精雕细琢的巨著中会存在这样不合理的地方。

在这些早期文学作品中，有两个基本问题让人感觉很困惑。第一个问题是，在希腊文学史上，这两部巨著是怎样诞生的？可以肯定地说，在此之前还存在其他经典作品，但是只有这两部作品被记载了下来。第二个问题是，这两部作品的作者究竟是谁？或者两部作品都是一个人所著的，那么这个人又是谁呢？除了作品中出现了一些对作者的暗示性的语言外，历史上没有关于荷马的记载，也没有值得信赖的荷马传记。

卢梭是第一位质疑荷马的现代批评家。他指出，事情并不像现代人想象的那样，作家荷马一个人坐在那儿撰写了一篇故事，然后再把这篇故事发表，让读者来看。1781年，这位瑞

---

1 阿伽门农，特洛伊战争中希腊军队的统帅。
2 阿喀琉斯，海洋女神忒提斯和凡人英雄珀琉斯所生，特洛伊战争中唯一一个半人半神的英雄。
3 阿佛洛狄忒，古希腊神话中爱与美的女神，罗马神话中称为维纳斯。

士哲学家在他所著的《论语言的起源》中写道,《奥德赛》和《伊利亚特》两部著作很有可能都是"先凭着人们的记忆流传,然后才有人努力地用笔把它们记录了下来",这只是他个人对这两部著作进行研究的结果。18世纪,除了卢梭,还有一位英国建筑师兼外交官罗伯特·伍德认为,荷马其实是一个文盲,他的作品纯粹是凭记忆口述下来的。这是一个非常新颖的观点。不过,伍德没有给出足够的证据证明荷马是怎样拥有如此惊人的记忆力的。

1795年,德国哲学家弗雷德里希·奥古斯都·沃尔夫首次提出,荷马的作品不仅不是由他自己记录下来的,而且也不是由他创作的。这些作品是由历代的希腊吟游诗人传下来的歌曲集,后来由人整理编纂,最终形成如今我们所看到的作品形式。

1920年,在加利福尼亚大学伯克利分校,一个18岁的学生米尔曼·帕里在撰写自己的硕士研究论文时,选择了荷马史诗的作者这个问题作为论文的主题。他认为荷马史诗和其他文学作品看起来很不同,其中的原因是,荷马史诗确实与其他作品不同。帕里发现,伍德和沃尔夫在研究过程中漏掉了一个问题,即诗歌中已经提及荷马史诗是经过口头传递下来的这个事实。那些奇怪的文体,包括公式化的描述、不断重复出现的情节内容,以及那些奇怪的重复性的人物描写,比如"聪明的奥德修斯""有着灰色眼睛的雅典娜"等总是让读者感到很困惑。他认为,这些奇怪的地方就像是一些制陶工人在陶器上不小心留下来的指纹，也恰恰证明了这些诗歌是经过精雕细琢的。它们帮助吟游诗人们掌握了诗歌的韵律、形式和主题。帕里认为，这两部古老作品的伟大作者其实是"那些拥有悠久传统的口头诗人中的一位……他们完全是口头创作了这两部史诗，而无须用笔记下来"。

帕里意识到，如果一位诗人要创作出流芳百世的诗篇，就要把《奥德赛》和《伊利亚特》当作典范。人们普遍认为，诗人最应该避免陈词滥调。但是对于吟游诗人来说，陈词滥调是诗歌最基本的因素。为什么陈词滥调这么容易就进入谈话和写作中了呢？因为它们本身很容易记忆。在讲述故事的时候，这些陈旧的内容是很重要的。因此，对于《奥德赛》和《伊利亚特》里充满了这样的陈词滥调，世人也就不必耿耿于怀了。按照沃尔特·翁格的说法，在依赖记忆力的文化传统中，人们"想出一些容易记忆的思想"是非常关键的。大脑极易记忆那些重复的、有节奏的、押韵的、结构清晰的内容，或者那些很形象化的事物。押韵的词语比不押韵的词语更加容易记忆，具体名词比抽象名词更容易记忆，动态的形象比静态的形象更容易记忆，头韵修辞能帮助记忆。相比一只身上带有图案的臭鼬在参加体育运动的画面，一只浑身布满条纹的臭鼬在投篮的画面更容易记忆。那些古代的吟游诗人在不断地讲故事、复述故事时，努力让自己所讲的故事更加引人入胜。在这个过程中，他们发现了上面所阐述的最基本的记忆规则。到了19世纪末20世纪初，心理学家展开了记忆力领域的研究，他们也发现了同样的规则。

在吟游诗人使用的所有记忆技巧中，歌唱是最有效果的一种。如果你不由自主哼唱过"By Mennen！"[1]，就会发现，如果把一堆词语转化成有韵律的简短广告词，人们就很难忘记这些词语了。

大脑从这个世界中寻找意义，在此过程中要借用很多方式，而在接收到的信息中寻找特定的模式和结构就是其中的一种。把词语转化成音乐或者韵律，则是向大脑添加额外的语言模式和结构的一种方法。正因如此，传播荷马史诗的那些吟游诗人才选择歌唱的方式口头传播史诗。也正因如此，《妥拉》[2]里才标记了很多很小的音乐符号。我们教育孩子的时候，往往把字母转化成一首歌，而不是按照26个字母一个一个地教给他们。歌曲是最能将语言结构化的工具。

帕里后来前往哈佛大学担任助理教授。在这之后，他的研究方向发生了变化，但是他的这种变化并没有遵循常规。他没有继续研究那两部古老的希腊著作的内容，而是去前南斯拉夫寻找最后的吟游诗人。这些诗人仍然用口头方式创作诗歌，他们的作品跟荷马史诗很相似。帕里搜集了上千份记录，然后回

1　By Mennen！是高露洁公司Mennen止汗露的广告语。在英语里，"by"与"buy"（购买）同音。
2　妥拉（Torah），指犹太律法，希伯来文意为"教谕"。狭义专指"摩西五经"，即《旧约》前五卷。

到了牛津。他的这些记录为口述文学传统研究领域里出现的一个崭新研究方向奠定了基础。

在前南斯拉夫之行中，帕里发现在互相传诵诗歌或代代传诵诗歌的时候，巴尔干半岛的现代吟游诗人（就像荷马时代他们的祖先一样）并不是直接传诵诗歌内容，而是把其中一系列公式化的规则或一些限制性的条件传递给下一位或下一代吟游诗人，接收到这些规则或限制性条件的诗人在继续传诵诗歌的时候，会重新组织诗歌的结构。也就是说，每一位吟游诗人所吟诵的诗歌内容和以前的诗歌内容都会有所不同，但是内容会很相似。

帕里问这些前南斯拉夫的吟游诗人，他们是否是一字不落地把上一代传诵下来的诗歌吟诵出来，他们回答说："我们是逐字逐句背诵的。"但是，当他对比两位吟游诗人所吟诵的诗歌的时候，发现这些诗歌的内容明显不同。不仅其中的词语改变了，行与行的位置也改变了，有些内容甚至被忽略掉了。并不是诗人过分自信，而是在他们的大脑里，完全没有逐字逐句吟诵诗歌的概念。这个事实并不奇怪。如果没有手写记录，人们就没法知道很多重复的内容的吻合度。

口头传诵的诗歌中存在着可变性，正因如此，吟游诗人才能够适应不同的听众，同时也催生出很多更加容易记忆的诗歌版本。民俗学家把口头诗歌比作经过溪流冲刷的石头，它们经过无数次的复述，或者变得更加容易记忆和重复，或者其中难以记忆的诗歌被冲刷掉了，只留下来朗朗上口的那一部分。与主题没有关系的部分则慢慢消失了，相对冗长或比较少见的词语也消失了。为了形象化、形成头韵或遵守某一行的韵律，诗人们并没有多少可选的词语。结构造就了诗歌。继帕里之后的其他学者在研究中发现，在《奥德赛》和《伊利亚特》中，几乎所有词语都遵循一定的架构或模式，正因如此，这两部史诗才比较容易记忆。

西蒙尼戴斯发明记忆术的时候，是公元前5世纪。当时，在古希腊，手写文字正在普及，西蒙尼戴斯在那个时期发明记忆术并不是一件偶然的事情。早在文字出现之前，希腊人就很重视记忆力，他们没有简单地把它当作人类大脑的一项与生俱来的功能。此时，人们开始思考一些新的且较为复杂的思想。荷马时代吟游诗人所使用的那些古老的记忆技巧，即节奏和公式化，已经不适用了。哈夫洛克写道："最原始的口头表演的功能，包括诗歌传诵在内都在逐渐退化，最终成为一种娱乐方式。虽然这样看起来不太好，但是现在已经成为它的主要功能。"没有了口头传诵的约束，诗歌开始慢慢变成一种艺术。

公元1世纪，在《修辞学》的作者坐在桌子前开始写这本书的时候，手写传统已经跨越了一个世纪，成为罗马世界的一种基本技能，就像如今的电脑在我们的生活中扮演的角色一样。与这本书的作者同时代的很多诗人——像维吉尔、贺拉斯和奥维德等人——的著作与《修辞学》是在同一个世纪内完成的，而且全部都是在纸上撰写的。他们煞费苦心地字斟句酌。每位作家的作品都代表着自己独特的视野，一旦某个词语被确定下来，这个词语就神圣无比，不可随意改动。记忆这些希腊诗歌时，"逐字记忆法"比"记忆事物法"更加有效。

撰写《修辞学》的那位不知名的作者建议，逐字逐句地记忆诗歌时，最好的方法是先把一行诗反复朗诵两三次，然后把它转化成具体的形象。冈瑟·卡斯滕在诗歌记忆比赛中或多或少应用了这种方法。他把每个词语都放置在记忆宫殿里的某个地点上。但是，很多词语是没有办法形成图像的，因此他的这种方法有一个很明显的缺陷。例如，你怎么想象"and"（和）或"the"（这、那）这样的词呢？两千年前，和西塞罗同时代的塞卜西斯的梅特若多若发明了一种方法，可以帮助人们把那些抽象词语转化为图像。这种方法是一套速记图像，可以代替连词、冠词和其他语法上的连接性词语。如此一来，所有读到或听到的内容，他都可以记忆下来。在古希腊，他的这个庞大的图像库得到了广泛的应用。《修辞学》评论说："撰写过记忆力方面书籍的大多数古希腊人都参加了图像转化课程，这些图像对应着大量的词语。如果他们牢记了这些图像，就能够在需要的时候毫不费力地找到它们。"尽管冈瑟没有使用梅特若多若的这套速记图像（目前已经失传），但他创造了自己的图像词典，收录了200多个很难图像化的普通词语的图像。"and"对应的是一个圆圈（它读起来很像"rund"，这个词语在德语里是"圆"的意思)。"the"对应的图像是一个人跪着往前行走。在德语里,"the"的写法是"die",而"die"读起来又很像"knie","knie"在德语里的意思是"knee"(膝盖)。在记忆诗歌的某个部分时,他就在记忆宫殿的相应位置钉上一个钉子。

冈瑟能熟练记忆一本录像机维修手册,也能够准确背诵一首莎士比亚的十四行诗。如果把两者做个比较,录像机维修手册相对来说比较容易记忆,因为里面全部都是具体的实义动词,很容易想象出对应的图像,例如"button"(按钮)、"television"(电视机)和"plug"(插头)等。而记忆诗歌就相对抽象多了。像"ephemeral"(短暂的)和"self"(自我)这些词,你能联想到什么样的图像呢?

对于这些很难联想到相应图像的词语,冈瑟只是利用了相同的发音,或者双关修辞等,这种方法很古老。到了14世纪,英国神学家、数学家、坎特伯雷大主教托马斯·布雷德沃丁把这种逐字记忆法发展到了最高的也是最令人不可思议的水平。他发明了一种方法,叫"音节记忆法"。利用这种方法,可以记忆那些很难联想到相应图像的词语。他把一个词语拆分成连续的音节,然后根据以这个音节开头的词语联想相应的图像。例如,记忆"ab-"这个音节时,首先想象出一位abbot(男性修道院院长)的形象。记忆"ba-"这个音节时,想象一位balistarius(弩手)。把这些音节串在一起,就变成了一种画谜。例如，把"ab-"和"ba-"串在一起的图画就是，一位在瑞典很受欢迎的修道院院长被一位弩手一箭射死了。在这种由词语向图像转化的过程中，记忆的同时也会遗忘很多内容。通过发音记忆一个词语时，就必须忽略这个词语的含义。布雷德沃丁甚至可以把最神圣的感恩祷告转化成十分荒谬的场景。例如，要记忆一篇以"Benedictus Dominus qui per"开头的布道词时，如果要记忆主旨句，他就会看到"一位神圣的本笃会修士跳着舞向左移动，他的左边有一头白色的奶牛，奶牛的乳头鲜红鲜红的。他的左手拎着一只松鸡，右手时而抚摩一下圣道明（St. Dominic）[1]，时而拍打他一下"。

自从记忆术出现，它总是给人一种伤风败俗的感觉。因为人们在记忆事物的时候，要联想到一些恐怖、怪诞的哥特式形象，或者一些非常猥亵下流的形象，因此必定会受到那些保守人士的激烈批评。但是，布雷德沃丁联想到的那些图像确实令人称奇。在某种程度上说，与那些一本正经的神职人员相比，他天马行空般把那些虔敬与不虔敬的图像联系在一起，却反倒让人感觉更舒服。那些说教性的攻击最后终于到来了，代表人物是16世纪的清教徒——剑桥大学的威廉·帕金斯。他指责记忆术带有盲目崇拜的性质，并且"表现出一种不虔敬的态度，因为记忆术总是激起一些荒谬的思想，很粗野也很极端化，很

---

1 圣道明，西班牙贵族，1215年创立圣道明会，也称布道兄弟会，会士披黑色斗篷，被称为黑色修士。

容易引起人们堕落的肉体情欲"。其实他说的就是"肉欲"。帕金斯尤其是被拉文纳的彼得激怒了，因为彼得曾坦白说他通过幻想年轻女子的形象来帮助自己记忆。

在世界记忆力锦标赛的10个项目中，诗歌项目所需要的记忆方法是最多的。不过，通常情况下，性别不同，参赛选手们选用的方法也不同。像冈瑟这样的男性选手多半选用更有系统性和条理性的记忆方法，而女性选手则倾向于选择感性化的方法。科琳娜·德拉施15岁，戴着红色的帽子，穿着一件红色T恤衫，脚穿一双红色袜子，看起来很配套。她告诉我说，如果不理解要记忆的内容，她就没法进行记忆。另外，她还要理解这些内容的"感情"。她把诗歌项目中要记忆的那首诗分成几个部分，然后为每个部分赋予一定的情感。也就是说，在她记忆词语的时候，她联想的不是词语的图像，而是这些词语所传递的情感。

她站在赛场外的走廊里对我说："我会体验作者的感受，思考作者当时的想法。我会想，他到底是高兴还是悲伤。"演员在记忆台词的时候，也是这样做的。很多演员在记忆台词的时候，会把台词分成好几个部分，即所谓的"节拍"，每个"节拍"都包含若干人物意图或目标。然后他们开始训练自己，使自己对这些人物的意图或目标心领神会。这种表演方法称为"溶入法"，由俄国戏剧家康士坦丁·斯坦尼斯拉夫斯基在20世纪末提出。斯坦尼斯拉夫斯基对这种方法很感兴趣，并不是因为它可以提高记忆力，而是因为它可以帮助演员表演得更加真实。通过"溶入法"，演员在记忆台词的时候，同时有了情感和物质方面的提示，也就有了更多可以联想的内容。要使词语更加容易记忆，"溶入法"就是一个不错的技巧。研究证明，在记忆"把笔捡起来"这个句子时，如果能够按照字面意思弯下腰把地上的笔捡起来，就会更加容易记住这句话。

　　不幸的是，冈瑟在诗歌记忆项目上输给了科琳娜·德拉施，也失去了争冠的机会。比赛的冠军得主是他的徒弟克莱门斯·梅尔，这个小伙子来自巴伐利亚，当时18岁，正在攻读法律。他很安静，也很容易集中注意力。他的英语说得磕磕巴巴的，明确表示不愿意跟我聊天。本·普里德莫尔在口述数字和人名头像两个项目上表现不太好，在比赛第一天结束的时候，他排名第四。当时，他一个人走出赛场，帽檐压得很低，发誓说要回去好好准备，争取第二天夺得第一名。

　　埃德的表现更差劲。在扑克牌速记的两个项目中，36名参赛选手只有11名选手没有通过，埃德就是其中之一。这就像踢定位球的队员连续两次都没有把球踢进去一样。比赛之前，他低调地努力了一段时期，希望能在比赛中取得好成绩。但是他努力过头了，有点儿失控，把精力都耗尽了，比赛结束时总体排名第11位。走出赛场后，他浑身都是汗，看起来闷闷不乐。我跟在他后面，拉住他问怎么回事。他摇了摇头，只说了句："期望太高了。回家再说吧。"

然后，他向麦格达伦大桥走去。他这是要去找一个酒吧放松一下，看几场板球比赛，喝几杯吉尼斯黑啤，然后忘掉输掉的比赛。

站在牛津大学赛场的前面，看着参赛选手们在努力回忆《恳求之声》时，或抓耳挠腮或滴溜溜转笔，我感觉这样的情景还真是挺奇怪的：古代记忆术在现代社会唯一派上用场的竟然是在这样的赛场上，是在这样的亚文化人群中；或者说，只有在这里参赛的这些亚文化人群才知道它的存在。在这个世界最著名的学术中心里，竟然还残留着曾经辉煌过的黄金时代的记忆术。

这很容易让人认为，人类从那个辉煌的黄金时代走到如今这个相对黯淡的时代，没有进步，反而退步了，而且还退步了很多。在过去，人们经常努力地充实自己的头脑，他们在提高记忆力上的投入和我们如今为了获得某些东西而投入的精力是一样的。但是，在现代社会，除了牛津大学赛场的这扇橡木大门里面的参赛选手，大多数人都不信任自己的记忆力。我们用一些捷径代替了记忆力。我们不停地抱怨记忆力不管用，哪怕它只出现一个小小的失误，这个失误都会成为它不管用的证据。为什么在古代记忆力那么重要，而到了现代却被边缘化了？那些记忆技巧为什么会消失？我想弄明白，在我们的文化发展过程中，人类为何放弃记忆而选择了遗忘？

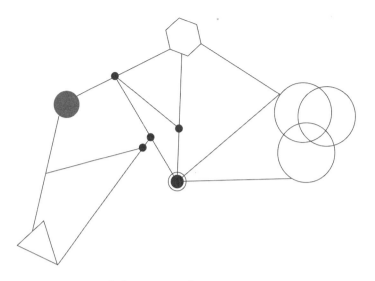

第 7 章
记忆的终结

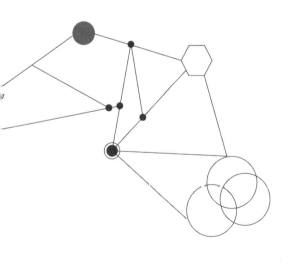

以前，人们如果不经过记忆，就无法把思想存储下来。人们没有文字，也没有纸张来记录思想。要想保留下任何思想、重新讲述任何故事、传播任何想法或传递任何信息，首先需要记忆。

如今，人们需要记忆的东西似乎不多了。以我为例，早上醒来之后，第一件事就是查看当天的计划表，上面记录着我当天要做的事情；打开车门钻入车内时，在GPRS（通用分组无线业务）上输入目的地，GPRS的空间记忆功能代替了我的记忆力；坐下来工作时，只需要按一下数字录音器上的播放按钮或者打开笔记本，就可以找到自己的采访内容；照片上有我想要记住的形象，书本里储存着我想要学习的内容；现在，又有了谷歌，只要记住要搜索的关键词，就可以进入人类最大的记忆库，哪里还需要去记忆什么东西。

在我还未成年时，如果给别人打电话，就必须在电话键盘上按下7个数字或者使劲把那个沉重的电话转盘拨上几圈。那时，我能记住所有朋友和亲戚的电话号码。但是，如今我最多只能记住4个电话号码，再多就不敢说能记住了，或许4个电话号码就是极限。

2007年，都柏林大学圣三一学院的一位神经心理学家做了一项调查，调查结果显示，在30岁以下的英国人群中，有1/3的人记不住自己家的固定电话号码，用到它们时还需要翻看手机；30%的成年人只能记住3个最亲密的家人的生日，再多就记不住了。有了身边的这些工具，我们已经不再需要记忆什么东西了。

虽然这些忘掉的电话号码和生日只代表一小部分日常记忆的退化，但是，在很大程度上，它们说明了我们的自然记忆是怎样被大量的高科技拐杖超级结构（从字母表到黑莓手机）所替代的。这些大脑之外的信息存储科技推动了社会现代化的发展，同时也改变了我们的思考方式和使用大脑的方式。

在柏拉图的对话录《斐德罗篇》中，苏格拉底讲述了一个故事：发明了文字的埃及古神塞乌斯去见埃及法老萨姆斯，要求把他的奇妙发明传授给埃及人民。塞乌斯说："这门学问……能改善人们的记忆力。我的这个发明是一剂药方，能够提高记忆力和智慧。"但是，萨姆斯并不愿意接受他的这一馈赠，他告诉塞乌斯神说："如果有人学会了这种技艺，就会在他们的灵魂中播下遗忘，因为这样一来他们就会依赖写下来的东西，不再去努力记忆。他们不再用心回忆，而是借助外在的符号来回忆。所以你所发明的这剂药方，只能起到提醒的作用，不能医治健忘。你给学生们提供的东西不是真正的智慧，因为这样一来，他们借助于文字的帮助，可以无师自通地知道许多事情。但在大部分情况下，他们实际上一无所知。他们的心是装满了，但装的不是智慧，而是智慧的赝品。这些人会给他们的同胞带来麻烦。"

这段话之后，苏格拉底继续贬低这种通过文字方式把知识传播出去的想法，他说："他们的头脑实在是太简单了，竟然相信文字除了能够起到一种提醒作用外还有别的用处。"对于苏格拉底来说，文字只是唤起记忆的一个线索，它除了能调出人们大脑中已经储存的信息之外，就没有其他作用了。他担心文字会把人类文化带到一条危险的路上，路的尽头就是智力的衰退和道德的沦丧。虽然有了文字，人们掌握的知识量会增加，但这些知识只是空花瓶。我想，不知苏格拉底会不会感激这个极具讽刺性的事实：正是因为他的学生柏拉图和色诺芬把他对文字的这种蔑视态度记录下来，我们这些后人才会了解他的思想。

苏格拉底生活在公元前 5 世纪。那时，文字著述在希腊已经盛行，苏格拉底的观点在当时就已经过时了。他为什么那么反对文字著述？把信息记在大脑中需要耗费很多精力，与纯粹的记忆相比，把信息记录在纸上就先进得多。大脑总是出错，不是忘记信息就是记错信息，而依靠文字著述就可以突破这些基本的生物性局限。依靠文字著述，人们把自己对信息的记忆从容易出错的大脑中提取出来，记录在纸张上。这些纸张可是不会出错的，而且可以永久地保存知识，把知识传播到更远的地方，传播的范围也更广泛，甚至可以跨越时空的限制（有时候，人们希望如此）。文字发明之后，人类的思想就可以一代一代地传播下去，再也不用担心口头传诵中那些不可避免的变化。

为什么在苏格拉底时代，记忆力会那么重要呢？想知道这个问题的答案，就要了解文字著述的演变过程，以及早期的书籍和如今的书籍在形式和功能上的不同之处。首先，我们回到印刷术发明以前的时代。那时，所有书籍里都没有索引和目录；法典法规也没有形成文字，没有编纂成书；没有标点符号，没有小写字母，单词与单词之间甚至没有空格。

在现代社会，人们能够把事情详细准确地记录下来，这样就无须再用大脑记忆。不过，在中世纪后期，书籍只是帮助人们记忆的一种工具，还没有替代记忆。托马斯·阿奎那说："人们把事情记在书籍里，是为了帮助记忆。"人们通过有条理的阅读来记忆，而书籍就是把信息输入大脑的最佳工具。那时，很多人会抄写别人的手稿，目的只有一个，就是帮助自己记忆这些手稿中的内容。

在苏格拉底时代，希腊文本记录在长长的连续不断的卷轴上，有时长达 18.3 米。这些卷轴是用压制过的片形纸莎草茎串联在一起制作而成，当时尼罗河三角洲盛产纸莎草。在这样的卷轴上阅读文字是很麻烦的，写起字来就更困难。不过，在那个时代，要想发明一种更方便的获取信息的方法，是极为艰难的。公元前 200 年，拜占庭的阿里斯多芬[1]发明了基本标点符号。他当时是亚历山大图书馆的馆长。他发明的这些标点符号其实就是一个圆点，标在句子的句首、中间或末尾，帮助读者在阅读时停顿。在他之前，词语与词语中间不存在任何空格或标点，而且一个词语在一行未写完在下一行结束时，中间也没有连字符。那些没有任何标点的由大写字母组成的词语就这样串联在一起，被称为"连书"。就像下面这段话：

ASYOUCANSEEITSNOTVERYEASYTOREAD

TEX TWRITTENWITHOUTSPACESORPUNCTU

ATIONOFAN YKINDOREVENHELPFULLYPOSITIO

NEDLINEBREAK SANDYETTHISWASEXACTLYTHE

FORMOFINSCRIPTI ONUSEDINANCIENTGREECE

（正如你看到的如果词语中间没有任何空格标点或者任何对阅读有帮助的断句阅读起来就会非常困难这就是古希腊的书写形式）

1　阿里斯多芬（约前 446—前 385），古希腊戏剧家、诗人，古希腊三大喜剧家中最有影响的一位。

"连书"体文字的作用和音符类似，并不像本书中的文字一样承载有一定的语义。这些文字所代表的只是人们嘴里发出来的声音。要把这些声音重新组合成能够帮助人们理解的分隔开的词语段，首先要听这些词语。只有最有天赋的音乐家才能不通过吟唱就读出一首歌曲的音符。因此，如果不把那些"连书"体文字读出来，就很难理解它们。我们知道，在中世纪，读书其实是一项表演活动，常常会有观众观看。通常情况下，人们会大声地朗读书上的内容，"各位请听"是中世纪文本中常见的一个短语。公元4世纪，圣奥古斯丁发现，他的老师圣安布罗斯读书的时候，从来都不出声，不动舌头，也不会喃喃自语。他认为这种行为很值得注意，就记录在了他的《忏悔录》中。大约在公元9世纪，空格开始流行起来，标点符号也日渐丰富。这样一来，纸张上提供的信息足够丰富，默读变得普遍起来。

　　上述的阅读困难表明，在古代，阅读和记忆之间的关系远不像现代的阅读和记忆之间的关系。因为朗读"连书"体文字很困难，要把文字流利地背诵下来，就需要读者对文本非常熟悉。也就是说，必须提前熟悉书籍的内容（大多数情况下，人们都会提前熟悉），在大脑中把这些内容标上标点，然后再去记忆（记不住全部的话，就记部分内容）。毕竟把语音串转化成有意义的词语并不是那么容易的。在公众面前表演之前，还要对这些内容进行研读。总而言之，把"连书"体文字标上标点可以说是世界上最难的事情。历史学家乔斯林·彭尼·斯莫尔指出，与"GOD IS NOW HERE"（上帝在这儿）和"GOD IS NOWHERE"（上帝是不存在的）相比，"GODISNOWHERE"读起来要困难得多。另外，如果要寻找卷轴上的"连书"体文字中的某一部分，就要从头到尾把这部卷轴再看一遍。因为，一部卷轴书只有一个入口，即卷轴的第一个字。这些"连书"体文字是一体的，根本没有标点符号和段落标记，更不用说页码、目录、章节和索引了。你根本无法把上面的内容分开阅读，如果要找出其中的一段文字，就要从头到尾把全部内容再读一遍。在把卷轴的全部内容记忆下来之前，卷轴上的文字是很难检索的。这就是问题所在。古代的文本很难快速浏览。当时，如果从书架上拿下来一卷书，希望找到其中的一个段落，你就要提前对整卷书的内容有大概的了解，否则就不可能找得到。因此，这些卷轴书籍的作用只是为大脑导航，而并没有外部储存信息的功能。

如今，只有那些背诵《妥拉》的人们才沿袭了这种背诵传统。

《妥拉》是手写体卷轴书籍，如果要把所有的内容刻在卷轴上，要花费一年的时间。这部书里没有元音，也没有标点（但是词语与词语之间有空格，空格这种发明在希伯来文中出现的时间要比在希腊文中出现的时间早），即兴朗读起来就非常困难。虽然有明确的律法规定犹太人不能背诵《妥拉》，但是如果没有提前花费大量时间去熟悉这部典籍，就没有办法阅读其中的一个段落，上述说法可以从任何一位受过酒吧成人礼的男孩那里得到证实。我个人也保证事实就是如此。在成为一个堂堂的男子汉之前，我只是一名头戴圆顶小帽的模仿者。

由于多年的语言使用习惯，我们根本没有注意到，与本书中的人为断句书写方式相比，"连书"体文字更接近人们的说话习惯。人们在说话的时候，如果声音含混而且持续很久，那么说出来的句子与句子之间也就不存在间断。另外，词语之间是没有空格的。句子在哪个词语处结束，又在哪个词语处断开，是完全根据语言习惯而定的。但是，人们的语言习惯又是比较随意的。如果有一个人在说英语，用超声波图像显示他的声波，你就会发现词语与词语之间基本不存在空格，这也是计算机难以识别语音的原因之一。如果没有高级人工智能帮助计算机理解文字内容，计算机本身根本无法分清"The stuffy nose may dim liquor"（鼻子不透气，闻不出酒的味道）和"The stuff he knows made him lick her"（他知道了那件事，就把她揍了一顿）这两句话。[1]

在古代，曾经有一段时期，有一些拉丁语文字抄写者尝试用圆点隔开词语。但是，到公元2世纪，这种书写传统又回归希腊时代的"连书"体书写方式，历史向后倒退了一大步，这让

1　这两句英文的发音基本相同。

人感到匪夷所思。在接下来的900年里，西方书籍里就再也没有出现过空格。如今，人们基本上不用动脑就可以把词语分开来书写。但是，上述对分开书写方式的"尝试——放弃"过程很能说明古代人的阅读方式。另外，古希腊人表达"阅读"这个意思的时候，最常用的词是"ánagignósko"，意思是"再次了解"或"回忆"。这个现象同样说明，在古希腊，人们的阅读其实就是一种记忆行为。但是，到了现代，人与文字内容之间的关系变得陌生了，还有什么关系比这种关系更陌生呢？

在现代社会，印刷体文字泛滥成灾。如果我告诉你，在过去的一年里，全世界有100亿本书面世，你相信吗？现代人很难想象，在谷登堡发明近代活字印刷术之前，人们是怎样阅读的。当时，书籍是靠手写而成的，一本书需要数月才能抄写完毕，因此成本很高，书籍也就变得极其珍贵。直到15世纪，每本现存于世的书的复本也只有几十本而已，而且这些复本通常只会出现在大学图书馆的桌子或讲台上。当时，如果哪家图书馆里存有100多本书，就说明这家图书馆的馆藏相当丰富。另外，人们读完一本书之后，就很难再读到这本书。如果你是中世纪的一名学者，就会很清楚这个事实。因此，为了保险起见，你会把这本书背下来。在阅读书籍时，还存在一个局限，那就是你不可能把一本书从书架上抽出来，直接找到里面的一段话引用或支持自己的思想。因为那时的人们还不会像现代人一样，给书籍装帧上书脊，然后把书脊朝外摆放在书架上。到了16世纪，人们才学会装帧书脊。还有一个原因，当时的书很重，携带起来非常困难。到了13世纪，书籍编纂技术有了进步，《圣经》不再按照单册编纂成套，而是彻底编成了一本书。不过，一本《圣经》的总重量还是超过了10磅（4.5千克）。因此，如果没有提前从头到尾把一本书读一遍，即使你需要的这本书就在手边，要在书中找到你需要的内容，机会也是很小的。毕竟，当时的书里很少会有索引、页码或目录。

随着历史的发展，这些书籍编纂上的缺陷都被填补上了。随着书籍本身的变化，记忆在阅读中的关键作用也发生了变化。大约在公元400年时，羊皮纸书籍代替了卷轴书籍，成为最流行的阅读方式。当时，一页一页的羊皮纸文稿装订在一起，形成了书脊，很像现代的精装书。人们在寻找自己需要的内容时，也不需要从头到尾再把整本书看一遍，只需要翻到适当的页码就可以了。

13世纪，《圣经》的第一个索引出现了。当时，大约有500名巴黎修道士共同参与完成了这一宏伟的工程。差不多与此同时，书籍按章节分开也出现了。于是，人们在参考《圣经》的时候，第一次不用提前记忆。也就是说，不用记住一段文字在哪里或从头到尾地阅读，就能寻找到它。索引发明之后，带有按字母排序的索引、页码和目录的书籍相继问世。于是，书籍的本质再次发生了变化。

在索引和目录出现之前，书籍存在着一个普遍的问题，即无论是卷轴式书籍还是装订有封面和封底的书籍，里面的内容都很难查询。我们说，大脑是一个令人称奇的工具，不仅是因为它能够存储海量信息，还因为依靠它，我们可以毫不费力且高效地查找到需要的信息。在我们的大脑里，存储着一个随机存取式索引系统，这是最精致的索引系统，计算机专家至今都无法复制。一本书的索引提供的只是一个重要主题的一个地址，即页码，但是大脑中每个主题的地址没有几千个也有几百个。大脑的内部记忆不是线性的，而是互相联系的。在寻找一个记忆时，我们并不需要找到它在大脑中的存储位置。只要你需要，它就会自动出现（有时也不会出现）。在大脑中，有一张严密的网络联结着各类记忆，我们可以从这个记忆跳到另外一个，从一个想法跳到另外一个，而且跳跃的速度非常快。从巴里·怀特（Barry White）[1]联想到"白色"（white），联想到"牛奶"，然后再联想到"银河系"（Milky Way）。从词汇概念的角度看，这一系列的联想是一段很长的旅程，但是对于脑神经来说，只是一次短途旅行而已。

索引的发明是一个很大的进步。有了索引，人们就可以像查询大脑的记忆一样查询任何书籍的内容。有了索引，书籍就变成了类似于现代的光盘一样的东西，读者可以直接跳到自己想要查找的内容那里。而没有添加索引的书籍就像盒式磁带，

---

1 巴里·怀特（1944—2003），美国著名歌手，是20世纪70年代家喻户晓的灵魂歌手，被称为70年代黑人音乐领袖。

要把磁带倒来倒去，费劲地按照线性路径寻找自己想要的内容。索引和页码、目录一起改变了书籍的样式，同时学者们借助书籍所能做到的事情也发生了变化。历史学家伊凡·伊里奇认为，索引的发明极其重要，他写道："甚至可以因此而把中世纪分为前索引时代和后索引时代。"书籍越来越容易查阅，记忆书籍中的内容也就变得越来越没有必要了。所谓"博学"的标准，也从记忆的信息量演化为在迷宫般的外部记忆载体中搜索信息的能力。

对于依赖记忆力的祖先们来说，训练记忆力的目的并不是要让自己变成一本"活书"，而是要成为一个"活索引"，一个能够帮助自己查阅阅读过的内容和获取到的知识的活索引。记忆书籍并不是要在自己的大脑中建造一座关于事实、语句和思想的图书馆，而是要建立一个获取这些内容的有组织性的体制。拉文纳的彼得是15世纪意大利最重要的法理学家（也有人说，他是15世纪最重要的自我推销者），他撰写了当时最成功的一本关于训练记忆力的书——《凤凰》。这本书被翻译成多种语言，在整个欧洲再版数次。自13世纪以来，已有多种关于记忆力的著作面世，《凤凰》是其中最著名的一本。这些著作把记忆术的适用人群范围扩大了。最初使用记忆术的人群只包括学者和修道士，之后延伸到了医生、律师、商人和渴望记忆事物的普通人。读者可以从这些著作中找到关于记忆力的所有内容，包括怎样在赌博中应用记忆术，怎样使用记忆术记录债务，怎样记忆一艘船上所装载的货物，怎样记忆熟人的名字，以及怎样记忆扑克牌等。彼得吹嘘自己记住了2万个法律要点、1000篇古罗马诗人奥维德的诗歌、200篇西塞罗的演讲词和语录、300条哲学家语录、7000条经文以及大量经典著作。

在闲暇时间，他会把存储在记忆宫殿里的书重新读一读。他写道："当我离开自己的国家，像朝圣者一样访问意大利的城市时，我敢肯定自己已经把所有的东西都带上了。"在存储这些记忆图像时，彼得在大脑中设置了10万个地点。在欧洲游历时，他又建造了很多记忆宫殿。他按照字母顺序，把每个重要的主题的来源和相关的语句存储在大脑的图书馆中。他夸口说，他的大脑中存储的所有以字母A开头的内容涉及这类主题：de alimentis, de alienatione, de absentia, de arbitris, de appellationibus, et de similibus quae jure nostro habentur incipientibus in dicta littera A，即"关于法律条款、海外资产、缺席、法官、诉讼和其他法律相关事务的所有以A开头的内容"。每条知识都分配到一个特定的地址。在阐述某个特定的主题时，他只要来到相应的记忆宫殿的房间里，把相应的内容提取出来就可以了。

和拉文纳的彼得一样，如果人们把阅读的主要意义局限于记忆，那么获取书籍内容的方法就和现代人有很大的不同。如今，我们鼓励快速阅读、大量阅读，但是读完一本书之后对它的理解却极其肤浅，而且从中得到的知识量也很有限。如果你读完一页文字只用了一分钟（读者在读本书时，或许就是这个速度），那么不管你读多长时间，也别指望能够记住读过的内容。要想记住读过的内容，就要重复阅读，并且要进行思考。

罗伯特·达恩顿在他的论文《阅读史的起步》中论述了在书籍激增的情况下，人们的阅读方式从"精读"转向"泛读"的过程。他写道，在印刷机出现以前，人们还是在"精读"，"那时候，书籍还很少，只有《圣经》、历书和几本宗教书籍可读。人们翻来覆去地读这些书，而且通常还会组成小组，大声朗诵。如此一来，部分传统经典作品就深深印在了他们的意识中"。

但是，到1440年左右印刷机出现，事情逐渐起了变化。在古腾堡之后的一个世纪里，书籍的数量增加了14倍。那些没有多少财富的穷人也有能力在家里建造一座小型图书馆，同时也就建立了一座可以随时查阅的外部记忆库。

如今，人们在阅读的时候都是在"泛读"，大家对一本书基本不会进行持久的研究。而且，大部分人在读完一遍之后，就不会再读了，很少有人会读第二遍。没有办法，为了涉猎越发广阔的人类文化，我们不得不这样做。在我们生活的这个世界里，每天都会产生大量的新词语。因此，即使是在最专业的领域里，要想攀登上不断增高的词语之巅，也是不可能的，那样做只会像西西弗斯搬运石头一样白费力气[1]。

1　西西弗斯是希腊神话中的人物，他受到诸神的惩罚，毕生都在做一件事情，即把石头推上山顶，在石头滚下山之后，再把它推上山顶。

我们之中很少有人愿意正儿八经地花时间去记忆我们阅读的内容。读完一本书后，再过一年，你还能记住这本书里的多少内容？如果这本书不是小说，能记住的或许只是书的主题（如果这本书有主题的话），或者一些有意思的细节。如果是小说，记住的或许就是小说的大概情节，或关于主人公的一些情节（至少能记住他们的名字吧），又或者是对这本书的概括性评论。有的时候，就连这些也会随着时间慢慢被遗忘。看看我的书架，里面摆放的书籍耗费了我清醒时的大量时间，但有时想想却不免沮丧。看看那本加西亚·马尔克斯的代表作《百年孤独》，我只记得魔幻现实主义和我喜欢这本书这两个事实，除此之外再无其他，我甚至都想不起来自己是什么时候读过它的。再看看《呼啸山庄》这本书，对于它我只记得两件事：我是在中学的英语课上读过的，里面有个人物叫希斯克里夫。我也不清楚自己到底喜不喜欢这本书。

　　但是，我可不认为自己是一名多么差劲的读者。我怀疑，有很多人——或许大多数人都跟我一样。我们读啊读，结果是遗忘再遗忘。所以，为什么要烦恼呢？16世纪，蒙田写出了泛读方式的尴尬处境："我一页一页地翻书，但并不是在研读这本书。读完之后，就像其他人一样，大脑里留下来哪些东西连自己都不知道了。这些书籍只是帮助我做判断的材料，我把书里面的思想和观点吸收到大脑中，但是书的作者、书里面的情景、词语和其他内容，我很快就遗忘了。"在这段话之后，他给出了弥补记忆的缺陷和失效记忆的一些小窍门：每读完一本书，就在书的封底上写一段短小的评论。如此一来，在书读完之后，至少能记住书的大概内容和读完之后自己的想法。

你或许认为，印刷术出现以后，纸张代替了人类大脑的记忆功能，那些古老的记忆术立刻就消亡了。但事实并非如此，至少记忆术不是立刻消亡的。出乎意料的是，就是在这段人们认为记忆术会消亡的时期，记忆术反而实现了辉煌的复兴。

从西蒙尼戴斯开始，所谓的记忆术就是在想象中建造记忆宫殿。到了16世纪，意大利哲学家和炼金术士朱利奥·卡米洛很聪明地把两千年来虚幻的记忆宫殿转化成了一座具体的宫殿。他的很多崇拜者称他为"神奇卡米洛"，他的批评者则称他为"江湖骗子"。他想到，如果把那个比喻性质的记忆宫殿转化成一座真正的木质房屋，那么这个记忆系统的功能将会发挥得更好。他在想象中建造了一座"记忆剧场"，这座剧场是一座世界性的图书馆，馆藏全人类所有的知识。这项工程听起来像是博尔赫斯式故事中的假说，但是非常真实的，也有很多人支持，卡米洛因此成为当时欧洲最有名的人之一。法国国王弗朗西斯一世要求卡米洛发誓，不能把剧场的详细情况透露给除他之外的任何人。而且在剧场完工之前，国王还投资了500达克特[1]金币。

这座木质记忆宫殿外形极似古罗马的圆形露天剧场，与后者的不同之处在于，它的观众在观赏节目的时候并不是坐在台阶上往下看，而是站在剧场的中央，抬头望向一座七层圆形建筑物。剧场里有犹太教绘画作品，有神话传说中的人物，还有一排排橱柜和盒子，里面放着扑克牌，牌上印有各类知识。据说，在这座宫殿里，所有的人类知识，包括所有伟大作家的作品，都按照主题分门别类。人们要做的就是想象出一个相关的具有象征性的图像，然后剧场里存储的所有知识就可以立即输送到大脑中，之后人们就"能够像西塞罗一样滔滔不绝地谈论某个主题了"。卡米洛许诺，"通过地点和图像这种记忆学说，能够让人们记住并掌握全部的人类概念和整个世界上的所有事情"。

他的这个"许诺"可是够宏伟的，而且带有一些"事后诸葛亮"的效应，听起来真像是在唬人。但是卡米洛相信，在这个世界上，一定存在一组魔术性的图像可以代表整个宇宙间的事物，而且这些图案的排列还极具条理性。就像我在记忆埃德的清单时，把"发邮件"想象成一名人妖的图像放在我的第一座记忆宫殿中一样，卡米洛相信会有一组图像可以囊括世界范

---

1 达克特金币是"一战"以前的欧洲贸易专用货币，在欧洲多国均有铸造，主要为贸易所使用。随着金币本位制被金块本位制和金兑汇本位制所取代，达克特金币在"一战"前后逐渐退出历史舞台。

围内的海量抽象概念，然后人们只需要记住这些图像，就可以理解所有事物之间的潜在联系。之后，卡米洛剧场的木质模型在威尼斯和巴黎展出，剧场的盒子和橱柜里放着几百张（或许上千张）扑克牌。意大利画家提香和萨尔维亚蒂受邀绘制剧场中具有象征性的图像。但是，这项工程似乎也就止步于此了。剧院没有完工，剩下的部分后来由卡米洛在病榻上口述成书，花费了他一周的时间，书名为《关于剧场的设想》，在他逝世之后才出版。这本书的内容很少，带有宣言性质，通篇都是将来时态，并且没有任何图像或图标。不夸张地说，这本书让人感到颇为困惑。

卡米洛向世人许诺过要创造出一种终极记忆法，但是最终还是被历史遗忘了。之后在人们对他的评论中，"神奇"这个称呼已经被"江湖骗子"所代替。不过，到了20世纪，历史学家弗朗西丝·叶芝在她的《记忆之术》[1]中重新规划了剧场的蓝图。意大利文学教授莉娜·博尔佐尼则解释说，卡米洛的剧场设想并不疯狂，实际上是对那个时代所有关于记忆力的设想的一种神化。在此之后，卡米洛的名誉恢复了。

文艺复兴时期，人们重新翻译了古希腊的作品。之后，柏拉图的那个古老的构想重新引起了人们的兴趣。他构想出了一个超自然的理想国，在那里，我们所生存的世界只是一个苍

---

1 《记忆之术》中文版已于2015年5月由中信出版社出版。——编者注

白的影子。根据卡米洛的新柏拉图主义宇宙观，想象中的图像是通往理想国的一个途径，而记忆术就是打开宇宙的神秘结构的秘密钥匙。在古代社会，记忆术是一种修辞工具。对于中世纪的经院哲学家来说，记忆术是冥想的工具。到了文艺复兴时期，记忆术则变成一种纯粹的神秘术。

除了卡米洛之外，这种处于黑暗时期的神秘记忆术的伟大的实践者还有圣道明教派修道士乔尔丹诺·布鲁诺[1]。1582年，他出版了一本书，名字叫《关于思想的影子》。在书中，他信誓旦旦地保证，他的方法"不仅能帮助人们记忆，而且可以提升人们的灵魂高度"。对于他来说，训练记忆是精神启蒙的关键。

他提出了一种新的记忆术，灵感来自13世纪的加泰罗尼亚哲学家和神秘主义者拉蒙·尤依。布鲁诺发明了一种工具，可以把词语转化成独特的图像。他想象出一组同轴转动的轮子，每个轮子的周边写着150对双字母，这些双字母组合是从30个字母（23个古拉丁字母和7个希腊、希伯来字母，这7个字母在拉丁语中没有对应的字母）和5个元音字母中挑选排列而成的，例如：AA、AE、AI、AO、AU、BA、BE、BO等。在最里面的轮子上，每对字母对应着一个神话图像或超自然图像，而且这些图像都是不同的。在第二个轮子上，对应着第二组双字母的

---

1 乔尔丹诺·布鲁诺（1548—1600），文艺复兴时期著名的思想家、哲学家和文学家，反对宗教哲学，宣传日心说，最后被判为"异端"烧死在罗马鲜花广场。

是150个动作和困境，例如"航海""挨训""破损"等。第三个轮子上是150个形容词；第四个轮子上是150个物体；第五个轮子上是150种情景，例如"饰有珍珠"或"骑在海怪上"等等。这种轮子排列得井然有序，依靠它，任何不超过5个音节的词语都可以转化为独特、生动的图像。例如，"crocitus"（乌鸦的叫声），他就把这个词想象成"皮鲁姆努斯（Pilumnus）[1]骑驴狂奔，肩膀上系着绷带，头上站着一只鹦鹉"。这种和诸神联系起来的记忆方法看起来傻乎乎的，而且很难理解。但是布鲁诺相信，他的记忆方法是记忆术历史上的一次巨大飞跃，其进步程度不亚于从树皮文字向印刷术的转变。

布鲁诺发明的这种方法看起来像是在变戏法，而且带有一定的超自然性质，让教会组织深感不安。另外，他的头脑里还充斥着大量异教思想。他相信哥白尼的日心说，同时认为圣母马利亚不是处女。持有这样的思想，是不可避免要遭到教会的严酷审判的。1600年，在罗马的鲜花广场他被处以火刑，人们把他的骨灰撒在了台伯河里。如今，在鲜花广场上高高耸立着布鲁诺的雕像，成为指引全世界自由思想家和脑力运动者前行的灯塔。

启蒙运动最终催生了文艺复兴时期人们对超自然记忆剧

1　皮鲁姆努斯是罗马神话中司农业的神。

场和尤依式轮子的痴迷，记忆术进入了一个崭新且不盲从的时代，一个推崇"快速变聪明"的时代。而且这种记忆术一直到现代都没有消亡。19世纪，有上百本关于记忆术的书籍出版，这些书籍的题目类似于"美国记忆术"或者"如何记忆"等，内容和如今书店里出售的自助类提高记忆力的书籍很相似。在这些书籍中，最著名的是由阿方斯·罗瓦塞特教授撰写的。曾经有一篇文章写道，他是一位"记忆力博士"，虽然有很强的记忆力，但"有时候会忘记他的乳名——马库斯·德怀特·拉罗韦和没有获得过任何学位这件事情"。1886年，他出版了一本书，叫《生理记忆：永不遗忘的瞬间艺术》。如今，在互联网上可以找到136本这本书的二手书，每本标价1.25美元，由此可见他在当时的影响力。

这本书其实是一本记忆术集子，列出了很多记忆琐碎事情的方法，例如如何记忆历届美国总统的名字和爱尔兰各个郡的名字，如何记忆摩尔斯电码、英国的附属国名称，以及9对大脑神经的名字和功能等等。他对古代的记忆术不屑一顾，声称自己的记忆术与古代的记忆术没有任何关系，而且他是完全依靠自己的力量发现了"自然记忆力的规律"。罗瓦塞特经常参加美国各地举办的学术研讨会，包括东部沿海知名大学举办的研讨会。在研讨会上，他向学生们传授他发明的记忆术，每人收费25美元（当时的25美元比如今的500美元还多）。另外，学习"罗瓦塞特系统"的学生都需要签署保密协议，如果有谁违约泄露了教授的记忆术，就要交纳500美元的罚金（比如今的1万美元还多）。看来，向极易轻信人的美国人兜售记忆术秘诀是很赚钱的。根据罗瓦塞特本人的记录，单是在1887年冬季为期14周的研讨会上，他赚到的钱就相当于如今的50万美元之巨。

1887年，著名作家马克·吐温见到了罗瓦塞特，并参加了他的记忆力训练课程，这门课程持续了几周时间。在此之前，吐温一直对提高记忆力很感兴趣，他总说自己的"记忆里什么都没有，就像一个空弹壳"。学完这门课之后，吐温大为折服，成了罗瓦塞特的信徒。他甚至还发表了一篇文章，声称学习罗瓦塞特的宝贵的记忆力课程，就算是一个小时付费1万美元都值得。这篇文章明显具有偏袒的色彩，后来他有些后悔，但为时已晚，罗瓦塞特已经把他的这篇文章刊登在了自己出版的所有印刷物上。

1888年，出于"强烈的正义感和对自由的天生热爱——这是每个真正的美国人所拥有的品质"——G. S. 费洛斯撰写了一本书，书名是《罗瓦塞特》。书中强调，那位"罗瓦塞特""教授"（两个称呼都重重地加上了双引号）不仅是一个"满嘴谎言的人"，还是一个"诈骗犯"。这本书共224页，书中透露，罗瓦塞特使用的记忆术或是剽窃旧有的记忆术后加以重新包装，或是废话连篇的自吹自擂，令人生厌。一些阅世颇深的人，比如马克·吐温，很容易看出罗瓦塞特的记忆术中存在

"谎言和诈骗"。不过马克·吐温本人其实就是一个挥霍无度的时代弄潮儿。在很短的时间内，他的兴趣就会转移到另外一件重要事情上去。他曾经向莱诺的早期竞争对手——佩奇排字机投资了30万美元（相当于如今的700万美元），这是他投资的众多事业中最失败的一次，直接导致了他的破产。

在演讲中，马克·吐温不断地实验新的记忆方法。在刚开始演讲的一段时间里，他尝试着把每次演讲的主题的首字母写在十个手指头上。这个方法没有成功，因为观众看到他这样的动作，怀疑他有恋手癖。1883年夏天，他发明了一个游戏，教他的孩子记忆历代英国国王的名字。当时他正在写作《哈克贝利·费恩历险记》，书的交稿日期最终因为他的这个游戏而延期。他按照各个国王的在位时间长度，沿着家里附近的一条道路钉上木桩来帮助记忆。马克·吐温的记忆宫殿就是他的后院。1885年，他发明了"马克·吐温的记忆秘诀：轻松玩转所有事实和日期"，并申请了专利。他的笔记本里记述了很多有关空间记忆的内容。

按照马克·吐温的设想，要在全国设立很多关于他的记忆术的俱乐部，同时在报纸上开设关于这种记忆术的专栏，还会出版一本书专门介绍他的记忆术，另外还要举办世界性的记忆力比赛，参赛选手还可以获奖。他开始相信，所有美国学生应该掌握的历史和科学知识，都可以通过他的这一天才发明进行传授。在1899年的《怎样牢记历史日期》这篇文章中，他写道："这个世界上的任何事情和任何人，包括诗人、政治家、艺术家、英雄、战争、瘟疫、灾难、革命……对数的发明、显微镜、蒸汽机、电报等等，都包含在这些木桩里面了。"不幸的是，就像佩奇的排字机一样，他发明的这种记忆术最终让他在经济上遭受重创。马克·吐温被迫放弃，他写信给小说家威廉·迪恩·豪威尔斯说："如果你还没有想过去发明一种室内历史游戏，最好不要有这种想法。"

和他的前辈一样，马克·吐温也是幻想着用记忆术战胜遗忘，因而沉迷其中，难以自拔。他饮下了那种让卡米洛、布鲁诺和拉文纳的彼得迷醉的古怪万能药水。任何准备涉足记忆力训练领域的人，看到马克·吐温的例子都应该警醒。回顾历史，或许今日的记忆大师和罗瓦塞特博士一样都是在哄骗观众，而我则应该"迷途知返"。但是，我没有停下来。

在马克·吐温的时代，用来存储和检索记忆的外部工具（例如纸张、书籍，以及近代发明的照相机和留声机）还很落后。他不可能预知到，会在21世纪初兴起数字信息技术，人类从此可以不再依靠记忆力而将所有的文化存储在外部工具里。如今，网络可以向人们提供博客、微博、数码相机、无限容量的电子邮箱等等。于是，参与网络文化就意味着建立一个永远都保存在当下、永远都能够搜索到、永远都遗忘不掉的外部记忆库。而且，随着年龄的增长，这个记忆库中的内容会越来越丰富。越来越多的人参与到网络文化中，就意味着有越来越多的人参与到了一种生活方式中，这种生活方式戏剧性地改变了人类的内部记忆和外部记忆的关系。在未来，人们或许会被这些外部记忆库所包围，因为它们存储着人们的海量日常生活细节。

在微软公司，有一位73岁的计算机科学家戈登·贝尔，他让我相信了这个说法。他自称是一项新运动的先驱性人物。这项运动的目的是把人们从生物性记忆中彻底解放出来，可谓是将外部记忆存储功能发挥到了极致。

贝尔在他撰写的《无懈可击的记忆：电子记忆革命将改变一切》一书中提到："生活日复一日地过着，我发现自己遗忘的事情变得越来越多，而记住的事情却越来越少。但是，如果你能改变这种命运呢？如果你以后再也不会忘记任何事情，而是能够完全控制自己记忆的事情呢？不过，这要到什么时候才可以实现？"

在过去的10年里，贝尔一直在做一件事情，即备份数字"代理记忆"，以弥补他的大脑记忆的不足。这种记忆备份的目的是将所有可能忘记的事情记录下来。他把一台名为"感觉照相机"的微型数码相机挂在脖子上，它能够自动拍摄他经历的所有事情和见到的所有事物。另外，他还有一台数字录音机，可以录下他听到的所有声音。他接听的所有电话都录了下来，他读到的所有内容也都扫描到了电脑中。贝尔本人谢顶，戴着一副宽边眼镜，爱笑，爱穿高翻领黑色上衣，他把自己沉迷的这种归档行为称为"生活日志"。

所有这一切强迫症一般的记录看起来有点儿古怪。如今，数字存储器的价格越来越便宜，数字传感器也越来越普及，在海量信息的分类整理方面人工智能也越来越高级，人们将越来越容易获取信息或记忆信息，而且获取的和记忆的信息量也越来越大。我们或许不能够像贝尔一样在脖子上挂着照相机拍摄生活的点点滴滴，但是在听贝尔对能够记忆一切的计算机的未来进行畅想时，绝不会像是第一次听到那样感到很荒唐了。

20世纪60～70年代，作为数字设备公司（DEC）的早期计算机先驱，贝尔名利双收（人们称他是"电脑界的弗兰克·劳埃德·赖特[1]"）。他是一位天才工程师，能够很快地发现问题并找到解决的方法。他尝试利用"感觉照相机"解决一个基本的人类困惑，即我们在生活的同时也在快速地遗忘。如果能够利用科技保留记忆，为什么要让这些记忆流逝呢？

自20世纪50年代以来，贝尔已经收集到了大量生活类文件，保存在银行的几十个储物柜里。1998年，他在助手维基·罗佐基的帮助下，开始系统地扫描这些文件，将它们"回填"到他的生活日志中。他的所有旧照片、关于计算机工程的

1　弗兰克·劳埃德·赖特（Frank Lloyd Wright，1867—1959），20世纪上半叶最有影响的建筑师之一。在他超过70年的建筑师生涯（1887—1959）中，不仅设计了一系列具有个人风格的高质量作品，还影响了整个美国建筑的进程。直到今天，他可能还是美国最著名的建筑师。

笔记本以及文件都经过了数字化，就连他的T恤衫上的标志都没有逃过被扫描的命运。贝尔是一位一丝不苟的文件保存者，但是最后他还是发现，大概有3/4的文件被他丢弃了。如今，他的生活日志内容一共占据了170G，而且正在以每月1G的速度增加。这些日志内容包括10万封电子邮件、6.5万张照片、10万份文件和2000个电话录音，刚好占据一个价值100美元的硬盘。

通过这种"代理记忆"，贝尔做到了很多不可思议的事情。利用常用的搜索引擎，他可以瞬间找出他在任何时候所处的位置，以及当时是和谁在一起的。从理论上讲，他还可以知道那个人说了些什么。他到过的所有地方、看到的所有事情都被详细准确地记录了下来，他不可能忘记什么东西了。在他的数字记忆里，从来不存在"遗忘"这两个字。

和书籍一样，照片、视频文件和数字记录都是帮助大脑记忆的工具。从埃及的神塞乌斯来到法老萨姆斯面前，将"文字著述"作为帮助人们博闻强记的一剂良方馈赠给法老开始，外部记忆就开始发展，而贝尔的这种"生活日志"使外部记忆的发展再次向前迈出了合理的一步。或许这是最后一次合理的进步，一种文化变迁的"反证法"已经在新千年徐徐拉开帷幕。

我希望能和贝尔见一面，见识一下他的外部记忆是怎样工作的。我花费了大量精力训练自己的记忆力，他的这项工程可谓是驳斥我所有努力的最佳论据。你想，既然我们必将拥有从不遗忘的计算机，那为什么还要费九牛二虎之力去训练大脑的记忆力呢？

贝尔在微软研究中心的办公室看起来很完美，从那里可以俯瞰旧金山湾。我到了他的办公室之后，他向我展示了怎样运用外部记忆寻找已经遗忘的往事。记忆都是有关联的，寻找那些零零散散丢失的记忆很像是在进行三角测量。贝尔靠在椅背上，说："有一天，我想起以前在网上看过的一套房子，想重新找到它。不过，我只记得当时在浏览网页的时候，和一个房地产经纪人打过一个电话。"他从电脑里找出一个生活时间表，从上面找出了那次电话的记录，然后很快找到了当时浏览的所有网页地址。他接着说："我把它们叫作'信息串珠'，你需要记忆的就只是一个珠子而已。在电子记忆库里存储的'串珠'越多，就越容易找到想要的东西。"

在贝尔的电脑里，存储着海量的外部记忆库供他随时调遣使用。他面临的最大问题是，怎样避免被毫无意义的信息海洋淹没。对那些能够引起自己注意力的事物，通常情况下人们都能够记得很清楚。因此，只有在对这些事物进行解码的时候，大量的记忆才会被唤起。通过生活日志，贝尔能够注意到生活中的点点滴滴。"绝不遗漏，绝不丢弃"是他的信条。

我问他："你收集了这么多记忆，不会感到是种负担吗？"

他对我的这个说法完全不以为然："绝对没有。相反，我感到很轻松。"

"感觉照相机"时刻挂在贝尔的脖子上，看起来只是一个小小的黑盒子，大小和一盒烟差不多，外观并不华丽，毫不起眼。但在以前，最初的电脑会占满整个房间，一部手机就像砖头那么大。按照这样的科技发展速度，你可以想象出来，在未来的某一天，"感觉照相机"可以嵌入一副眼镜里，或缝到衣服里，甚至植入表层皮肤下或视网膜中。

如今，贝尔的内部记忆和外部记忆还不能准确地对应起来。在外部记忆库中寻找某次记忆时，他首先要在电脑中找到这次记忆，然后通过眼睛和耳朵把它"重新输入"到大脑里去。他的生活日志确实扩展了他的记忆力，但还没有成为他的记忆力的有机组成部分。也许在不远的未来，贝尔的电脑和大脑之间不再存在间隙，电脑中保存的信息能够自动保存到他的大脑中，这样的想法会不会有些不切实际？或许在某一天，人类的大脑和生活日志可以直接连接，中间不需要任何过渡。在这种情况下，外部记忆和大脑的内部记忆无缝对接，人们使用外部记忆时，就会感觉在使用自己的内部记忆。当然，大脑要和网络这个最大的外部记忆库连接在一起。代理记忆可以帮助人们回忆起所有的事情。人们在提取这些代理记忆中的信息时，就像是在提取大脑中的信息一样自然。如果是这样的话，代理记忆无疑会成为对抗遗忘的最强大的武器。

这种构想听起来好像是科幻小说。但是，如今人们的耳朵已经可以植入人工耳蜗，从而把声波直接转化为电子脉冲，然后输送到大脑的脑干中，失聪者就可以听到声音了。目前，已经有超过20万的失聪者植入了人工耳蜗。而且一些截瘫患者和渐冻症患者的体内也植入了一种能够直接连接大脑和计算机的感知仪器，这种仪器目前还处在初级开发阶段。通过这种连接方式，患者只需在大脑中思考一下，就可以移动鼠标和假肢，也可以控制数字语音。这种假体系统还处于实验研究的初级阶段，只有少数患者体内植入了这种系统。它通过监听大脑，实现了人类和机器的沟通。下一步要发明的就是一种人机接口，可以实现大脑和数码记忆库之间的自由数据交换。目前，部分前沿科学家已经开始着手研究这种接口。在未来几十年里，这个项目必定会成为一项重要的研究课题。

你不必像一个反对改革者、原教旨主义者或反对技术进步者一样，怀疑是否应该把人脑与电脑连接在一起，使大脑的内部记忆和电脑的外部记忆有机地融为一体。如今，生物伦理学家一直在努力攻破遗传工程和神经"认知类固醇"等棘手难题。但是，与内部记忆和外部记忆的完全结合这个课题相比，上述难题即使被攻破，也只是科技发展史上的一个小的进步，算不了什么。一个人即使能活到150岁，就算他再聪明、再强壮、抵抗疾病的能力再强，他都始终是个人。但是，如果一个人能够拥有完美的记忆和大脑，可以获取人类目前所掌握的所有知识，那么在赞美他的时候，就要考虑扩充一下形容词的词汇量了。

不过，与其把这些外部记忆或可以下载的记忆与大脑的内部记忆作为不同的类别区别对待，还不如把它们看作是内部记忆的延伸体。毕竟，即使是内部记忆，我们也不可能全部探寻到。对于有些事情和事实，我很清楚它们在大脑中存在着，但就是不知道怎样才能找到它们。例如，即使我不能马上想起我的70岁生日聚会是在哪里举办的，或者我第二个侄子的妻子的名字叫什么，这些事实还是会在大脑的某个部位潜伏着，然后等待着合适的线索唤醒它们，让它们进入意识中。这与我们只要点击鼠标就可以查找到维基百科里的知识是一样的道理。

西方人很喜欢思考"自我"，即从本质上说，我们到底是谁？好像"自我"就是一个被限定了的、容易摸得到的实体一样。这是一个很难搞清楚的问题。法国哲学家笛卡儿认为，在前额后、小脑前的松果体里寄居着一个微小的灵魂，控制着人的身体。[1] 即使现代认知神经科学反对这种学说，大多数人还是相信在人的身体里存在一个"我"在驾驶着人的身体这辆公交车。事实上，这个"我"并不是我们想象中的这么简单，它具有很大的扩散性和模糊性。大多数人认为，自我是无法走出肉体，而延伸至书本、计算机和一个生活日志中去的。但是，

1　笛卡儿用二元论解释人体，他认为人由一个非实体的灵魂和一个肉身组成；灵魂是舵手，坐在松果体里，指挥着肉身这艘船。

为什么一定会是这样呢？我们的记忆就是自我的本质，它不仅与大脑中的神经元有关，而且与一个整体的系统有着密切的关系。即使是上溯到古希腊时代，苏格拉底对文字著述的厌恶都可以证明记忆可以延伸至大脑外，存储在其他物体中。贝尔的生活日志这项工程更是使这个事实显露无余。

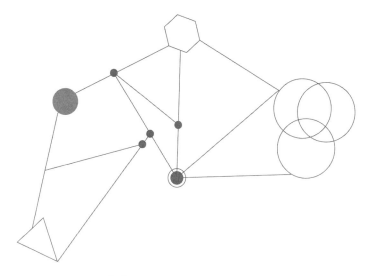

第 8 章
瓶颈期

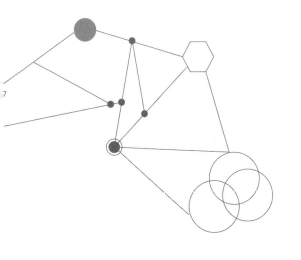

如果你在2005年秋天来到我的办公室，会发现我的电脑显示器上贴着一张便利贴，这样的便利贴是我的外部记忆库。只要我的眼神从屏幕上移开，就会看到上面的几个字："不要忘记记忆东西。"它温和地提醒我，在下一届美国记忆力锦标赛举行之前的这几个月里，我必须努力纠正拖延的毛病，做更多的记忆练习。我不再浏览网页，不再到房子的附近散步好让疲劳的眼睛得到休息，而是随手捡起一张写有随机词语的纸条，然后尝试记忆上面的内容。在地铁里，我不再读杂志或看书，而是拿出一张写有数字的纸张，开始记忆这些数字。也许我没有意识到，那时候的我变得多么古怪。

　　我开始把记忆力运用到日常生活的点点滴滴中去，即使在没有训练那些比赛项目的时候也是如此。我在居住的小区周围散步，只是为了记忆那些车牌号。我发现自己对名称标签变得极其敏感。此外，我还记忆购物清单。我有一本纸质的日历，后来大脑里也存储了一本。

只要有人告诉我一个电话号码，我就会把它放到自己的记忆宫殿里。记忆宫殿已经成了我日常生活中所依赖的东西，而记忆数字则是记忆宫殿的现实应用之一。我所利用的一种重要的记忆方法，叫作"记忆系统"，是约翰·温克尔曼在1648年左右发明的。这套系统其实没什么了不起，就是依靠一串简单的代码，把数字转化为语音，然后把语音再转化为文字，最后再把文字转化为图像记忆下来。这个编码大致类似于下面的对应关系：

0	1	2	3	4
S	T 或 D	N	M	R
5	6	7	8	9
L	Sh 或 Ch	K 或 G	F 或 V	P 或 B

例如，"32"这个数字可以转化为MN，"33"转化为MM，"34"转化为MR。如果要赋予这些辅音字母意义的话，可以随意在这些辅音字母中插一些元音字母进去。这样一来，"32"就变成了一个男人的形象（man），"33"变成了妈妈（mom），"34"变成了俄罗斯的"和平号"空间站（Mir）。同样，数字"86"变成了一条鱼（fish），"40"变成了一朵玫瑰花（rose），"92"则变成了一支钢笔（pen）。对于"3219"这个数字，你可以想象一个男人（man，32）在吹低

音大号（tuba，19），或者一个来自马尼托巴湖（Manitoba，3219）的人。在记忆"7879"这个数字时，把它转化为"KFKP"这几个字母组合，然后把这几个字母或联想成一只咖啡杯子（coffee cup），或联想成一头小牛和一只小动物（calf，cub）。"记忆系统"的优点是直观，你可以即时使用它。（第一次学会它之后，我立刻就记住了自己的信用卡和银行卡账号。）不过，迄今为止，还没有人使用它赢得过世界级记忆力比赛的冠军。

在记忆一长串数字的时候，例如在记忆10万位圆周率或历届纽约扬基队名人堂的职业击球率时，大多数脑力运动员会使用一种更为复杂的方法，世界脑力俱乐部称之为"PAO（person-action-object，个人—动作—物体）系统"，起源于乔尔丹诺·布鲁诺和拉蒙·尤依发明的那种看起来傻乎乎的组合式记忆法。

根据PAO系统，可以把"00"到"99"中间的所有两位数字想象成一个人、一个动作和一个物体的图像组合。例如，可以把数字"34"想象成20世纪最重要的美国流行音乐歌手法兰克·辛纳屈正对着麦克风（物体）轻声吟唱。"13"是大卫·贝克汉姆在踢足球。"79"是超人披着披风在飞行。而对于六位数字的组合，例如"34-13-79"，则可以把前两个数字想象成一个人的形象，把中间的两个数字想象成一个动作，然后把后面的两位数字想象成一个物体。按照这种方法，这个六位数字组合就变成了法兰克·辛纳屈在踢一件披风。如果是"79-34-13"，脑力运动员会想象出同样古怪的场景，即超人对着一个足球在轻声吟唱。辛纳屈和"34"之间以及贝克汉姆和"13"之间并没有什么固定的联系。不像"记忆系统"那样，这里的数字和图像之间的联系完全是随意的，而且需要提前学习；也就是说，为了能够记住一些事物，必须提前去记忆。参加记忆力比赛需要花费大量的固定时间和精力。但是，依靠PAO系统，从0到999 999的所有数字都有了对应的图像。因此，大家公认PAO记忆系统是非常有效的记忆方法。更为关键的是，通过PAO系统联想到的图像场景都是很怪诞的，令人不可思议，因而很容易记忆。

这种竞争激烈的记忆力比赛就像是军备竞赛。在每年的比赛中，都会杀出几名新的选手，他们的记忆方法比以前的更加精妙，可以在更短的时间内记住更多的信息。这些人通常是临时失业人员或者参加非正式夏令营的学生，他们的参赛逼着其他选手奋起直追。

赛前的六个月，埃德一直在发明一种"记忆力锦标赛有史以来最为强大的记忆方法"。他把这种新的记忆系统称为"千禧PAO"，是上文介绍的大多数欧洲选手使用的二位数字系统的升级版，即把两位数字升级为三位数字系统，然后想象出与之对应的1000个不同的"人物—动作—物体"图像。通过这一新的记忆方法，他可以把从0到999 999 999之间的所有数字都想象成对应的图像，而且图像与图像之间不会混淆。他跟我吹嘘说："以前，使用两位数字的PAO系统记忆数字时，我只是驾驶着一艘激光船，用激光束击毙一条吃了安非他命药的兴奋金枪鱼。现在，有了这种三位数字的记忆方法，我就成了手提64式步枪的战士。这种记忆方法非常有效，但似乎不太容易掌握。"他认为，一旦这个记忆系统能够成功，将会成为竞争激烈的记忆力比赛史上的一次巨大飞跃。

脑力运动员在记忆扑克牌时，一般都使用相同的方法，即利用PAO记忆系统，把52张扑克牌都想象成一个人物、动作和物体的组合。在这样的情况下，可以把3张牌想象成一个图像，一副扑克牌就压缩到了18幅图像（52张牌平均分成17组，每组3张，余下1张）。

在埃德的帮助下，我努力创造出了自己的PAO记忆系统，一共包括52幅图像。为了把记忆效果最大化，想象出的图像必须以个人的兴趣以及对色彩的感觉为基础。也就是说，脑力运动员的PAO图像其实就是寄居在运动员潜意识中的小精灵，它是一位非常好的领路人。对我来说，它就是20世纪80年代和90年代早期的电视偶像；对本·普里德莫尔来说，它就是卡通人物；对埃德来说，就是只穿着内衣的模特和大萧条时期的英国板球队员。我把扑克牌里的红桃K想象成迈克尔·杰克逊戴着白色手套在走太空步，梅花K是约翰·古德曼在吃汉堡包，方块K是比尔·克林顿在抽雪茄。如此一来，如果要按照顺序记忆红桃K、梅花K和方块K，我就会想象成迈克尔·杰克逊在吃雪茄。按照顺序记忆任何一副扑克牌时，首先要把这52幅图案记忆下来。这个工作量可不小。

与本·普里德莫尔的PAO记忆系统相比，我的这个记忆系统算是小巫见大巫了。本·普里德莫尔本来是英国林肯郡一家肉制品加工厂的会计，辞职之前已在那里工作了六年半。2002年秋天，他辞掉了工作去了拉斯维加斯，在那里住了一周。在那一周的时间内，他主要做的事情就是到赌场里算牌。之后，他回到英国，花了6个月时间看卡通片，并取得了教师资格，教授外国人学习英语。在这期间，他建立了一个自己的记忆核武器库。他不像我，把每张牌都想象成一个"人物—动作—物体"的组合式图像，他花费了几十个小时将每两张扑克牌想象成一个单独的图像。如果是一张方块A紧跟一张红桃Q，他会联想出一幅图像；反过来，一张红桃Q紧跟一张方块A时，他会联想出另一幅图像。在一副扑克牌中，他要提前记忆的以两张牌为单位的扑克图像应该有52×52幅，也就是2704幅。和埃德一样，他把3幅图像放在一个地点上。也就是说，一副扑克牌只需要9个地点（52除以6），27副扑克牌（他在一个小时内的最大记忆量）只需要234个地点。

很难说清楚，在他完成这一壮举的过程中，我们到底是应该佩服他大脑的记忆力，还是他动作的灵巧度。他能够以很快的速度自一副牌的顶部一次性翻开两张扑克牌，然后再以很快的速度把牌的一角亮开，扫一眼牌的数字和图案。速度最快的时候，不到一秒钟的时间他可以扫视两张牌。

在记忆二进制数字的时候，他创造了一种类似于拜占庭式的记忆系统。利用这种记忆系统，他可以把任何包含有10个1和0的长长的数字串转化为一幅图像。在记忆二进制数字时，他想象出了210（即1024）幅图像。看到"1 101 001 001"这个二进制数字串的时候，他很快就想象出一个矮矮胖胖的人，是一种纸牌中的人物形象。看到"0 111 011 010"，他就想到了一座电影院。在国际记忆力锦标赛中，脑力运动员要记忆很多页的二进制数字，每页上有1200个数字，每页有40行，每行有30个数字。本可以把每行的二进制数字想象成一幅图像。例如，在记忆"110 110 100 000 111 011 010 001 011 010"这个数字串时，他就想象出一名健美先生正在往一个罐子里放一条鱼。当时，本在半个小时内可以记住3705个二进制数字，这个成绩是该项目的世界纪录。

每一名脑力运动员都有自己的弱项，即所谓的"阿喀琉斯之踵"。本的弱项是人名头像。他在这个项目上的得分总是排在倒数几位。他告诉我说："跟别人说话的时候，我不太爱看别人的脸。我甚至都想不起来很多认识的人的样子。"为了解决这个问题，他针对这个项目创造了一种新的记忆方法，他把眼睛颜色、皮肤颜色、头发颜色、头发长度、鼻子和嘴的形状编上对应的数字。在他看来，如果能把人的脸部特征转化为数字串来记忆，就不会再忘记了。

在记忆力训练的最初阶段，我感觉自己根本不可能学会这些精妙的记忆术，因此大为沮丧。但是我与安德斯·埃里克森已经约好了，要向他提供自己所有的训练细节，这些资料对他研究各领域的专家很有用。接下来，他的研究生特雷斯和凯蒂会对这些资料进行分析和研究，然后向我提供一些适合我的练习方法。我向安德斯·埃里克森保证，比赛结束后，我一定会回到塔拉哈西再待上几天，让他们对我进行一次后续测试，好让他们根据整个实验过程写篇论文在某个期刊上发表。

埃里克森从几十个不同的角度出发，研究了众多不同领域的专家获得专业技术的过程。如果存在成为专家的通用的秘诀，他肯定会向世人展示。从和他的大量谈话中，以及他撰写的每一本书和发表的每一篇论文中，我了解到，他已经发现了各个领域内最有成就的个人在成为专家过程中所使用的一套通用方法，即获取专业知识的通用法则。这些法则将成为我的秘密武器。

接下来的几个月里，我在父母家的地下室里努力学习PAO记忆系统，而埃里克森则紧跟我的进度做记录。如果我对这项比赛有新的想法，会很快告诉他。我发现自己对比赛的态度开始由最初的好奇逐渐转化为一种高涨的竞争心理。如果在哪个环节卡住了，我会给埃里克森打电话，征求他的建议。他一定会以最快的速度发给我一些期刊文章，还向我保证这些文章能够帮助我看清楚自己的弱点。有一段时间，大约是开始训练后的几个月里，我的记忆速度停滞了。不管怎样努力练习，记忆一副扑克牌的速度没有丝毫提高。记忆速度一直没有变化，我不知道为什么。然后我给他打电话抱怨说："我的扑克牌记忆速度到了瓶颈期了。"

他回答我说："我建议你找一些关于打字速度的文章看看。"

人们刚开始学习在键盘上打字的时候，打字速度提高得很快。从笨拙的"一指禅"敲打键盘，发展到用两只手以很慢的速度打字，直到最后，手指在键盘上飞舞。在这个阶段，整个打字过程已经成了一种下意识，手指好像也有了自己的思想。但是，大多数人的打字速度在这个阶段就很难提高了。他们到达了一个高度。想一想，你会觉得这个现象很奇怪，毕竟，人们总是说"熟能生巧"。很多人坐在键盘前，每天至少要练习几个小时。但是，为什么他们的速度就是不能像最初那样越来越快呢？

20世纪60年代，心理学家保罗·费茨和迈克尔·波斯纳用三阶段理论尝试回答了这个问题。按照他们的理论，所有人在学习一项新的技能时，都要经历三个阶段。第一个阶段是"认知阶段"。在这个阶段，主要是对要学习的内容做一个理性的研究，然后发现能够高效学习的新方法。第二个阶段是"联想阶段"。在这个阶段，注意力不如第一个阶段集中，但是很少犯大错误，逐渐变得更有效率。费茨把最后一个阶段称为"自主阶段"。在这个阶段，人们会觉得自己对要学习的内容已经掌握得差不多了，接下来的行动就要靠"自动驾驶仪"来指挥了。接下来要做什么，就完全没有意识了。而且，大多数时间里，你会感觉自己已经做得很好，没有什么可担心的事情。在人类的进化过程中，大自然会留给人们很多有用的身体功能，抛弃一些没有用的身体功能。其实，所谓的"自主阶段"跟这些有用的身体功能很相似。对每天要做的重复性任务关注得越少，就能把更多的精力放在那些有用的事情和你以前从来没有见识过的事情上。因此，一旦打字速度提高到一定的水平，人们就把"打字"这个任务自动放到了大脑这个文件柜的后面，不再投入精力。

人们在学习一项新技术时的这种转变可以从人脑的功能磁共振成像中看出来。开始"自动化"式地学习某项技能时，大脑负责产生意识和理智的部分就不再活跃，其他部分则开始活跃起来。你可以把这样的现象称为"瓶颈期"，在这个阶段，人们觉得自己对这项技能已经掌握得差不多了，就转入了"自动驾驶"，之后也就不会有新的进展了。

我们在做很多事情的时候都会遇到瓶颈期。年轻时学习开车，只要学到一定程度，交警不再开罚单，不会引起大的车祸，开车技术就会逐渐变得娴熟。我父亲的高尔夫球球龄已经达到了40年，但是他的球技到现在为止还是很烂，听我这么说他或许会很生气。在这40年里，他的"差点"[1]一直都没有变过，甚至丝毫没有减少。这是为什么？因为他到达了瓶颈期。

心理学家曾认为，瓶颈期代表着一个人潜在能力的最高水平。英国人类学家、气象学家和心理学家、优生学的创始人弗朗西斯·高尔顿在其1869年的著作《遗传的天才》中称，人类的生理和大脑发展到一定阶段时，就会遇到一道墙，这道墙"通过所有的教育或努力都无法跨越"。根据他的这一论点，人类在做某件事情时，能力的最高限度即他们能够达到的最高水平。

但是，埃里克森和他的一些研究专家行为的心理学家同事曾不止一次地发现，如果使用正确的方法，一直努力不懈，大多数人都能突破瓶颈期。他们认为，高尔顿的"墙壁"跟人的内在能力限制没有关系，倒是与我们自己可以接受的水平有关系。

专家与普通人的不同之处在于，他们通常会直接投身到某项事业中，然后把精力高度集中在这个领域内。埃里克森把这个现象称为"刻意练习"。通过对很多不同领域内的顶级专家的研究，埃里克森发现，顶级高手基本上都经历了相同的发展时期。他们创造出自己的方法，有意识地逃离"自主阶段"。他们通常能够坚持做到以下三件事情：专心于自己的方法，目

---

1 差点，是衡量高尔夫球员在标准难度球场打球时潜在打球能力的指数。它是一个保留到小数点后一位的数字，是一个国际通用的技术标准。

标坚定，不断获得即时性的反馈。换句话说，他们强迫自己处在"认知阶段"。

例如，业余音乐爱好者通常喜欢练习音乐，而音乐家则喜欢练习一些枯燥的音乐，或者专门练习一首乐曲中比较难的一段。水平不高的滑冰者在练习跳跃动作时，会选择一些自己已经熟练掌握的跳跃动作。而滑冰高手则会选择一些落地不稳的动作。因此，从本质上讲，刻意练习都是很辛苦的。

如果你希望自己在某个领域成为专家，在这个领域内花费的时间长短并不起决定性作用，学习方法才是最重要的。事实上，对包括国际象棋、小提琴、篮球在内的各领域的顶级高手的研究表明，在这个领域内坚持的时间对这个领域的熟练程度的影响力很微弱。我父亲或许可以考虑，在地下室里放一只锡杯，这样练习高尔夫球。但是，如果他没有刻意挑战自己，然后对自己的练习进行回顾、思考、反思和调整，那么他永远也不会进步。光有常规性的练习是不够的。要提高自己的技术，就要看到自己的失败之处，然后从失误的地方吸取教训。

埃里克森发现，逃离"自主阶段"、突破瓶颈期的最佳方法就是勤加练习失误的地方。这样练习的途径之一是，努力研究你要学习的这个领域内的专家的学习方法，然后找出他们解决问题的方法。本杰明·富兰克林就是这种方法的早期实践者。他在自传中告诉读者，在阅读伟大思想家的文章之后，他曾努力地按照自己的逻辑重新组织这些思想家的论证过程。他翻开这些文章，对比自己重新组织过的内容，找到自己可以与原作相似的思想链。国际象棋顶级选手利用了相似的策略。他们每天都会花费几个小时的时间，对国际象棋大师走过的每一步棋仔细研究，努力找出大师在走这步棋时的想法。其实，要预测一个人的棋艺高低，不是看他与对手对弈的时间长度，而是要看他独自研究过去的一些棋局所花费的时间。

因此，提高某项技能的秘诀就是，在练习的时候，要在一定程度上有意识地控制自己，强迫自己走出自主阶段。对于练习打字而言，突破瓶颈期要简单一些。心理学家发现，最有效的练习方法是强迫自己以感觉不舒适的速度更快地打字，并且允许自己出错。在一个著名的实验中，打字者反复练习时，速度要比平常快10%～15%。最初，他们的手指跟不上这个速度，但是过了几天以后，手指意识到了那些阻碍自己的障碍，然后跨越了这些障碍，以比平常快很多的速度飞速移动。通过强迫自己走出自主阶段，然后用潜意识控制自己，这些打字者突破了自己的瓶颈期。

埃里克森建议我用同样的方法练习记忆扑克牌。他要我找一个节拍器，努力在它发出每一声"嗒"时，记忆一张卡片。在我突破了自己的局限之后，他又建议我把节拍器调快10%～20%，然后持续这个速度，直到我不再犯错为止。每次遇到一张难以记忆的扑克牌时，我都会做个记号，然后找出记不住的原因。这个方法很有效，几天之内，我突破了瓶颈期。但是，在这之后，我记忆扑克牌的速度又保持在一个稳定的水平。

如果没有刻意练习，即使是专家，都不会意识到自己的技术在倒退。埃里克森跟我讲述了一个这方面的很极端的例子。在医院里，与一个刚从医学院毕业的学生相比，你或许会更加相信一位满头银发的医生的治疗建议。但是，在一小部分医学领域里，医生的从业时间并不代表着他们的技术水平。例如，近年来在乳房X射线照相领域，医疗人员的诊断结果越来越不准确了。这是为什么呢？

埃里克森认为，这是因为，在行医过程中，该领域内的大多数专业人员没有进行刻意训练。这就像在打高尔夫球时，要在地上放一只锡杯练习，而不是纯粹跟着教练练习。通常情况下，乳房X射线照相领域的医疗人员只有在X射线照相之后的几周甚至几个月之后才能看到自己诊断结果的准确度。这个时候，他们已经忘记了进行X射线照相时的细节，也就无法从他们成功或失败的诊断中学到什么。

不过，在外科手术领域，就不是这样的情形了。与X射线照相领域的医疗人员不同，外科医生资历越老，手术往往会做得越好。埃里克森认为，这两种职业的不同之处是，在手术结束后，大多数外科医生可以很快得知自己做手术的结果，即病人是病情转好了还是变糟了。换句话说，外科医生能够时常看到自己工作的反馈情况。他们自己一直都很清楚，哪次手术成功了，哪次手术失败了。于是，医术就变得越来越高超。这个发现引出了专家理论的一次实际应用：埃里克森建议，X射线照相领域的医疗人员要对那些结果已经出来的X射线照相定期进行评估。这样，他们就能获得自己工作的反馈。

通过这种即时性的反馈，专家可以发现新的工作方法，从而提高工作水平，并把该领域的所有从业人员的瓶颈期提高到一个新的高度。只要水面低于脖颈，人们就可以游泳了。那么，你是不是认为，作为大自然的一个物种，很久以前人类的游泳速度已经达到了最高的水平？事实上并非如此。每年，都会有人创造出新的游泳纪录。人类游泳的速度也越来越快。埃里克森发现，"如今，参加过世纪初奥林匹克运动会的游泳选手竟然没有资格进入一所竞争激烈的中学游泳队"。同样，"在最初的奥林匹克运动会马拉松项目中，夺得冠军的选手通常都是业余选手。按照当时的成绩，这些冠军如今只能参加波士顿马拉松比赛"。这样的情况不只适用于体育界，同样适用于所有领域。13世纪的哲学家罗杰·培根曾经指出："除非花费30~40年的时间努力学习，否则仅靠现有的方法，谁都不可能精通数学这门自然学科。"如今，就连普通的中学生都可以掌握培根所处时代的整个数学体系。

有一种说法认为，与过去最优秀的运动员相比，如今最优秀的运动员往往具备更大的先天优势。还有一种说法认为，跑鞋和泳衣的改进整体上促进了这些运动项目成绩的提高。后一种说法在一定程度上有一定的道理，但是整体上来看这两种说法都是很荒谬的。与过去相比，如今的运动员如果要获得世界级的荣誉，就要接受更多的训练，而且训练的质量也要提升很多。这种现象适用于包括赛跑、游泳、标枪、滑冰在内的所有运动项目。所有运动项目的纪录都不可能永久不变。即使存在瓶颈期，从总体上来说，这个瓶颈期还没有来临。

那么，我们怎样做才能不断地超越自我呢？埃里克森给出了部分答案，即我们在心理上为自己设置了多少障碍，实际上就会存在多少障碍。如果你认为自己能够突破某个基准点，通常情况下在很短的时间内你真的就能够突破。很久以来，人们一直认为，没有人能够在4分钟之内跑完一英里（1.6千米）。这一速度成了一个无法逾越的障碍，就像人们无法超越光速一样。1954年，年仅20岁的英国医学院学生罗杰·班尼斯特打破了4分钟跑完一英里的纪录。他瞬间成为世界各国报纸的封面人物，被称为历史上最杰出的运动员。不过，这个纪录更像是一道水闸，在被罗杰·班尼斯特打破纪录后仅仅6周，澳大利亚选手约翰·兰迪以更快的速度跑完了一英里，所用的时间比罗杰·班尼斯特少1.5秒。几年以后，很多选手都可以在4分钟内完成超过一英里的赛程。如今，所有专业中长跑运动员在4分钟内完成的赛程都超过了一英里。同时，一英里赛跑的世界纪录也刷新至3分43.13秒。在世界记忆力锦标赛上，每年至少有一半世界纪录会被刷新。

埃里克森鼓励我，把提高记忆力想象成是在提高一种技能，一种弹奏乐器的技能，而不是把它看作像是拔高身高、提高视力或提高身体的其他功能一样有难度。

人们通常把记忆力想象成一个单独的整体，但事实并非如此。记忆力应该是一系列独立的模块和系统的组合体，这些模块和系统依靠不同的神经网络运转。有些人很擅长记忆数字，但是容易遗忘文字内容；有些人擅长记忆人名，但是记不清购物清单。参加埃里克森实验研究的本科生斯弗的数字记忆量虽然增大了10倍，但是他的总体记忆水平并没有提高。他只是在数字记忆方面变成了一位专家。他在尝试记忆随机辅音串时，还是只能记住7个。

顶尖的记忆高手把记忆看作是一门科学，这也正是他们与水平一般的记忆者之间的最大差异。高手们给自己设定一个记忆极限，然后一次次地努力，并记录下来。获得过两次世界记忆力锦标赛冠军的安迪·贝尔（Andi Bell）曾经告诉我："记忆其实就像是在发明一项新的科技，或者在研究一种科学理论，你必须去分析你的训练过程。"

只有在练习中集中注意力，并进行刻意训练，我才有机会获得这次竞争激烈的记忆力锦标赛的冠军。也就是说，我有必要收集一些数据，然后分析它们，获得一些反馈性信息。这也就意味着，我要适当调高自己的整体练习水平。

练习的时候，我在我的笔记本电脑里建立了一份电子数据表，记录练习的时间，以及练习过程中所遇到的困难。最后我把所有的练习进程都制成了图表，然后在日记里记下练习成绩稳步提升的过程：

8月19日：记忆28张扑克牌，花费2分57秒。

8月20日：记忆28张扑克牌，花费2分39秒，成绩不错。

8月24日：记忆38张扑克牌，花费4分40秒，成绩不太好。

8月8日：在星巴克喝咖啡，有一篇稿子已经过了交稿期，可我还没写。5分钟内记住了46个数字……真差劲。记忆48张扑克牌，花费3分32秒。最终决定，把4张牌的图像换掉。再见，女演员。你好，脑力运动员。

梅花＝埃德·库克→方块＝冈瑟·卡斯滕

红桃＝本·普里德莫尔→黑桃＝我

10月2日：15分钟内记住70个随机单词。成绩不太好！我把一些词混淆了，分数降低。从现在开始，对于那些有很多相似变体的单词，要在宫殿里容易混淆的对应图像上做上记号。

10月16日：只记忆了87个随机单词。总是在看表或四处打量，耽误了记忆时间。我在耽误时间。集中注意力啊，伙计，集中注意力！

注意力当然是记忆的前提条件。一般情况下，我们很容易遗忘一个新朋友的名字，因为面对他的时候，我们一直在考虑下一句要说什么，而不是集中注意力。视觉图像和记忆宫殿这些记忆方法之所以有效，部分原因就是它们能够帮助记忆者集中注意力，能提供一定的专注力，这些正是在日常生活中记忆事情时人们所缺乏的。如果没有集中注意力，你不可能想象出词语、数字或人名的对应图像。而在没有牢记某件事情的情况下，你也就不可能在这件事情上集中注意力。在训练过程中，我遇到了一个问题。那就是，我开始觉得枯燥，然后放任自己走神。不管记忆宫殿里的图像看起来多么天然，色彩多么丰富，多么清晰，在盯着好几页写满随机数字的纸开始记忆之前，我还是会想隔壁房间里有没有什么更有趣的事情，例如高尔夫推杆的声音。

埃德喜欢称呼我"孩子""年轻人"或"福尔先生"。他坚持认为，要防止注意力分散，就要添置一些设备。所有严肃的记忆能手都要戴上耳套。有一部分极为严肃的记忆能手甚至还要戴上眼罩，这样就可以限制他们的视线范围，然后排除周围的干扰因素。每隔两周，我们都要通一次电话。有一次，他在电话里告诉我："我感觉这些设备看起来很搞笑。不过，看你的情形，购买这些装备或许是一次不错的投资。"当天下午，我就跑到一家五金商店，买了一副工业级的耳套和一副实验室里使用、有防护作用的塑料护目镜。然后，我把两个镜片喷成黑色，每个镜片上钻一个小孔。从此以后，我在训练时就戴着它们。

作为一名已经成年的作家，我跟周围人解释说我和父母一起住是为了省钱，大家还可以理解。但是，我在父母的地下室里都做了些什么？把很多页写有随机数字的纸张贴在墙上，然后在地上摊上很多老旧的中学年刊（在跳蚤市场上买的）。在做这些事的时候，我虽然没有感到羞愧，但是对别人提起的时候，至少也要撒谎搪塞过去。

有时候，父亲会到地下室里来，要我跟他去打一会儿高尔夫球。这个时候，我会以最快的速度把那些写有数字的纸张藏起来，然后装作是在做别的事情，比如在赶某份刊物的稿子，好挣钱交房租。有时候，我取下耳套和护目镜，转过身去，会发现父亲正站在门口看着我。

如果说埃里克森是我的教授，那么埃德就是我的精神瑜伽老师和管理者。埃德为我4个月的训练制定了一个训练日程，并规定了训练过程中要达到的一些基准点。他还规定了一套严格的生活作息方式，包括每天早上花费半个小时锻炼身体，每天下午进行两次强化训练，每次时间为5分钟。另外，还有一套电脑程序用来测试我的成绩，并保存我的所有错误记录，之后我们会根据这个记录分析出错的原因。每隔几天，我会给他发一封电子邮件，告诉他我的记忆成绩，然后他在回信中向我提供一些提高成绩的建议。

最后，我决定再去一趟埃德家，和我的教练面对面谈一谈。我定在埃德25岁生日的那天抵达英国。自从上次去英国观看世界记忆力锦标赛之后，埃德不断地跟我提起他的生日。他的这次生日聚会可是具有历史性意义的。

生日聚会在他家的那个古老的石头谷仓里举行。埃德花了半个多星期，把谷仓装饰成了一个展示他聚会理念的实验性容器。他告诉我："我在尝试一种结构，这种结构可以控制人们的谈话、运动、心情、期望和空间等因素。依靠这种结构，我就可以知道这些因素之间的相互影响。为了追踪这些因素，我不会把里面的人看作是一种意志的主体，而是把他们看作是在屋子里弹跳的机器人，说白了就是一些机器零件。作为聚会的主办人，我会认真负责地为他们提供最好的弹跳方式。"

屋梁上挂着闪闪发亮的布，一直垂到了地面，把这个谷仓分割成很多小房间。出入房间的唯一路径是一个通道的网络，人们必须肚皮着地，爬进爬出。谷仓里放着一架大钢琴，钢琴下的空间变成了一个堡垒。绕着壁炉画有一个圆圈，壁炉外放着好几张破烂的沙发，这些沙发往常是在几张桌子上堆着的。

"爬过屋里这些通道的人们其实是在历险。通过通道的时候，必须稍作挣扎。不过，爬过去之后，就会感到很放松，也会有一种感激和成就感。然后会感觉到建造这项工程需要很多的精力和丰富的想象力，然后把它看作是一次很不错的经历。我认为，你的记忆训练跟这个过程很相似。虽然'一分耕耘，一分收获'这句话听起来有点儿傻，但这是事实。你要经历伤痛，要经历一段备感压力的时期，一段自我怀疑的时期，一段迷茫的时期，才能在一片混乱中找到最漂亮的挂毯。"

我爬过他身后一条10英尺长（3米）的黑漆漆的通道，进入一间屋子，屋子里堆满了气球，这些气球竟然淹没了我脖子以下的空间。他跟我解释，每一个房间的功能与记忆宫殿里的房间是一样的。他的这次生日聚会绝对令人难以忘怀。

埃德说："很多时候，人们在参加完一次聚会后，很快就会忘记聚会上所发生的事情。这是因为，普通的聚会都是在没有什么新意的空间里举办的。我这种布置的优点之一是，人们在每一间屋子的经历只局限在这间屋子里，与其他屋子里的经历是分割开的。聚会结束后，大家欣赏到的是一台精致的节目，一台在古代和中世纪人们会津津乐道的节目。"

埃德认为，要促进聚会迷之间的互动性，关键就是要让他们互相认不出来。本·普里德莫尔坐了4个小时的火车，从德比郡赶到了埃德家。他披着黑色的披肩，戴着一个很恐怖的莫霍克食人族面具，他把这个面具称为"格伦奇"。为了参加这次聚会，卢卡斯·阿姆萨斯（他表演喷火特技时被烧伤的肺部已经治愈）特意从维也纳乘飞机飞了过来。他穿着一身19世纪的奥地利军装，腰里扎着皮带，衣服上挂着很多勋章。埃德在牛津的一位老朋友则穿着一身老虎皮现身。另外一位朋友把脸涂成了黑色，头发编成了一缕一缕的细辫子。埃德则戴着一头假卷发，穿着一条裙子和一条连裤袜，还戴着和全身颜色很搭配的胸罩。我是参加聚会的唯一一位美国人，为了显示国籍，我把自己的脸画成了"美国队长"[1]。

聚会的高潮是扑克牌游戏。接近午夜时，埃德把他的50多位客人召集到谷仓的地下室里，向大家宣布，为了庆祝他在这个世界上生活了1/4个世纪，有史以来两位最伟大的记忆大师将在这里一决雌雄。本坐在一张长桌子一头的一个布袋上，没有戴格伦奇面具，但还披着黑色披风。桌子上乱七八糟地放着很多桑格利亚空塑料杯，还有一副吃剩的烤全羊的骨架，这只羊是在后院里架起的篝火上烤出来的。卢卡斯穿着他的军装，坐在桌子的另一头。

埃德宣布："首先，我要向大家介绍一下这两位记忆高手在记忆扑克牌方面的一些详细情况。以前，记忆一副扑克牌的世界纪录是42秒，这是一个难关，但是卢卡斯打破了这个纪录。很长一段时间里，我们的11人记忆社团把他的这一壮举与当年4分钟跑完一英里的纪录被打破相提并论。他自己也是跟我们吹嘘了一次又一次。他曾经是速记扑克牌项目的世界冠军，也是著名的记忆社团KL7的创始人之一。不过，如果不是整天喝得酩酊大醉，他惊人的记忆力会变得更好。"埃德的这一番话可是够夸张的。卢卡斯举起手中的塑料杯，朝着埃德的方向摇

---

1 "美国队长"是一个在美国很受欢迎的漫画角色，"二战"期间的超级英雄。他使用的武器是星条圆盾，被视为美国精神的象征。

了摇。"你们知道吗？卢卡斯还向我介绍过一款很有趣也很实用的机械设备，这是他和一些学工程的朋友在维也纳捣鼓出来的。利用这款设备，可以在不到3秒钟的时间里喝下4杯啤酒。这款设备上的一个阀动装置是从一家航空航天公司买到的。但是，卢卡斯后来使用得太频繁了，结果是几乎在一年的时间里，他都记不住一副扑克牌。不过，最后一次他还是记住了，花了35.1秒。"

说到这里，埃德转向本的方向，继续说："这位是普里德莫尔，目前是扑克牌记忆项目的世界纪录保持者，他的速度是31.03秒。他是英国人。"他的最后一句话引起了大家的一阵喝彩。埃德继续介绍本："他在一个小时内记下了27副扑克牌。坦白地说，他这么做根本没有必要。"

本两手张开，说道："我和卢卡斯商量过了。因为埃德现在的世界排名是第17……"

"你不是在骗我吧？"埃德抗议。他还不知道，最近有几位德国年轻人已经超过了他。

本继续说："我们决定，埃德必须告诉我们这个房间里的所有人的名字，否则我们两个不会比赛。"

屋里的喝彩声更响了，埃德努力让大家安静下来。他绕着房间走了1/4圈，在一个人面前停了下来，声称他从来没有见过这个朋友。他请求大家安静下来，然后邀请两位朋友把两副牌洗好，给卢卡斯和本每人递过去一副。然后，秒表计时开始，卢卡斯和本只有一分钟的时间。

靠着仅有的一点清醒，卢卡斯努力地昂着头。很明显，此时他不太适合利用他的那套高级认知系统来记忆扑克牌。所以，刚刚翻开了6张牌，他就把牌丢在桌子上，然后不好意思地说："至少我现在的世界排名还在埃德的前面。"

埃德走过去，使劲把他挤到一边，自己坐在了卢卡斯的位置上，说："在我25岁的生日聚会上，我的一位在记忆力表演领域的竞争对手喝得太多了，都没法比赛了。这真是一件让我开心的事情，我顶替他，跟本一决高下。"扑克牌重新洗了一遍，然后秒表也重新设置。埃德说："普里德莫尔，现在冷静下来，好吗？"经过一分钟艰难的记忆，本和埃德开始轮流说出自己记忆下来的扑克牌。

一位朋友自告奋勇充当裁判，核对他们的对错。埃德："梅花J。"屋里响起喝彩声。

本："方块2。"屋里一片嘘声。埃德："梅花9。"喝彩声。

本："黑桃4。"继续是嘘声。埃德："黑桃5。"喝彩声。本："黑桃A。"还是嘘声。

大约有40张扑克牌被收走了，这时本摇了摇头，然后把双手放在桌子上说："算了，我不行了。"

埃德一下从座位上跳起来，前胸都拍到了下巴。他说："我知道普里德莫尔能记得更快。我知道！他彻底崩溃了，恼羞成怒了！"

本反唇相讥："你得过几次世界冠军？"声音里怒气更炽，我还从来没有听过他这样说话。

"要不，本，我们来单挑，分个高下？"

"你得明白，今天我的失败是送给你的生日礼物。"

埃德满屋子跑着和大家击掌，和女性朋友们拥抱。本溜回到他的布袋上，抚弄着自己的披肩。虽然本输给了埃德，但他的表演还是镇住了埃德的一位喝醉了的牛津密友。埃德走到本面前，递给他一小摞信用卡，告诉他，如果能够记住这些卡的卡号，卡里面的钱就归他了。

扑克牌比赛结束之后，聚会移到了外面空地上的一堆篝火旁。然后，大家醉醺醺地跳起了霍拉舞，一直跳到第二天早上。太阳出来之前，我回屋睡觉了。本和埃德还坐在一张餐桌旁，他们的嘴里不断冒出一些稀奇古怪的两位数字组合。

大家睡了一觉，第二天酒都醒了。下午我和埃德挤坐在餐桌旁。我来找他的时候带着三个问题，需要他帮我解答。其中最让我头疼的一个问题是，我总是在记忆的时候把图像弄混。在记忆一副扑克牌时，你根本就没有足够的时间把相关的图像想象得那么具体、那么生动，就像《修辞学》中所要求的那样。在记忆的时候，看扑克牌的速度会很快，有时候就是扫上一眼。其实，掌握记忆术最重要的一点就是怎样利用最少的图像来达到牢记的目的。在记忆扑克牌时，我把方块7想象成兰斯·阿姆斯特朗[1]骑着自行车，把黑桃7想象成一位骑师骑着自己的赛马。然后，通过分析记录下来的数据，我发现自己总是混淆这两幅图像。虽然这两幅图像的环境完全不同，但是其中的动词"骑"很容易让我的认知出问题。

我向埃德请教如何解决这个问题。他说："你要尝试从整体上看这两幅图像，不要把注意力集中在某个方面。如果你想象的是你的女朋友，在看其他方面之前，要努力先看到她的笑容。你要练习看她洁白的牙齿，看她嘴唇上的褶皱。虽然其他细节也能帮助你记得更为牢固，但笑容是最关键的部分。有时候，在回忆一些特别的图像时，想起来的或许只是一阵难受的感觉，就像是闻到了牡蛎的那种感觉。不过，如果你对自己的记忆系统足够熟悉，就能够把这种感觉重新转化回去。很多时候，如果你刻意去追寻图像，快速扫视扑克牌之后，你得到的就只是一系列的感觉，根本没有什么视觉图像存在。你也可以尝试把这两幅图像换一下，让它们看起来不那么相似、不那么平庸。"

我闭上眼睛，尝试着把图像改成兰斯·阿姆斯特朗骑着自行车向一座陡峭的山峰攀登。然后特意注意到一个细节，即他在阳光中穿行的时候，太阳镜的颜色会变成蓝色或绿色。想到那位骑师时，我决定把他想象成一位骑着小马、戴着宽边帽的

---

1 兰斯·阿姆斯特朗，美国公路自行车赛职业车手，曾连续获得7次环法自行车赛冠军。

小个子骑师，这样看起来图像似乎能更清晰一些。我大概用了两秒钟完成了这个调整。

我向埃德展示了自己最新的电子数据表。他说："这个东西对记忆扑克牌可是大有好处。大概需要5个小时的练习，这些图像就可以自动呈现。我坚信，要打破美国的速记扑克牌纪录，对你来说可是一件轻而易举的事情。我激动得都要哭了。"

在刻意练习中，为了使练习变得更加刻意，我们会重新分析或重新布局。但是，埃德警告我，在记忆运动领域，有很多人会犯过度思考的毛病。在赛场上，记忆系统的每一次变动都有可能萦绕在大脑中挥之不去。脑力运动员在赛场上最应该努力避免的事情就是，一张图片或一个数字可能会在大脑中引出一连串的图像。

练习过程中出现的另外一个问题是，那些联想出来的扑克牌图像慢慢地会在大脑中消失。记忆完一副扑克牌或一串数字时，刚开始的那些图像就变成了模糊的影子。

埃德说："你要熟悉这些图像。就从今天晚上开始吧。每次想象的时候都要换一套衣服，在想象每个人物时，要真正地进入冥想的状态。要看清楚他们的长相，感受一下他们留给你的印象。另外，感觉一下他们身上的气味、他们的声音和品位，看看他们走路的样子、衣服的剪裁样式，了解一下他们对社会的态度，对性取向和滥用暴力的态度等等。在了解这一切后，尝试一次性地把这些内容都呈现出来——全方位感受他们的身体特征和社会特征，要一次性地完成。然后再想象，他们在你的屋子里出出进进，做一些日常生活中的琐碎事情。你慢慢地习惯了他们的存在，即使是在平时，你对他们的感觉也会很强烈，他们的形象也会很清晰。这样的话，一旦他们跟随着一副扑克牌出场，他们就会向你提供一些和周围环境相吻合的显著特征。"

我还有一个问题需要埃德帮忙。根据拉文纳的彼得的观点和《修辞学》中的内容，我在PAO记忆系统里添加了很多逗人发笑的动作，这些动作在南部的一些州是违法的。但是，如果要使用PAO记忆系统来记忆的话，就要把这些图像重新组合，然后创造出一些新的图像。出现这种情况，意味着我要把自己的家人插入这些事先想象好的场景中。我担心，自己记忆力的提高是以羞耻家人为代价的，这样一来，我的内心肯定会受到折磨。我在记忆红桃8的时候，在我的想象里，祖母要做出一些难以启齿的动作。

我把这些在记忆练习过程中遇到的困境告诉了埃德。他对这种情况很了解。他说："在后期记忆扑克牌的时候，我把母亲删掉了。我建议你也这么做。"

埃德是一名非常严格的教练，他训斥我在练习过程中总是显得"松松垮垮的"。如果隔上几天我没有向他汇报最近的练习情况，或者没有按照他的要求每天打上一个半小时的高尔夫球，他就会在电子邮件里很严厉地训斥我。

他警告我："你得加快练习，要不然，在记忆力锦标赛上肯定会表现不好。或许你的比赛心态百分之百的棒，你的分数也在提高。但是你得要求自己，在练习的时候，要比在赛场上做得更好。"

不过，我要抗议一下，他不能说我在练习时"松松垮垮的"。我已经突破了瓶颈期，每天的记忆成绩都在提高。我记忆过的一摞一摞写有随机数字的纸张，就在我的抽屉里堆着。那本《诺顿现代诗选》里的很多诗歌我都已经记了下来，而且还折页做了记号。我相信，如果按照这种进步速度一直练习下去，我很有可能会在比赛中获得好成绩。

埃德送给了我一句李小龙的名言，希望能够激励我。李小龙是一位很受世人尊敬的武术家。他这样说："人生根本不存在极限，但是存在着停滞期。你不能在这个阶段停留，要跨越它。如果你跨越不了它，就会被它彻底摧毁。"我把这句话写在一张便利贴上，贴在墙上。后来我又把它从墙上扯了下来，牢牢记在了心里。

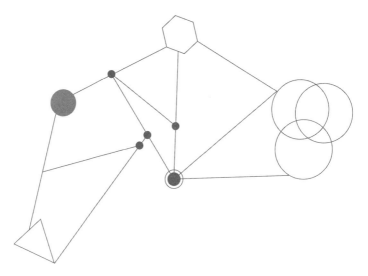

第 9 章
有才能的十分之一

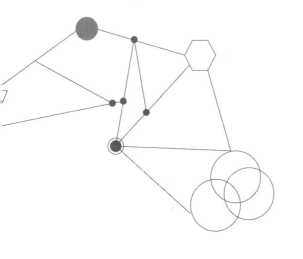

来到英国后不久，我早上6:45就起床了，然后坐在地下室的一张折叠椅上，只穿着内裤，戴着耳套和记忆用的护目镜。膝盖上放着一张纸，上面印有800个随机数字，大脑里想着一幅图像：祖母的餐桌上方挂着一位穿着女式内衣的花园矮人（52 632）。然后，我突然仰起头，心想我到底是在干什么呢？（我竟然是第一次意识到这一点。）

我意识到，自己开始逐渐注意到其他竞争对手了。根据记忆力大赛数据服务器所提供的详细数据，我对他们的优势和劣势掌握得很清楚。然后，我常常会不自觉地把自己的成绩与他们的成绩做对比。拉姆·科利是一位25岁的商业咨询师，来自弗吉尼亚州的里士满，他是记忆力锦标赛的冠军。但是，我最在意的竞争对手不是他，而是莫里斯·斯托尔，一位出生于德国的30岁美容产品进口商，他来自得克萨斯州沃斯堡，是一位速记扑克牌高手。在上次的世界记忆力锦标赛上我见过他。他剃个光头，留着一撮山羊胡子，说话时一口德国口音，还带着一股威胁的味道（在记忆力比赛上，所有的德国因素看起来都很有威胁人的味道）。之前他是唯一一名远渡大西洋来到英国参加欧洲记忆力比赛的美国人。在2004年的世界记忆力锦标赛上，他排名第15；在上次比赛中，他排名第17。在速记数字（5分钟记忆144个数字）和速记扑克牌（在1分钟56秒内记忆一副扑克牌）两个项目上，他一直是美国纪录的保持者。他仅有的弱点是诗歌记忆（世界排名第99）和失眠症。所有人都认为，他能够夺得上次锦标赛的冠军，但是他的成绩没有提高，最后排名第4。原因是在比赛的前一天夜里，他只睡了3个小时。我想，如果今年他能够保证睡眠充足，就很有可能夺得冠军。我坚持每天打高尔夫球，以确保能够胜过他。

在脑力训练越来越深入的时候，我开始思考一个问题，雄孔雀开屏之所以能够引起人们的注意，并不是因为孔雀尾巴的实用性，而恰恰是因为它的非实用性。那么，脑力运动员所练习的记忆术的功能是否与雄孔雀尾巴的功能不同？会不会正如历史学家保罗·罗西所说，这些古老的记忆术就是一些"知识化石"而已，吸引人的地方仅仅在于，通过它们我们能够了解古代人的一些思想？而在现代社会，它们就像羽毛笔和纸莎草卷轴一样已经过时了？

长久以来，人们对记忆术一直都是颇有微词的，他们认为记忆术虽然令人印象深刻，但毫无用处。17世纪的哲学家弗朗西斯·培根曾经指出："即使人们能够听过一遍之后就记住大量的名字或词语……我也只是把它们看作跟翻筋斗、走绳索、跳舞等一样，只是一种心理的把戏，一种身体的把戏，非常奇妙却没有太大价值。"他认为，从根本上说，记忆术是"无益的"。

16世纪，意大利耶稣会传教士利玛窦试图把记忆术传授给参加科举考试的中国人，但是遭到了拒绝。他本来计划，向中国人传授欧洲的信仰之前，先传授给他们一些欧洲的学习技巧。但当时的中国人认为，与传统的死记硬背相比，这种记忆系统需要的工作量太大了。他们认为自己的记忆方法不仅简单，而且记忆的速度也很快。

一场普通记忆力比赛的参赛人数几乎与"怪人阿尔"扬科维奇[1]一场演唱会的观众人数不相上下。有相当多的参赛选手都是很年轻的男士，而且大多数都是白人，都热衷于需要熟练技巧的项目。在这样的赛场上，学生是不可或缺的一类人群。美国记忆力锦标赛也不例外，每年都会有十几名学生参加这个比赛。参赛时，他们一般身穿非常庄重的教堂服装。这些学生来自纽约市南布朗克斯区的塞缪尔·冈珀斯高等职业学校，学校的历史老师雷蒙·马修斯是东尼·博赞的忠实信徒。如果说，我曾经把记忆术看作是一种大脑的"孔雀开屏"，那么马修斯就要证明我的想法是错误的。

---

[1] "怪人阿尔"扬科维奇，原名阿尔弗雷德·马修·扬科维奇，美国著名的搞怪音乐人、歌曲恶搞专家及幽默音乐大师。

他专门训练出一群学生参加美国记忆力锦标赛，这些学生被称为"有才能的十分之一"[1]，他们参赛的目的是为了实现W. E. B. 杜波依斯所推崇的观点，即非洲裔美国人精英团体的任务是引导自己的民族脱离贫困。在2005年美国记忆力锦标赛上，我第一次见到马修斯。当时，他在一间屋子的后面焦急地走来走去，等着他的学生们在随机数字项目上的成绩出来。有几名学生有望角逐前十名。不过，按照他的想法，真正考验这些学生的记忆力的是两个半月后举办的纽约州高中毕业考试。他期望学生们能够利用在美国记忆力锦标赛上使用的记忆方法，在年底前把美国历史课本上的所有重要历史事件、日期和概念都牢牢掌握。他邀请我去教室里观看一下记忆术在"现实世界"中的应用。

　　我接受了他的邀请。进入冈珀斯学校的大楼之前，我得接受金属探测器扫描，随身带的包也要经过门口警察的检查。在这所学校里，90%的学生的阅读和数学成绩低于平均水平，80%的学生生活异常贫困，将近一半的学生不能毕业。马修斯认为，有了记忆术，他的学生们就可以脱离这样的境况。我坐在教室的后面，听他跟他的学生们上课，他说："如果能牢记一些

1　"有才能的十分之一"是20世纪上半叶美国黑人运动领袖W. E. B. 杜波依斯提出的政治主张之一。在1903年发表的《黑人问题》中，杜波依斯批判了布克·T. 华盛顿对黑人进行工艺教育的主张。问题的分歧在于什么样的教育才能最有效地使黑人摆脱贫困，获得平等。杜波依斯主张，黑人中"有才能的十分之一"应接受大学教育，使他们成为整个黑人种族的领袖。

名言，别人就会感觉你很正派。你们认为什么样的人能赢得别人的尊重呢，是一个头脑里只有自己一系列想法的人，还是一位能够旁征博引很多思想家观点的历史学家？"

马修斯问了一个关于19世纪全球商业的问题，一名学生回答这个问题时，居然一字不落地把约瑟夫·康拉德的代表作《黑暗的心》里的一个段落背了出来。马修斯对我说："在参加高中毕业考试的时候，他就可以在试卷上引用一段这样的文字。"马修斯留着一头浓密的短发和一撮山羊胡子，衣装整洁，说话时带着浓重的布朗克斯区口音。他规定，学生们的每一篇课堂论文里必须至少引用两句名言，这只是他对学生们在利用记忆技巧方面的一个很小的要求。每天学校的课程结束之后，学生们还要继续补课学习记忆技巧。

谈起他传授给学生们的记忆术时，马修斯说："如果只是简单地教孩子如何做乘法，还不如递给他一个计算器。这两种教学方法是很不同的。"在过去的四年里，每年都要举办一次纽约州高中毕业考试。不出所料，"有才能的十分之一"里的所有学生都通过了这四次考试，而且85%以上的学生分数都在90分以上。马修斯也因此获得过两次全市"年度优秀教师"的称号。

"有才能的十分之一"里的每一个学生都必须穿衬衣打领带，在学校的集会上偶尔还会戴白手套。他们教室的墙壁上贴着美国黑人运动领袖马库斯·加维和黑人民权运动领袖马尔科姆·X

的画像。上课前，学生们两人一组站在一起，面对教室的过道，齐声背诵一段3分钟的宣言："我们是最优秀的，每次历史考试都不能低于95分。我们是民族的先锋。要么带着荣誉感追随我们，和我们一起成为优秀人才，要么请走开。"

要进入"有才能的十分之一"，学生们要通过一次难度很大的特殊考试。现在马修斯班里的43名同学都是通过了考试的优秀学生。马修斯把学生们的学习逼得很紧。一名学生跟我抱怨说："我们都没有假期。"马修斯当时刚好站在不远的地方，听到了这名学生的抱怨，他说："你现在努力学习，以后就可以多休息。你现在多读别人的书，以后就是别人读你的书。"

马修斯的成功引出了一个问题，即教育的目的到底是什么。自从开办学校一来，这个问题就被人们提了出来，而且从来都没有消失的迹象。学生变得聪明意味着什么？学校到底要教授给学生什么知识？既然记忆的传统功能已经消失，那么在现代教育中，它的作用又是什么？在为学生提供了一个海量存储的外部记忆库后，为什么还要让他们记忆大量信息呢？有必要吗？

我记得，在进入小学和中学后，不论是在公立学校还是私立学校里，都要背诵三篇文章：林肯总统的《葛底斯堡演说》（3年级）、马丁·路德·金的《我有一个梦想》（4年级）以及莎士比亚《麦克白》里的主人公麦克白的内心独白《明天、明天，再一个明天》（10年级）。除了这几篇文章，我再也记不起其他事情了。那时，除了背诵，唯一一项违背现代教育理念的教学内容就是体罚。

在课堂上，背诵这种授课方式逐渐消失，这一现象可以在伟大的启蒙思想家、哲学家和教育家让-雅克·卢梭的著作中找到哲学根基。卢梭在1762年出版的小说《爱弥儿：论教育》中虚构了一个通过"自然教育"成长起来的孩子，这个孩子纯粹是自学成才。卢梭痛恨背诵，也痛恨制度化教育中规定的其他对学生的限制。他写道："阅读是童年时期的一场灾难。"同时他认为，传统的课程不过就是"纹章学、地理、年代表和语言"。

其实，卢梭真正反对的教育观念是思想麻木。他认为必须改变这种状况。《爱弥儿：论教育》出版100多年后，一位酷爱揭露社会丑闻的博士约瑟夫·迈耶·赖斯考察了36座城市里的公立学校，之后他惊呆了。他这样描述一所纽约市的学校："这是我见过的最没有人性的机构。学校要求所有学生背诵所学的内容，并且还要演讲，就好像每一个人都具有这两种天赋。学生们没有个性，没有感情，也没有灵魂。"20世纪初，学校仍然喜欢依靠死记硬背的方式往学生的大脑里灌输信息，尤其是历史知识和地理知识。学生们要背诵诗歌，要背诵著名的演讲、时间表、拉丁语单词、国家的首都名称，还要按照顺序背诵历届总统的名字，等等。

记忆训练的目的并不是要把信息从教师的大脑中转移到

学生的大脑中，而是要对学生的大脑产生一定的影响，然后对他们的人生能起到良好的作用。人们原来认为，死记硬背可以提高记忆力。记忆的内容固然重要，但是学生的记忆力同时也经过了训练，这个事实同样也很重要。对于拉丁语的学习，人们抱着同样的想法。20世纪初，在美国几乎有一半的中学要求学生学习拉丁语。作为一门已经消亡了的语言，拉丁语里的语法繁多，且动词变形极其复杂。但是，教育家们认为，学习这样的语言可以锻炼大脑的逻辑思维，帮助学生进行"精神修行"。当时，人们认为能够忍受枯燥和乏味是一种美德。此外，当时有一种叫作"官能心理学"的科学理论很流行，它为教师们的教学提供了理论支持。按照这种理论，人类的大脑是由很多特定的心理性"官能"组成的，例如肌肉。这些官能都是独立存在的，都可以进行严格的训练。

19世纪末，一部分著名的心理学家开始质疑"官能心理学"是完全根据经验而建立的。威廉·詹姆斯在1890年出版了《心理学原理》，他在这部书里开始考虑一个问题，即"如果每天都练习记忆诗歌，那在记忆另外一首完全不同的诗歌时，时间会不会缩短"。于是，他开始每天练习背诵维克多·雨果的诗歌《萨提尔》。他一共坚持了8天，背诵了这首诗的前158行，每行平均用时55秒。有了这样的基础，詹姆斯开始背诵英国诗人约翰·弥尔顿的长篇史诗《失乐园》的第一卷。之后，他重新开始背诵雨果的那首诗歌，但是他发现，他背诵每一行的时间延长到了57秒。训练记忆力的结果不仅没有提高记忆速度，反而降低了记忆速度。这只是一次实验的数据结果。紧随詹姆斯，心理学家爱德华·桑代克和他的同事罗伯特·S.伍德沃思也进行了一系列研究，他们同样质疑"普通的记忆力"能否通过训练而得到改善。不过，他们的研究也没有取得实质性的成果。他们最终总结道，"精神修行"的辅助性作用是"虚构的"，类似记忆这样的普通技能并不像以前人们想象的那样可以转移。教育史学者黛安娜·拉维奇写道："很快，那些学究式教师们意识到，桑代克的实验对传统课程的原理进行了一次暗中破坏。"

以美国哲学家约翰·杜威为代表，一大批激进的教育家开始研究这个领域。他们把这个实验看成是一种新的教育方式，可以完全打破当时学校里死板的课程和教育方法。他们极其推崇卢梭关于教育学生的浪漫理想，致力于一种"以学生为中心"的教育方式。他们摒弃死记硬背，提倡一种新的"实验性学习"方法。学生在学习生物学课程的时候，不再是记忆书本上给出的植物解剖图，而是要自己种植物、照看花园。在学习数学的时候，不再靠背诵乘法表，而是通过参照食谱烘烤食物学习。杜威宣称："我希望自己的孩子能对我说'我做过'，而不是'我知道'。"

对于记忆力来说，20世纪是一个灾难时代。通过上百年的教育改革，人们普遍认为记忆是一种令人难以忍受且无效的学习方式，不仅浪费时间，而且会阻碍大脑的发育。学校不再强调教授原始知识（这种教学方法基本上都不存在了），而是强调这些知识在学生的推理能力、创造力和独立思考能力的形成过程中所起到的作用。

但是，我们是不是犯了一个很大的错误呢？1987年，著名的批评家小E. D. 赫希抱怨道："真是不敢想象，过去凡是受过教育的人都知道的事实，如今的年轻人却都不清楚。"赫希认为，学生在走入社会之前，对一些基本的文化常识都不了解，而这些文化常识是成为一名好公民的必然要求（在半个世纪内，美国大约2/3的17岁少年都不知道美国内战是哪一年爆发的）。这时，教育学领域需要重新重视事实教育，看起来好像是一种反教育改革风。赫希提倡学校开一门"101位已逝白种男人"课程。但是，最有资格反驳之前的教育思想的人一定是马修斯。马修斯认为，赫希所提倡的这门课程虽然带有欧洲中心主义色彩，但是这门课程很重视事实教育。如果认为教育的目的之一是要培养出好奇心极浓且学识渊博的学生，那么就要给学生提供一些最基本的路标，从而可以对他们一生的学习加以引导。12世纪圣维克托隐修院的于格指出："教育的唯一作用就是记忆。"按照他的说法，在受教育的过程中，学生需要获得最好的工具来帮助自己学习记忆知识。

马修斯说："上课时，我不喜欢用'记忆'这个词，因为在教育领域，这个词带有很强的贬义色彩。连猴子都有记忆。教育的目的，是传授给学生随时重获信息并分析信息的能力。如果学生没有能力重新获取知识，就不会分析信息，那何谈高水平的教育。"但是，如果首先没有接收到信息，也就不可能重获信息。马修斯认为，把"学习"和"记忆"割裂开是一种错误的观点。没有记忆，就无法学习。如果方法正确，记忆知识的时候也离不开学习的能力。

"在教学的过程中，记忆力应该是一种技能。就像在教育学生锻炼身体的时候，既要保持一定的灵活性，还要有力量。在修炼身心的时候，要有毅力。"博赞这样说道，他总是给人一种在鼓吹官能心理学的感觉，"学生要了解一些学习方法，首先你得教会他们如何学习，然后再教给他们知识。

"正规的教育系统来源于军队。军人要么来自教育程度最低的阶层，要么来自教育资源最为贫乏的地区，没有接受过教育。军队不让他们思考，他们必须遵守命令。军事化训练是极端化的团体训练，而且完全是直线型的训练方式。军队直接把知识灌输到他们的大脑中，然后他们以巴甫洛夫条件反射方式反馈知识，对这些知识不做任何思考。这样的教育方法有效吗？有效。但是，军人喜欢这样的教育方式吗？肯定不喜欢。工业革命兴起之后，有大量的机器需要军人去操作。于是，军事化的教育就转向了兴办学校。这种教育方法在当时很成功，但也只是暂时的成功。"

博赞的很多观点都很武断，这种观点也不例外。它在表面上带有很大的宣传成分，掩盖了一个核心事实。机械式学习这种古老的"死读书、读死书"的学习方法自从人类开始学习就产生了，但是在20世纪遭到了教育改革者的一致反对。博赞说过，曾经是古典教育核心方法的记忆术在19世纪已经完全消失。他这样说是对的。他还认为，学校教给学生的记忆方法是完全错误的。这个观点是对当今教育界的权威观点的挑战，常常被认为是带有革命性质的言论。但是，博赞并不如此认为。事实上，他的观点不仅没有革命性，反而极其保守。他其实是想回到古代，那时候，拥有好的记忆力还是很有价值的。

采访到东尼·博赞是一件很不容易的事情。一年中有9个月，他都在外出演讲的途中。他自己夸口说，这些年他坐飞机飞过的路程相当于从地球到月球来回飞8次。另外，他自己似乎在培养一种超然离群的气质，接近他似乎越来越难。这些似乎是成为一名自尊心强烈的大师的前提条件。最后，在世界记忆力锦标赛上，我拦住了站在桌子后面的东尼·博赞，恳请他与我一起坐下来谈上几个小时。他当场打开了一本由3个大圆环装订起来的活页夹，然后展开了其中的一张全景图，颜色亮丽，看起来有3英尺长（0.9米）。这是一张上一年的日历，上面分块满满地写着他的行程。到西班牙、中国和墨西哥3次，然后还有澳大利亚和美国。其中有3个月时间，他都没在英国停留过。他告诉我，至少在最近的三四周里，他没有时间接受我的采访。但是到那时，我就得回美国了。他说，他不在的时候我也可以去参观一下他的家，照几张相片。他的家坐落在泰晤士河畔，就在去剑桥的路上。

我回答他说，不知道自己能从一座空房子里学到什么。

"噢，你能学到不少东西呢。"他说。

最后，通过他助理的安排，我得到了一个小时的时间。那时，博赞会从伦敦BBC的一个录音棚出来，准备回家。这一个小时就是在他的轿车里。助理要我提前赶到怀特霍尔街的一个街角处等候，然后说："你是不会错过博赞先生的车的。"

确实没有错过。他的车晚了半个小时才到，是一辆20世纪30年代的出租车，车身是闪亮的象牙白。看起来好像他刚从BBC的录音棚赶过来一样。车门打开，博赞在里面向我招手，说："进来吧，欢迎来到我这间小巧漂亮的旅行休息室。"

我们聊的第一个话题就是他独特的着装。他这次穿的衣服和上次我在美国记忆力锦标赛上见到他时的着装一模一样，一件很独特的黑色海军制服，制服上有五粒金色的大纽扣。他跟我说："这可是我自己设计的。以前演讲的时候，我穿的衣服都是标准的制服，没有经过特意设计。但是，后来我发现，在做手势的时候，我总是要拽一拽衣服。要知道，我的手势可是很值钱的。于是，我把从15世纪到19世纪的剑术师的衣服研究了一遍。我观察到，他们的胳膊根本不会受到衣服的影响。原来，那些褶边和长袖并不是为了舞剑时看起来漂亮才设计的，而是起着保护的作用，并且剑术师在刺剑的时候也能产生推力。所以，我才自己设计了衣服，目的是为了自由行动。"

博赞身上的每一个细节都能让你强烈地感觉到，这个人希望能给别人留下深刻的印象。谈话的时候，他没有漏掉任何一个音节，而且情绪一直都很高昂。他的指甲修剪得很整齐，脚上穿的意大利皮鞋做工也很精细。他胸前的口袋里总是放着一块折叠得很整齐的手帕。他在给别人写信时，总会写上一句话"Floreant Dendritae！"意思是"祝你的脑细胞生生不息健康成长！"在给别人留语音短信时，他的结语一直都是"东尼·博赞，留言完毕"。

我问他的第二个问题是，他那令人难以置信的自信是从哪里来的。他告诉我，大部分自信是从武术练习中得来的。他的合气道水平已经达到黑带段位，空手道的水平也将达到黑带段位。他坐在汽车的后座，即兴表演了隔空劈和影子拳等一系列招数，他的动作很快。他说："我学这些招数基本上是用不到的。你想，你可以轻易杀死别人，也可以把别人的眼睛挖出来，把别人的舌头割掉，还用得着打斗吗？"

一旦找到机会，博赞就会提醒我，他是一个多才多艺的男人。他正在学习舞蹈，种类包括"交际舞、现代舞和爵士舞"。另外，他还是作曲家、作家、诗人和设计师。他创作的比较有影响力的歌曲包括《菲利普·格拉斯》《贝多芬》《埃尔加》等。他还写过几篇关于小动物的短篇小说。他的笔名叫

"莫格利"，就是《森林王子》里那个小男孩的名字。他最新创作的一本诗集叫《协和式客机》，记述了他乘坐协和式超音速喷气式飞机38次跨越大西洋的经历。另外，他不仅设计了自己的衣服，也设计了自己的房屋和里面的家具。

出伦敦市区大约45分钟，我们的象牙色战车驶入了博赞的庄园。他要求我在写文章提到这个地方时，不要写出它的名字，"叫它'柳林风声'[1]就行了"。

他把自己的房屋称为"曙光之门"。我们脱掉鞋子，进入屋里，踮着脚在屋里走来走去。地板上摊着一堆图纸和几本带有插图的儿童书籍，内容是关于"一个学习不好，但是想象力却极其丰富的小男孩"的。还有一台巨大的电视机，边上散落着一百多盘录像带。大厅里放着一个书架，上面摆放着全套《大英百科全书》、《西方世界伟大名著》、几本弗兰克·赫伯特所著的经典科幻小说《沙丘》、三部《古兰经》以及大量博赞自己的书，其他就没有什么了。

我问道："这是你的图书馆吗？"

他说："我每年只在这里住三个月。在世界其他地方，我也有图书馆。"

博赞对旅行极其着迷，喜欢在世界各地游历。有一次，我问他，如果让他选择一个固定的地方，每年写出几本书的话，

---

1 《柳林风声》，英国作家肯尼思·格雷厄姆的经典童话作品，与《小王子》《维尼熊》一样是西方孩子的床头书。

他会选择哪里。他回答我说，他几乎可以在世界各大洲都找到安静的地方写作。"在澳大利亚，我选择大堡礁；在欧洲，只要有海的地方，我就可以写作；在墨西哥也可以写作；在中国，我选择西湖湖畔。"早在童年时期，他就已经开始了旅行生涯。博赞生于1942年，11岁时和父母移居温哥华。他的父亲是一位电子工程师，母亲是一位法庭速记员。他说，自己就是一个"很普通的孩子，也有普通孩子的烦恼，在普通的学校里学习"。

博赞和我坐在屋子外面的院子里，他穿着一件粉红色的衬衫，没系纽扣，戴着一副宽大的弧形老年太阳镜，保护着他的眼睛。他回忆道："小时候，我最好的朋友名叫巴里。那时，他总是在1-D班，而我在1-A班。1-A班里全是学习好的学生，D班里全是学习差的学生。但是，一旦我们来到大自然中，我就感觉他是个天才。

"他只要看到昆虫和鸟的飞行方式，就能够分辨出那是什么昆虫，是什么鸟。赤蛱蝶、画眉和黑鹂看起来很相似，但是他能把它们区分出来。我的自然课分数是所有学生中最高的，但在考试中，其实就是回答'列出两种生活在英国河流里的鱼'这类问题。实际上有103种。当我拿到高分时，我突然意识到，坐在差生班级里的那个孩子，我最好的朋友巴里，在我拿到第一的这个科目上，其实比我知道的要多得多。所以，他应该是第一，而我不是。

"我也突然意识到，在我当时所处的那个学校系统里，其实没有人知道什么是聪明，也不会区分聪明人和不聪明的人。我知道自己并不聪明，但是他们都认为我是最优秀的。巴里是最优秀的学生，他们却认为他是最差劲的。这种生活环境刚好把事实颠倒了。然后，我开始思考：究竟什么人才是聪明的？是谁来评价的？谁有资格说你是聪明的？又有谁有资格说你是不聪明的？他们这么说到底是什么意思？"博赞说话的时候，条理很清晰，他说这些问题在上大学之前一直困扰着他。

他告诉我，在进入英属哥伦比亚大学第一年的第一天的第一节课的第一分钟，他就接触到了记忆术。就在那一刻，他的人生道路就定了下来。第一节课是一位英国教授的课，这位教授当时阴沉着脸，长得"很像一名矮个子摔跤运动员，头上只剩下一缕白发"。他走进教室，把手背在后面就开始讲话了。这位教授能记住所有学生的名字。博赞回忆道："他能清清楚楚地说出缺课的学生的名字，以及这些学生父母的名字，他们的生日、电话号码甚至家庭住址。说完之后，他看着我们，脸上挂着一丝冷笑。当时我就爱上了记忆术。"

下课以后，博赞冲出教室，追上这位教授。"我问他：'教授，您是怎么做到的？'他转身对我说：'孩子，我是个天才。'我说：'这是肯定的，先生。但是，我还是想知道，您是怎么做到的。'他简单地回答：'不告诉你。'在接下来的三个月里，每天我们都有英文课，每次我都要问他。那时候，我感觉他肯定手握一只圣杯[1]，但是不愿意和大家分享。他瞧不起他的学生，认为告诉他们就是在浪费时间。有一天，他在讲课时说：'在我和你们的糟糕关系开始之初，我向你们展示了人类记忆力的神奇力量，但是你们都没有注意到。现在，我要把一些编码写在黑板上。我就是依靠这些编码完成了一次次不可思议的壮举。我确信，就算我把这样的宝贝放在你们面前，你们也不见得能够看到。我现在是把珍珠放在猪的面前，简直就是对牛弹琴。'说完，他对我使了一下眼色，然后把那些编码写在黑板上。这就是'记忆系统'。看到这种方法，我突然感觉自己可以把所有东西都记忆下来。"

那天下课之后，博赞一直感觉恍恍惚惚的。他第一次感到，自己对大脑这台精密的机器的工作方法完全是一窍不通。这让他感觉很奇怪。依靠这么简单的记忆技巧就可以让一个人大脑中的信息量猛增，但是在20岁以前，都没有人教过他这种方法。那么，还有没有其他更厉害的、他还没有学到的东西？

"我去图书馆问管理员：'你能帮我找一本关于怎样利用大脑的书吗？'管理员把我领到医学区。我转回来继续问她：'我不是要找关于大脑怎么运作的书，而是要找怎么运作大脑的书。它们稍微有些区别。'她说：'哦，那应该是没有这样的书。'我想，汽车、收音机、电视机都有操作手册，为什

---

1 圣杯，传说中耶稣在最后的晚餐中用过的杯子，有着不可思议的魔力。也有传说称如果能喝到用圣杯盛过的水，就能返老还童甚至永生。

点要提炼成词语，词语越少越好。如果可能的话，每个词语要与一幅图像联系起来。这就像是一个提纲，爆炸性地在一张纸上发散开来，而且图上各个部分的颜色都不同。"思维导图"其实就是一张相互关联的网，看起来很像是带刺的灌木丛，或者神经元的突起。在画图的过程中，整张纸逐渐被五颜六色的图像填满，这些图像是按照次序排列的。这张纸的功能就像是一座记忆宫殿，只不过这座宫殿是画在纸上的。

博赞说："大多数人对记忆力的功能都误解了。他们认为，记忆的时候，主要就是死记硬背。也就是说，只是简单地往大脑里填充信息，直到大脑被一堆事实堆满。他们没有意识到，其实记忆力主要是一种想象的过程。学习、记忆和创造力都是大脑最基本的运作过程，只不过需要不同的注意力。学习记忆技巧和记忆这门科学的目的，是要提高人们想象出图像，然后把一些毫不相干的知识点联系在一起的能力。创造力，是找出毫不相干的图像之间的相似点，并把它们联系在一起的能力，也是一种创造新事物，并将其以诗歌、建筑、舞蹈或小说的形式在未来表达出来的能力。从某种意义上说，创造力其实就是未来的记忆力。"如果说，创造力的本质是联系不相干的事实或思想的能力，那么相互联系的官能越多，大脑中存储的事实和思想也就越多，那就更有能力创造新的思想。博赞不断强调，记忆女神谟涅摩叙涅是缪斯的母亲。

记忆力和创造力如同一枚硬币的正反面。从直觉上看，这种说法是不对的。记忆力和创造力完全不是互补的，而是大脑的两个不同的运作过程。不过，在古代，人们认为记忆力和创造力完全是一回事，很多人甚至是想当然地这么认为的。在现代英语中，"inventory"（库存）和"invention"（创造）两个词语共用一个拉丁词根"inventio"。如果你学习过记忆术，就能看出这两个词语之间的密切联系。"invention"（创造）其实是"inventory"（库存）的结果。如果没有事先提炼过一些旧的思想，如何能够提出新的思想？如果一个人要创新，他的大脑中必须事先存储一些合适的信息，他必须拥有一个存储现有思想的银行，在其中选择有利于创新的现有思想。而且，只有一种信息的库存是不够的，要有一系列、编有索引的信息库存。他需要一种方法，帮助他在正确的地方找到正确的信息。

这就是记忆术的终极功能。记忆术不仅是一种帮助人们记录信息的工具，同时也是一种辅助创新与创作的工具。纽约大学英语系教授玛丽·卡拉瑟斯曾经写道："古代人意识到创作活动依赖于一系列布局良好，并且完全可以利用的记忆库，而这种意识就构成了当时修辞学教育的基础。"事实上，大脑就像现代人使用的文件柜一样，里面放置着诸如重要事实、引用和思想等记忆类文件夹。这些文件夹排列得井然有序，不易丢失，还可以直接重新排列或联系在一起。记忆力训练的目的有两个，一是培养思维在不同主题之间的跳跃能力，二是培养大脑在旧有思想中创造出新的联系的能力。卡拉瑟斯继续写道：

"在中世纪，记忆术作为一种技艺，除了应用于记忆领域，最重要的作用是辅助创作。人们练习记忆术，就是为了利用它们创作出新作品，包括祈祷词、沉思录、布道词、画作、赞美诗、小说和诗歌等。"

1973年，博赞的"思维导图"和记忆术被BBC发现，BBC邀请他与电台教育频道的负责人会面。这次会面之后，BBC推出了10集系列片《启动大脑》，而且同时出版了同名书。博赞在英国立刻成为小有成就的知名人士，他因此也意识到了自己所推崇的记忆术中所蕴藏的巨大商业价值。之后，他开始整理关于记忆术方面的思想，然后把它们重新包装，逐渐汇编成一系列自助性书籍。他的很多关于记忆术的思想都直接来源于古代和中世纪关于记忆术的论文。迄今为止，他已经出版了120多本书，包括《完美记忆》《充分发挥你大脑的潜力》《同时使用左右脑》《超级记忆》《掌控记忆》等。（我和他的司机单独相处过一段时间。我问这位司机，对他的老板的书有什么看法。他只有一句简单的评价："肉一样，但做法不一样。"）

不可否认，博赞是一个营销天才。他的这一点还是值得称赞的。如今，在全球的60多个国家里，他培训了300多名教师，教授学生提高记忆力、快速阅读和运用思维导图的课程，他们都获得了博赞授权的特许经营权。除此之外，还有1000多名正式教师向学生教授由博赞授权的记忆力系统。博赞预计，在他的整个职业生涯中，包括书籍、录音带、电视节目、培训课程、脑力竞赛和演讲在内的博赞产品的销售总额将超过3亿美元。

如今，参加比赛的选手，很明显地分为两个阵营。其中一个阵营的人把博赞当作耶稣基督再临。另外一个阵营的人则认为他是一个靠着吹嘘和叫卖记忆力发家致富的人。而且，他的一部分思想并不科学。他们认为，博赞在鼓吹"全球教育革命"的理想时，他的成功之处并不在于把他的记忆方法带到了学校中，而在于建立了一个全球化的商业帝国。他们的这种想法其实是有失公允的。

像埃德这样的人，把记忆术看得很严肃，而且也相信东尼·博赞所传递给大家的基本信息，即记忆术在现代课堂上毕竟还是有一席之地的。但是，如今博赞让他们感到极其失望和尴尬。

博赞有一个很让人头疼的习惯，他喜欢向大众宣传记忆力训练具有革命性，而且优点多；他还总是鼓吹记忆力训练如何"改变了千万人的生活"。他的这些说法很容易陷入一种伪科学的范围，而且有夸张的倾向。大家都知道，他所讲过的一些内容其实是很荒谬的，例如他说："在孩童时期，人类大脑思维工具的利用率是98%；在12岁时，思维工具的利用率下降到75%；在青少年时期，则下降到50%；进入大学之后，则只剩下 25%；工作之后，降低至 15%。"

博赞在全球范围内大肆宣传一些关于脑力的不可思议的观点，不仅被人们广为接受，而且也因此博得很高的名望。这个事实说明，如今在全世界，脑科学仍然是一门前沿科学，而且在科学界依然是一块荒芜之地；同时也证明了很多人都希望自己的记忆力能够得到提高。不过，事实是，在读大学时就渴望完成的大脑使用说明书，博赞至今还未动笔撰写。

虽然博赞宣传的思维导图记忆系统包含有一定的伪科学和吹嘘的成分，但是他的这个系统还是有一定的效果的。这种说法是有科学根据的。最近，伦敦大学的一些研究人员进行了一项研究。他们把一群学生分成两组，并分别向两组学生提供了一篇600字的文章，让他们阅读。第一组学生学习过博赞的思维导图，第二组学生在阅读的时候按照普通的方法记笔记。一周之后，研究人员再次测试两组学生时发现，第一组学生所记住的文章内容要超出第二组的记忆量的10%。

我在为本书的一部分内容列大纲的时候，也尝试过使用思维导图。我感觉到，思维导图的大部分作用在于，在画思维导图的时候我们需要有一定的专注力。与标准记笔记的方法不同，画思维导图的时候，大脑不可能自动完成这个过程。我认为，在快速且高效地思考问题的时候，或者在组织信息的时候，思维导图肯定有效果，但它并非博赞所宣传的"改善大脑的终极工具"，或一个"具有革命性质的记忆系统"。

雷蒙·马修斯对思维导图或记忆力训练的效果笃信不疑。那年年底，他的每一名学生都画出了关于美国历史课本内容的复杂的思维导图。大多数学生的思维导图占据了满满三张科学展览会成果展示板，图上的箭头连接着书里的词语和对应的图像，例如箭头这端是普利茅斯岩石，另外一端是克林顿性丑闻的主角莫妮卡·莱温斯基。马修斯说："在高中毕业考试中，回答第一次世界大战的起因这个问题时，他们就可以从大脑中调出思维导图的这一部分，然后很清楚地看到问题的答案。"一只黑色的手代表着刺杀费迪南大公的塞尔维亚民族主义组织。临近的图像是一挺穿着跑鞋的机关枪，代表着20世纪初全欧洲范围内的军备竞赛。然后是一对三角形，代表着三国同盟（德意志帝国、意大利和奥匈帝国）和协约国（英国、法国和俄罗斯帝国）。

马修斯利用一切机会把史实转化成图像。他告诉我："学生们总是混淆列宁时期的经济体制和斯大林时期的经济体制。我就跟他们说：'看，列宁正蹲在厕所里便秘呢，因为他的经济体制是个混合体[1]。斯大林'砰'的一声撞开厕所门，冲进去问列宁：'你说什么呢？'列宁回答说：'土地、和平和面包。'（列宁夺取政权时的口号）这样的一幅图像他们是不可能忘

---

[1] 列宁在俄国建立苏维埃政权后，俄国爆发内战。内战结束之后，民不聊生。为发展经济，列宁开始私有化进程。这样，在俄国就形成了一种私有制和公有制共存的混合经济体制。

记的。"

有一部分人对此类记忆术的批评还是很合理的。他们认为，通过这种记忆术传授的知识脱离了情景，而且很肤浅，是典型的不理解就学习的学习方法。这就像是直接使用幻灯片的教育方式，或者像是那些文学名著的学习笔记，让学生忽略了对书籍本身的阅读，那就很糟糕。一幅列宁和斯大林在厕所里的图像能说明共产主义经济体制的什么问题呢？但是，马修斯认为，在学习知识的时候，肯定是要有一个切入点的。那么，为什么不能把记忆知识当作切入点呢？学生们通过这种方式记住的知识，极少会被遗忘。

在接收信息时，如果是"左耳进，右耳出"，就证明这些信息没有附着性。我个人不久前也遇到过这样的问题。那次，因为要写一篇稿子，我获得了一个前往上海的机会，可以在那里待上三天。到了上海，我和其他行为良好的旅游者一样，在市里游玩。但是，我绞尽脑汁，把二十多年来在学校里学的东西都回忆了一遍，就是找不到任何关于中国历史的最基本的知识。我分不清明朝和清朝，甚至不知道元朝皇帝忽必烈是真实存在的一位历史人物。我参观了博物馆，希望能够获得一些中国历史和文化方面的粗浅知识，但是我对这个地方知之甚少，根本没有办法理解很多东西。因为大脑里没有任何关于这个地方的基本知识，就没有办法联想到其他知识，所以我就无法欣赏这里的文化。我并不是不想学习，而是没有能力学习。

通过知识获取知识，这看起来是个悖论。研究人员发现了这个问题，然后做了一项研究。他们把一局棒球赛的半局详细记录下来，然后分别让一组棒球迷（埃里克森称其为"专家"）和一组对棒球并不是那么狂热的爱好者阅读这份详细记录。读完之后，他们对两组被测人员对这半局棒球赛的记忆量进行了测试。棒球迷根据与这场比赛有关的一系列重要事件组织自己的记忆，例如球员进垒和得分。他们重现这半局的比赛时，能够记忆起很多细节。有一位测试人员甚至感觉他们在大脑中阅读着一份记分卡。但是另外一组对棒球并不是特别喜欢的被测人员能够记忆起来的重要事件则要少得多，且只能记起一些表面性的信息，例如当时的天气情况。在他们的大脑里，不存在对这次比赛的详细重现，他们就无法处理新接收到的信息。他们分不清楚什么是重要的，什么是次要的，也记不起来重要的事情。如果大脑事先对某个信息有一个概念性的框架，就可以嵌入新接收的信息。但是他们的大脑里没有，因此他们就无法进行有效的记忆。

在美国，2/3的青少年不知道内战在哪一年爆发，20%的青少年不清楚"二战"中美国的敌人是谁，44%的青少年认为《红字》[1]是一场女巫审判案记录或一本通信集。这些数字并不

---

1 《红字》是19世纪美国作家纳撒尼尔·霍桑的代表作，世界文学经典之一，揭露了19世纪美国的残酷法律、虚伪的道德和宗教的欺骗性。

夸张。教育改革确实成果斐然，学生们在学校里的学习生活变得开心有趣。但是，对于普通的个体或市民来说，我们也失去了很多。通过记忆，我们传递美德和价值观，同时也共享了文化。

当然，教育的目的并不只是往学生的大脑里灌输一大堆事实性资料，而是要引导他们理解这些事实。雷蒙·马修斯非常同意这个观点。他说："我希望学生成为思想家，而不是只会重复我所传授的知识的人。"这些事实性资料本身虽然无法引导学生们理解，但是真正的理解也离不开事实。最关键的是，掌握的知识越多，就越容易学到更多的知识。记忆就像是一张蜘蛛网，用来获取新的信息。获取的信息越多，这张网就可以编织得越大。进一步说，这张记忆之网越大，能获取的信息就越多。

通常情况下，那些我最钦佩的高智商人士都能随手拈来一些适时应景的奇闻趣事或相关事实。他们能够跨越自身拥有的知识范围，从遥远的地方获取零碎的知识。不用说，单纯的智力远胜于记忆。（很多学者可以记住很多知识，但是理解得很少。相反，很多健忘的老教授能记住的东西不多，但是却可以理解很多知识。）不过，记忆和智力总是相辅相成的，就像强壮的体格与运动型体质是分不开的一样。这两者之间存在着一个反馈环路。任何新的信息，在大脑已有的信息网络中嵌得越牢固，就越不容易忘记。大脑中存储的新信息联结点越多，人就越容易记住新的信息，从而了解的知识越多，能够学习到的知识就越多。记忆的信息量越大，处理信息的能力就越强。反之亦然，处理信息的能力越强，能够记忆的信息量就越大。

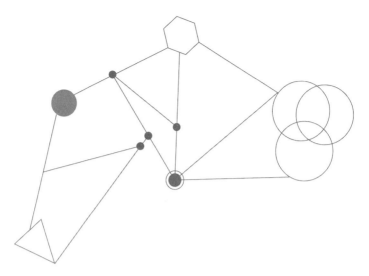

第 10 章
我们中间的小雨人

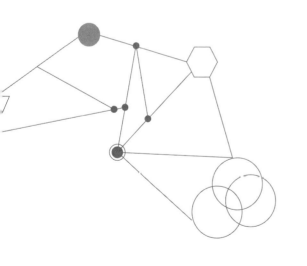

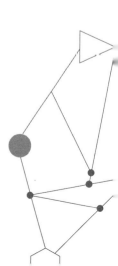

有时，我会猜想自己或许真的能在比赛中获得好成绩。美国记忆力锦标赛开赛前的一个月，即当年的2月，看到我当时的记忆力训练成绩时，我确信这种想法可以实现。除了诗歌记忆和速记卡片项目之外，我在其他项目上的成绩都已经接近上届比赛冠军的成绩。埃德让我不要满足于现状，他说："比赛场上的成绩总是要低于平时成绩的20%。"然后，他又把以前给我提过的建议重复了几遍。不过，我还是对自己取得的成绩感到很震惊。在训练时，我记忆一副扑克牌的速度已经达到1分55秒，超过这个项目的美国纪录1秒钟。那天，我在训练日志上写下了一句话："或许，我真的能够拿到冠军？！"旁边还写了一句很神秘的话："注意好莱坞喜剧大师德维托头上剩余的头发！！"

开始训练记忆力时，我的初衷只不过是想在参与性新闻领域进行一次实践。但是，到了最后，我居然迷上了记忆力训练。我想了解记忆力竞赛这个奇怪的领域到底是什么样子的，也想确定自己的记忆力到底能不能提高。但是，真正赢得美国记忆力锦标赛冠军的概率，大概和乔治·普林顿[1]进入拳击界，击倒拳王阿奇·摩尔一样小。

根据埃德、东尼·博赞和安德斯·埃里克森的建议，要想获得完美的记忆力，枯燥的训练是唯一的途径。没有人天生就会对大量的随机数字、诗歌过目不忘，也没有人生来就拥有记忆大量图片的能力。

不过，在阅读文献资料的时候，你会发现文献里记载的一些案例打破了这个规则。根据文献记载，在20世纪诞生了不到100位记忆力超群的人。但是，这些人让人感到非常震撼，他们的非凡记忆力（被称为"不用动脑就可以记忆"）总是与残疾的身体或有障碍的大脑相伴。有些人是音乐天才，比如莱斯利·莱姆基，她从小双目失明，患有大脑麻痹症，15岁之前还不会走路。但是她却能够在听完一遍乐曲之后，就把它弹奏出来，不管这首曲子有多么复杂。还有一些是艺术天才。例如阿朗索·克莱蒙，他的智商只有40，但却拥有一种超能力。对于任何动物，他只要扫上一眼，就可以依靠记忆雕刻出栩栩如生的塑像。另外一些人拥有奇特的机械技能，例如詹姆斯·亨利·普伦，他被称为19世纪"厄尔斯伍德精神病院的天才"。他几近失声而且双耳失聪，却可以雕刻出精美得令人震惊的轮

1　乔治·普林顿，美国新闻记者、作家、演员。

船模型。

有一天，在花费5分钟记忆了138个数字之后，我坐在电视机前开始快速洗牌。我常常以这样的方式消磨时光。看到梅花Q时，我想到了罗斯安妮·巴尔[1]。我正要想象一幅恶心的图像，这时电视上播出了一部新纪录片的预告片；这部纪录片的名字叫《脑人》，讲述的就是其中一位这样的天才。这部纪录片是在科学频道播出的，主人公是26岁的学者综合征患者丹尼尔·塔曼特。他是个英国人，幼年就患上了癫痫症，却可以毫不费力地完成复杂的乘法和除法心算，也可以识别出10 000以内的所有质数。大多数患有学者综合征的白痴天才只能在一个领域内拥有出众的才能，也就是说他们只拥有一个"天才之岛"，但是丹尼尔却在很多领域都有非凡的才能，是名副其实的群岛天才。除了拥有快速运算能力之外，他还是一位多语言天才 —— 小部分能说6种以上语言的人。丹尼尔自称可以讲10种语言，还宣称只利用周末的两天时间就学会了西班牙语。他还自创了一门语言，叫作"Mänti"（芬兰语"松树"）。为了验证他的语言天才，《脑人》节目制片人专门把丹尼尔带到冰岛，然后限定他在一周时间内学会用冰岛语谈话。冰岛语号称是世界上最难学的语言之一。节目主持人在全国电视上直播了这次测试，一周的测试结束之后，主持人称自己被"震

---

1 罗斯安妮·巴尔，美国喜剧演员、作家，曾荣获全球奖和艾美奖。

撼"了。教了丹尼尔一周冰岛语的那位老师认为他是一个"天才","绝非人类"。

《脑人》节目制片人同时邀请两位世界知名脑科学家，分别对丹尼尔进行了一天的测试。其中一位脑科学家是加州大学圣迭戈分校的V. S. 拉玛钱德朗，另外一位是剑桥大学的西蒙·巴伦-科恩。这两位科学家最后得出同样的结论，那就是丹尼尔确实是独一无二的天才。跟其他被科学家研究过的学者综合征患者不一样，丹尼尔可以很生动地描述出他的大脑活动的细节情况。拉玛钱德朗实验室的研究生赛·阿祖莱赞扬丹尼尔，称"他是开创一个全新科学领域的关键人物"。学者综合征领域的专家达罗德·崔弗特把丹尼尔列入全球50名"天才学者综合征患者"之一。

虽然从名称上看，学者综合征患者是患上了一种综合病症，但目前这种病症在医学领域还没有被界定为一种疾病，而且也没有一套标准的治疗方案。崔弗特把学者综合征分为三类，这种分类并不是非常正式的。第一类称为"碎片技能型学者综合征患者"。拥有这种技能的患者通常是在一种普通人很难掌握的琐事上拥有超强的记忆力。例如，崔弗特有一位年轻的病人，他能够通过吸尘器的嗡嗡声判断吸尘器的生产年份和款式。第二类称为"有才华的学者综合征患者"。这类患者通常在某个较为普通的领域里是专家，例如绘画或音乐领域。之所以称之为有才华的人，是因为与他们的身体或大脑的伤残相比，他们在这些领域的成就是很了不起的。第三类称为"天才学者综合征患者"。对于这类患者来说，即使他们的身体或大脑没有受到损伤，从任何角度看，他们所拥有的能力也都是令人吃惊的。崔弗特相信，虽然第三类患者的分类带有一定的主观性，但他们是非常重要的一类人群，是地球上最特殊的一类人群。如果发现了一位类似丹尼尔这样的天才学者综合征患者，那就是一个非常重大的事件。

媒体后来开始大肆传播丹尼尔的故事。英国和美国的报纸上刊登出大量文章，措辞激动，众口一词地称赞这个"拥有不可思议的大脑的男孩"。丹尼尔后来参加过美国著名的脱口秀节目《大卫深夜秀》和英国的脱口秀节目《理查德和朱蒂》。后者类似于美国主持人奥普拉·温弗瑞主持的脱口秀节目。在《大卫深夜秀》节目现场，丹尼尔当场算出了大卫出生的那天是星期六。另外，在美国，他的回忆录《生于郁闷的一天》曾进入过《纽约时报》畅销书排行榜，也荣登过亚马逊英国畅销书排行榜第一名。如今，全世界所有在世的学者综合征患者中，丹尼尔是最著名的。

我对丹尼尔的超强记忆力非常感兴趣。2003年，他坐在牛津大学科学博物馆的地下室里，花费5小时9分钟背卜了22514位圆周率，刷新了欧洲纪录。他说，自己在记忆的时候并没有使用什么记忆技巧，单纯依靠的就是他那与生俱来的强大记忆力。与那些脑力运动员一样，他拥有不可思议的记忆力。但跟他们不同的是，他在记忆的时候完全轻松自如。这绝对令人难以置信。我花费了那么多的时间，在想象中让自己漫步在以前到过的每一座房屋里、每一座读过书的学校里和每一座工作过的图书馆里。我这么折磨自己，就是想把这些地方转化为我的记忆宫殿。我在想，为什么像丹尼尔这样的学者综合征患者不参加记忆力比赛？如果他们参加的话，肯定会横扫赛场，打败所有训练有素的记忆高手。

随着对丹尼尔的研究的深入，我对其他我所了解到的脑力运动员与他之间的差别越来越感兴趣。更何况，我自己也很快就要成为一名脑力运动员。我很清楚记忆高手都是经过严格的训练，依靠古代的记忆术，才获得了超强的记忆力。我自己也是这么做的。因此，我不明白丹尼尔是怎样获得超强记忆力的，他好像天生就拥有超强的记忆力。他的大脑和我的大脑有什么不同？他是不是有什么记忆秘诀？如果有的话，这些秘诀能不能在美国记忆力锦标赛赛场上帮助我？

我决定和丹尼尔见上一面。联系上他之后，他邀请我去他家。他和室友尼尔一起住在英国的肯特镇，这是一个非常宁静的海滨小镇。他们的家位于一条小巷中，小巷被茂盛的树叶遮挡着。我们坐在客厅里，喝着茶，吃着鱼肉和炸土豆条，一起聊了两个下午。丹尼尔很清瘦，留着金黄色的短发，戴着一副眼镜，动作敏捷。他本人风度翩翩，说起话来声音温柔，但很有感染力，声调也很高。无论是谈论他的奇特记忆力，还是谈论《白宫风云》为什么是美国最有思想的电视节目这个话题，他给人的感觉都很舒服。我原以为，在他身上或许能看出一些怪诞的地方，但他看起来一切正常，甚至比一些脑力运动员都正常，这让我感觉有点儿吃惊。如果不是他告诉我，我真感觉不到他哪里不正常。丹尼尔说，虽然他表面上看起来跟常人无异，但是他确实不是正常的人。他说："15年前你要是认识我，你就会感叹：'老天，这家伙得了自闭症。'"

丹尼尔出生于伦敦东区，在家中的9个孩子中排行老大，家里的房子属于政府补贴性住房。按照他的说法，他的童年过得"很艰难"，就像"狄更斯小说中描述的那样"。在《生于郁闷的一天》一书中，他描述了4岁患上癫痫病时的巨大痛苦："跟其他任何感受都不一样。当时的感觉是，周围的房子在四个方向上被同时移走，房子里面的灯光照射出来。时间不再流动，凝固了，然后被拉长，在某个时刻游移不定。"他的父亲当时急急忙忙把他从家里抱出来，搭上一辆出租车，把他送到了医院的急救室。如果父亲当时没有这么做，丹尼尔可能性命不保。他认为，就是在那一刻，他患上了学者综合征。

巴伦-科恩认为，有两种因素使丹尼尔患上了学者综合征。第一种是联觉，即一种感知上的错乱，前文提到的记者埃斯就患有这种感知错乱症，他的所有感知都混合在一起。据估计，感知混乱大约有100多种。对于埃斯来说，是声音和视觉图像混淆在了一起。但对于丹尼尔来说，数字本身有特定的形状、颜色、质地和情感。例如，数字"9"长得很高，是深绿色的，而且不吉利。数字"37"是成块的糊状，数字"89"很像雪花。丹尼尔说，对于1000以内的每个数字，他都能产生独特的联觉。在这种特殊能力的指引下，他不用笔或纸就能快速解答数学题目。在做两个数字的乘法运算时，这两个数字的形状就会飘浮在他的大脑中。之后，答案——也就是另外一个数字的形状，就闪现在这两个数字中间的空白地带。丹尼尔告诉我："这个过程就像是结晶的过程，也像是在照相。除法运算的过程和乘法运算恰好相反。做除法运算时，我首先看到一个数字，然后在大脑中把它分开。就像是一片叶子从树上落下来一样。"丹尼尔认为，在一定程度上，在联觉中形成的形状是对数字属性的重要信息进行的一种隐性编码。例如，质数就拥有"卵石的特性"，圆圆的，看起来很柔和，不像那些能够进行因式分解的数字那样有棱有角。

丹尼尔还患有亚斯伯格综合征，这是一种非常罕见的病，属于高功能自闭症的一种。1943年，儿科心理医生利奥·坎纳首次发现了自闭症。根据他的描述，这种病症属于一种感知上的混乱，"病人把其他人看作是物体"，表现出来的症状是社交困难。除了欠缺对他人情感的理解能力之外，自闭症患者的其他症状还包括：语言交流障碍、全神贯注于一个或多个兴趣点，以及"对保持同一性的强烈要求"。在坎纳发表关于自闭症的第一篇论文的一年后，奥地利儿科医生汉斯·亚斯伯格发现了另外一种与上述自闭症类似的感知混乱病症。与自闭症不同的是，亚斯伯格综合征患者的语言交流能力还没有丧失，而且智力的损伤程度也较轻。他的这些早熟的年轻病人在一些不可思议的琐碎事情上表现出了深不可测的能力，亚斯伯格把他们称作"小教授"。1981年，医学界才把这种病症从自闭症中单独列出，作为一种综合征对待。

丹尼尔的亚斯伯格综合征是由巴伦-科恩诊断出的。巴伦-科恩负责管理剑桥大学自闭症研究中心，是全球著名的联觉研究专家之一。他的办公室位于剑桥大学三一学院内。一天下午，我在他的办公室里见到了他。我们一边喝茶，一边谈话，他告诉我："要是现在见到丹尼尔，你根本不会认为他患有自闭症。只有听过他的成长经历后，你才会知道他曾经患过这种病。我跟他说：'从成长历史看，你小时候患有亚斯伯格综合征。但是，你现在对周围的环境适应得很好，而且日常表现也不错，没有必要接受治疗。当然，需不需要治疗完全取决于你自己的决定。他回答我说：'我想治疗。'接受治疗之后，他开始从一个全新的角度看待自己。他这样做很好，很符合他的资料里对他的描述。"

在回忆录中，丹尼尔用大量篇幅描述了亚斯伯格综合征给他带来的影响。"其他孩子应该怎样看待我，我不知道，因为我对他们根本就没有印象。对于我来说，他们就是我的视觉和触觉经历的一个背景而已。"童年的丹尼尔痴迷于琐碎的事情。他收集传单，看到什么都要计算，同时对20世纪70年代风靡一时的轻摇滚乐双人组合乐队卡朋特兄妹极为痴迷，他几乎了解所有关于这个乐队的知识。因为看待事情总是过于表面化，他时常遇到麻烦。有一次，他朝一位同学竖起了中指，遭到对方的斥责，但他自己却对这种斥责感到很吃惊。他想："竖根指头怎么就骂人了？"对他人的情感的理解能力并不是那么容易就培养起来的。他说："我根本不知道欺骗是什么。我一直在努力，希望自己能够正常，能够和别人进行正常谈话，也希望自己能够意识到什么时候开始谈话，什么时候结束谈话，并且在谈话时要和别人有眼神交流。"虽然丹尼尔已经克服了最严重的社交困难，但他至今还不会刮胡子，不会开车。另外，他还不能忍受刷牙的声音。他说自己尽量避免在公共场合出现，而且对一些琐碎的事情依然很着迷。吃早饭的时候，他要用电子秤把一碗粥的分量量好才能喝，粥的重量必须是45克。

我对本·普里德莫尔提起了《脑人》这个节目，很想知道他看过这个节目没有。另外，我也想知道，他是否担心像丹尼尔这样的人参加记忆力比赛。毕竟，这些人天生就拥有超强的记忆力。即使这种记忆力没有超过本·普里德莫尔的记忆力，也应该与他的水平相当了。

本很诚实地告诉我："我很肯定，几年前那家伙参加过记忆力锦标赛。但是他的名字跟现在的不一样。那时候，他叫丹尼尔·科尼。我记得，有一年他还取得过不错的成绩。"

我又询问了其他几位脑力运动员对丹尼尔的看法。他们几乎都看过《脑人》这个节目，而且都有自己的看法。有少部分运动员对他的"学者"称号感到怀疑，他们认为丹尼尔在记忆信息时也是使用了那些基本的记忆术。多米尼克·奥布莱恩曾经获得过八届世界记忆力锦标赛冠军，他告诉我："我们都可以做到他做的事情。"他在参加《脑人》的节目录制时，曾对着摄像头说："如果你想知道我的看法，那我告诉你，我认为丹尼尔自己也很清楚，作为一名脑力运动员，他永远不可能得冠军。"最后，在节目播出时，节目制片人把他的话给剪掉了。

这些脑力运动员嫉妒丹尼尔是很正常的。虽然他们的记忆技巧和丹尼尔的效果一样，但他们在文化界所受到的尊重程度却截然不同。这些受过艰苦训练的记忆高手一直在不懈地努力，却一直默默无闻，甚至被人们看作是不正常的人。但是，丹尼尔却仅仅因其医疗状况，就受到了大众的普遍关注。

后来，我在网上查询了记忆力比赛的数据库，丹尼尔·科尼这个名字赫然在列。他参加过两届世界记忆力锦标赛，在2000年他的全球排名是第四，这也是他最好的成绩。两个丹尼尔是同一个人，只是姓不一样。2001年，他把自己的姓给改了，而且更改之后的姓名也是合法的。但是，丹尼尔在自传中描述他的超强记忆力的时候，并没有提到过自己参加过这次比赛，也没有提到过自己排名第四，我感到很奇怪。

我在世界脑力俱乐部网站上搜索丹尼尔的名字，结果显示，他不仅参加过世界记忆力锦标赛，而且还是一位记忆力锦标赛批评家。他甚至制订过八项计划，阐述如何使这项赛事更加合理化，更加有知名度，更加能吸引媒体的注意力。看到他给俱乐部发过一封邮件，我感到很不可思议。这是他在2001年制作的一则广告，在广告里，他声称可以告诉大家一个秘密，即他"独一无二的'脑力和记忆力技能培训电子邮件课程'里的'脑力公式'"。看到这里，我再次感觉到很奇怪，这个所谓的秘密是什么呢？我们见面的时候，他为什么不告诉我？

学者综合征患者吸引常人的地方就是他们和普通人的差异性，以及他们拥有能够轻松做到很多常人不能做的事情的能力。这也是为什么丹尼尔能同时获得科学家和普通人的关注的原因。他们是地球上的外星人，独立于这个世界的自然秩序之外。或许，他们所拥有的能力和那些脑力运动员所拥有的令人吃惊的记忆技巧一样，也只是一些小诀窍。就像其他魔术般的技巧一样，一旦知道了它们的运作过程，而且你也能做到时，环绕在这些超能力上空的光环就会暗淡许多。但是，学者综合征患者是真实存在的一个群体。对于他们来说，记忆力不是一种技巧，而是一种天生就拥有的能力。

不过，我想，如果我和丹尼尔之间的差距——或者说任何人与丹尼尔之间的差距，并不像想象中那么远的话，如果像多米尼克·奥布莱恩认为的，那些最著名的学者综合征患者其实并不是拥有神秘的天生能力的少部分人，而是通过医学治疗掌握了一些技巧而成为所谓学者的话，那我和丹尼尔之间还有区别吗？

提到学者综合征患者所拥有的超强记忆力，还有一个人和"脑人"丹尼尔很相似。他叫金·皮克，出生于1951年，被称为"雨人"，是好莱坞电影《雨人》的原型。在这部电影中，曾经获得过奥斯卡最佳男演员奖的著名影星达斯汀·霍夫曼饰演雨人。金·皮克可能是全世界记忆力最好的人。和丹尼尔相处过一段时间之后，我决定前往犹他州去拜访金，看看这两位天才有什么共同之处，从他们身上能否看出来学者综合征有什么本质特点。

我在金的一场演讲中见到了他。自从开始演讲，他的这项活动就一直没停止过，而且从来不收取任何费用。他的父亲兼护理人弗兰全程陪着他。我见到他时，他正在做演讲，听众是三十多位老年女士，演讲的地点是他家乡的一座住宅的活动室里。他的家乡是盐湖城，那座住宅很古老。有几位听众接受邀请，提出了一些常人很难掌握的琐碎事情（弗兰提醒她们，不要提"任何有逻辑的或需要推理的问题"），试图难倒他。一名靠氧气瓶呼吸的女士问他，南美洲最高的山峰是哪座，只要稍微对类似琐事有了解的健康人都能回答出这个问题。他回答：阿空加瓜山，并且同时说出了山的高度——22 320英尺

（6803米）。他的回答很正确，但是山的高度并不是那么确切，他所说的高度比这座山峰的实际高度要低500英尺（152米）。一名坐在轮椅中的截肢患者问他，20世纪30年代有几个复活节是在3月，他几乎想都没想就直接答道："1932年3月27日和1937年3月28日。"他在说最后一个字时，声音里带着一丝兴奋，听起来就像是他马上要发出一阵刺耳的笑声似的。节目的主持人问他，《读者文摘精华本》1968年第四卷摘录了哪几本书，他把所有5本书的书名都说了出来。然后有人问哈里·杜鲁门女儿的名字是什么，他回答：玛格丽特；皮兹堡钢人队获得美国橄榄球超级碗冠军的次数，他回答：4次；莎士比亚悲剧《考利欧雷诺斯》最后一句是什么，他回答："至今哀恸不已／他还是要有一个光荣的葬礼。来帮忙。"[1]

弗兰告诉我："他从来都不会忘记事情。"弗兰所说的事情包括9000多本书里的每一个细节，他阅读这些书的速度是10秒钟一页（而且两只眼睛分别扫视不同的页面）。他不仅能够背诵《莎士比亚全集》，而且几乎熟知每一首经典的古典乐曲。最近，他参加了一场莎士比亚的《第十二夜》舞台剧。有个演员把其中两行台词互调了一下，金就要求在演出时，房间里所有灯光必须一直开着。[2]于是，整个舞台剧无法演下去了。在这

1　这里采用梁实秋的译文。
2　在舞台剧中，灯光是表现剧情的重要手段之一，要根据表演时明时暗，甚至还要有色彩的变化等。

之后，再也没有人请他参加现场演出了。

跟丹尼尔不一样，你无法从表面上观察金。第一次见到他时，你根本感觉不出来他有什么独特的地方。他的头总是呈45度角歪向一边，头发灰白，眼睛有点斜视，戴着一副又厚又宽的棕色塑料眼镜，体形很像一头熊。他两只手总是紧握着，感觉到兴奋的时候，会不断地把一只手抽出来，然后再重新紧握。他或许是地球上最健谈的人，而且谈话中引用的典故之多无人能及。他的大脑里充满着各种事实和数字，时不时就像瀑布一样倾泻出来，但是又没有任何逻辑可言。一位阿根廷女士告诉金，她出生于科尔多瓦，他立刻就说出了这座城市的主要街道，而且还高声唱起《阿根廷，别为我哭泣》。听着他的歌声，我感觉很不舒服。然后，他突然冒出一句："你被解雇了！"弗兰解释了他的这种思维联系：麦当娜曾在《贝隆夫人》里饰演过阿根廷第一夫人伊娃·贝隆，她与篮球明星丹尼斯·罗德曼约会过。后者在1999年被洛杉矶湖人队解雇。

金对文字的表面化理解令人吃惊，但往往能逗乐观众。他这种娱乐观众的能力似乎是巴甫洛夫式的条件反射。最近，在他和观众互动的过程中，有观众要求他背诵"葛底斯堡演讲"[1]的内容，他回答说："西北前大街227号。不过林肯只在那里住了一个晚上，第二天他才去做的演讲。"直到现在，他还对这

---

[1] "葛底斯堡演讲"的原文是Gettysburg Address，"Address"在英语中的另一个意思是"地址"。

个笑话津津乐道。

他的全名是劳伦斯·金·皮克，但他喜欢大家叫他"电脑金"。弗兰说："他的全名来自劳伦斯·奥利弗[1]和拉迪亚德·吉卜林[2]的小说《金》。"金的母亲历尽艰难才把他生下来，但是家人很快就发现他有些不对劲。他的脑袋比普通婴儿的大很多，而且脑袋后部长了一个拳头大的水泡，医生不敢动手术切除。3岁之前，他一直得拖着脑袋走路，就好像是头太重了，根本抬不起来似的。4岁时，他才学会走路。医生建议金的父母对他做个脑叶切除手术，但他父母没有同意，只是给他服用镇静剂。就这样，在14岁以前，他服了大量镇静剂。根据弗兰的回忆，金在停止服用镇静剂之后，开始表现出对书籍的兴趣。从那之后，他开始记忆书籍。

虽然金的大脑里存储了大量知识，在这方面或许地球上任何人都比不上他，但他也只是存储了这些知识，根本无法真正地理解。他的智商是87。不管记忆了多少本社交礼仪方面的书，他还是不清楚怎样做才会符合社交礼仪，说他"不清楚"，还只是一种比较缓和的说法。我在盐湖城公共图书馆的大厅里见到他时，他立刻用他那细细的胳膊圈住我的肩膀，大肚子使劲地贴着我，抱着我使劲地转了几圈。"乔舒亚·福尔，你是一个

1　劳伦斯·奥利弗，20世纪最著名的英国演员，擅长出演莎士比亚戏剧，以《哈姆雷特》获奥斯卡影帝称号。
2　拉迪亚德·吉卜林，英国著名的小说家、诗人，1907年获得诺贝尔文学奖。《金》被认为是他最出色的长篇小说。书中的主人公就叫金。

伟大的人，非常非常伟大的人。你长得真帅，你是你们这一代人的骄傲！"他大声说道，声音把一个路人吓了一跳。然后他低吼了一声。

至今，他的所有行为在科学界还是一个谜。他与电影《雨人》中达斯汀·霍夫曼扮演的雨人还不一样，他不自闭，而且社交能力还不错。与雨人相比，他完全是另外一个人。1989年1月，在《雨人》上映的那周，医生对金的大脑进行了扫描，结果发现他的小脑严重受损，小脑是负责感官知觉和运动技能的重要器官。在此之前，医生对他的大脑也做过扫描。结果发现，他的大脑中没有胼胝体，这是大脑中连接左右脑的一个比较粗大的神经纤维束。有了它，左右大脑才能互相交流。金的大脑非常罕见，但是这种大脑结构对他的学者综合征究竟产生了什么样的影响，至今仍然是一个谜。

我和金坐在盐湖城公共图书馆四楼后面的一个角落里，一起度过了大半个下午。在过去的10年里，他几乎每个周末都是在这座图书馆里，坐在这个座位上，手里捧着电话号码簿，记忆上面的电话号码。他把眼镜摘下来放到桌子上，对我说："我要扫描一会儿。"然后就开始翻看一本华盛顿州贝灵翰姆的电话号码簿，我的目光越过他的肩膀，试图跟着他一起记忆。按照埃德教我的方法，我开始记忆：首先建造一座记忆宫殿，把每个人的电话号码、第一个名字和姓都转化成单独的图像，然后利用一种令人难以忘记的方法把这些图像联系起来。完成这个过程是很艰难的。我试着把它讲给金听，但他听不懂。每次，在我记忆一个页面的第四或第五个名字时，他就开始翻页。我问他为什么能记得那么快。他抬起头，从镜片后面看着我，似乎对我的打扰很生气，然后大叫一声，说："我就是在记而已！"然后，他继续把头埋进那本电话号码簿中，开始记忆电话号码。之后的半个小时，他完全忽视了我的存在。

创立一种理论来解释学者综合征是非常困难的，原因之一就是，不同的学者综合征患者会表现出不同的症状。但是，在很多学者综合征患者——包括金的身上，都存在着一个共同点，即他们的左脑都受到了一定程度的损伤，这是一种神经解剖学上的异常。另外，学者综合征患者所拥有的不可思议的能力，例如视觉和空间能力，大多都是右脑的功能；他们不擅长的能力，例如语言能力，通常都是左脑负责的。大部分学者综合征患者都存在语言障碍。这种现象很有趣。正因如此，比较爱说话、善于言谈的丹尼尔才显得与众不同。

一部分研究人员认为，正是因为左脑部分功能的丧失才激发了长期潜伏在右脑中的能力。事实上，很多人都是在左脑受到外伤之后，才突然患上这种学者综合征的。1979年，10岁的小男孩奥兰多·瑟雷尔的头部左侧被一个棒球击中，然后他突然拥有了一种超能力——能够计算日历上的日期，还能记住每天的天气情况。布鲁斯·米勒是美国加州大学旧金山分校的一位神经专家，他对成年患者的一种普通大脑疾病——额颞叶型失智症进行了研究。研究结果表明，在大脑左侧出现额颞叶型失智症的那些患者中，部分患者从来没有拿过画笔，也不会弹奏任何乐器，但在去世之前，他们却突然成了绘画和音乐领域的佼佼者。也就是说，在其他的认知能力逐渐消失之后，他们成了某个领域的专家。

学者综合征患者的发病过程是很自然的，这个事实说明，在一定程度上，我们普通人的大脑中也潜伏着这种惊人的能力。崔弗特常说，在每个人的大脑中都潜伏着一个"小雨人"，他只是被锁定了，被"左脑的暴力统治"控制住了。

崔弗特还认为，从某种程度上说，这些具有超常记忆力的学者综合征患者是把大脑的陈述性记忆功能（记忆事实和数字的能力）转给了初级非陈述性记忆（无须经过刻意思考，就可以骑自行车或抓住高高飞起来的球）系统。正是依靠这种非陈述性记忆系统，亨利才能参考镜子里的图像描出五角星，伊普才能在不知道邻居地址的情况下在其附近散步。想象一下，一个人在瞬间计算好距离、轨道和速度之后，伸手去抓一个飞起来的球，或者辨别一只猫和一只狗有什么不同之处，此时他的大脑应该经历一个什么样的过程？很明显，我们可以在下意识中以惊人的速度完成很复杂的计算。但是，在大多数情况下，我们还没有意识到的时候，这个计算过程已经完成了。所以，我们无法把这个过程解释出来。

但是，通过努力，大脑还是可以完成一些低层次的认知活动的。例如，学生在刚开始学习画画的时候，都要完成两样练习，即描摹实体周围的空白和轮廓线。这些练习的目的之一，是抑制下意识的高层次认知处理能力，防止学生在看到椅子时联想到其他事情，从而专心地把椅子看作是椅子本身。另外一个目的是激活大脑中潜在的低层次的认知处理能力，让学生把椅子看作是抽象的形状和线条的组合体。对于一名艺术家来说，要想抑制大脑的高层次认知处理能力，就要进行长期的训练。崔弗特认为，学者综合征患者可以不通过训练而自然地完成这个过程。

那么，如果普通人也能够抑制这种高层次的认知处理能力，那他们是不是也能成为像学者综合征患者一样的天才？目前，有一种称为经颅磁刺激的技术，利用它可以有选择性、暂时地抑制一部分大脑功能。这种技术利用聚焦磁场破坏目标神经元放电，对大脑的抑制性作用最多能够持续一个小时。虽然经颅磁刺激技术相对来说是新技术，但是到目前为止，它还是一种非常有效的无害治疗手段，能够治疗诸如抑郁症、创伤后应激障碍和偏头痛等多种疾病。不过，相对于治疗功能，目前经颅磁刺激技术可以应用于科学实验的潜能更加引人注目。毕竟，利用普通方法在人类大脑上做实验必定会引起道德上的争议。你不可能把工具直接塞入一个活人的大脑中，在里面乱搅一气（亨利的案例就说明了这个问题）。所以大多数神经科学家只能从少数"自然的实验对象"身上研究大脑，这些实验对象的大脑都经历过各种形式的不可思议的损伤。但是，自从有了经颅磁刺激技术，神经科学家就不用被动地坐在办公室里等着哪位大脑某个区域受过自然创伤的患者自动上门了，他们可以任意开启或抑制大脑中某个区域的功能，从而进行重复性的实验。澳大利亚脑科学家艾伦·斯奈德首先把经颅磁刺激技术作为实验性工具普及应用。为了暂时激发出受测者大脑中类似于学者综合征患者那样的艺术才能，他把目标定在普通受测者的大脑左额颞叶（大多数学者综合征患者的大脑受损部位）这个部位。这个部位被经颅磁刺激技术损害之后，受测者按照记忆画出来的图像更加准确，而且能够以很快的速度计算出在屏幕上闪现的圆点数量。斯奈德把他的经颅磁刺激技术设备称为"放大创造力的机器"。不过，他倒不如把它叫作"学者帽"。

在《脑人》纪录片中，丹尼尔做13除以97这道算术题，然后说出了结果。令人吃惊的是，在他算出的结果里，小数点之后的位数连计算器都算不出来。节目组人员不得不搬来一台电脑验证他的运算结果。他还能在几秒钟内心算出三位数的乘法结果。另外，他竟然以很快的速度心算出37的四次方是1 874 161。对于我来说，丹尼尔的心算能力比他的记忆力更加令人惊奇。

把注意力转向复杂的心算领域后，我发现，这个领域与记忆术一样也存在海量的文献资料，甚至也设有世界级比赛。只要稍微在谷歌网站里搜索一下，就会看到大量的心算方法，任何人都可以自学怎么心算三位数乘法，而且一点儿都不难。也就是说，这种技巧是可以学会的。相信我，我自己也尝试过。

虽然我多次请求丹尼尔在我面前表演一下心算，但是他一直都没有答应。我纠缠不休，最后他告诉我说："父母一直很担心我，他们担心我会变成一场场怪异表演的主角。我向他们保证过，除了面对科学家，我是不会表演这种心算的。"但是，他在《脑人》节目的摄影机前确实表演过啊。

丹尼尔在表演心算的时候，我发现他的手指似乎在做着什么动作，这个现象让我感到很奇怪。他的心里应该对心算的结果很清楚了，但是通过摄像机我却看见，他的食指在他面前的桌子上不断地画着圆。他曾说过，图像的形状可以与大脑自然地融合在一起，那么他的这种手指的小动作就让我感觉很奇怪。

咨询过一些专家之后，我明白了。原来所有人在做心算乘法的时候，或多或少都会掺杂一些手指动作。在计算两个非常大的数字的乘积的时候，最常用的一种方法是交叉相乘法，即把每个数字里的单个数字与另外一个数字里的单个数字相乘，然后再把这一系列的乘积加起来。在我看来，丹尼尔的手指在桌子上活动的时候，就是在做这样的运算。但是，他否认了，他说那只是一种下意识的小动作，可以在心算的时候帮助他集中精力。

本·普里德莫尔告诉我："世界上有很多人都这样做，不过这种能力还是很让人佩服的。"本除了参加记忆力比赛外，还参加了心算世界杯大赛，这种比赛每两年举行一次。在赛场上，参赛选手们面对的心算要比丹尼尔的难度大很多，比赛项目包括心算八位数字的乘积。这些顶级心算高手都承认，他们在心算的时候，大脑中并没有出现过分分合合的数字形状。不过，他们都使用过一些技巧，这些技巧在大量的书籍和网站上都有详细的介绍。罗纳德·德夫勒曾著有《推算：不用任何工具计算的方法》一书，我邀请他观看《脑人》节目，然后告诉我他的想法。看完之后，他提到了丹尼尔的数学运算天赋，他说："我对这种才能见怪不怪了。心算的传说其实都是对大众的误导。"

那丹尼尔可以识别出10 000以内的所有质数，这又怎么解释呢？本·普里德莫尔对丹尼尔的这种能力竟然也没有丝毫的佩服，他说："那其实就是一些最基本的记忆。"在10 000以内只有1229个质数，虽然记忆起来也算是比较多的数字了，但是与22 000位圆周率相比就算不上什么了。

在丹尼尔拥有的所有技能里，他唯一愿意在我面前表演的是计算日历。但是这种技能其实很简单，根本没有什么了不起的。像金这样的学者综合征患者，可以算出上一个千年里所有复活节的日期，他们在对日期演变的规律还不清楚的情况下，就已经对它们很熟悉了。普通人也可以掌握这种日期的规律。在网络上，计算日期的简单计算公式可谓铺天盖地，你只需要练习上一个小时，就能熟练地掌握它们。

和丹尼尔聊的时间越长，我就越怀疑他的故事的真实性。我在不同的时间，分两次问他对"9412"这个数字的感觉。这两次时间中间隔了两周，他两次回答的答案并不吻合。第一次他告诉我："看到这个数字时，我感觉它有点儿忧郁，因为这里面有数字9。然后有一种飘乎乎的感觉，还感觉到有点儿倾斜。"两周之后，他听到这个数字之后停顿了很久，才开口说话："这个数字有很多斑点，还有一些曲线，是一个非常复杂的数字。"说完之后，他又加了一句："数字越大，就越难以形容。所以在采访的时候，我通常只想象一些小数字。"事实上，联觉者的感觉不可能总是一致的。不过，丹尼尔在这方面做得还不错。他在我们会面的时候，对一些比较小的数字上的想象总是很一致。

丹尼尔曾经在世界记忆力锦标赛网站上宣传过自己的"脑力和记忆力技能培训"课程，这又做何解释呢？我把他2001年的广告打印了一份。丹尼尔之后回到了他位于肯特镇的家中，我把这份广告拿给他看。我问他，这份广告是怎么回事。如果他的记忆力是与生俱来的，他没有使用过任何记忆术，那么他怎么有能力开设这样的课程？他双脚伸直，放在地板上，说："你想，我那时候才22岁，身无分文，唯一经历过的比较大的事情就是世界记忆力锦标赛了。所以，我想开设一门能够提高记忆力的课程。等我到了世界记忆力锦标赛现场，才发现参赛选手都是经过学习才拥有高超记忆力的，而不是与生俱来，所以我感觉他们都在撒谎。不过，看到他们，我想自己也可以教别人如何记忆。那时候，我需要把自己推销出去，而我唯一可以推销的只有我的大脑。所以，我就仿效东尼·博赞，说：'优化你的大脑吧。'类似这样，但是我自己其实并不喜欢这样做。"

我问他："你不使用记忆术？"

"不使用。"他说。

如果说丹尼尔是一名学者综合征患者这件事情是他胡编乱造的，那他的撒谎水平也真是够高的。我想他不至于是这样的人。如果他只是一位受过记忆力训练的普通记忆高手，只是想披上一个学者综合征患者的外衣来神化自己的话，那他为什么还愿意接受那些科学实验呢？

但是，谁又能确定丹尼尔的话是真实的呢？在很长的一段时间里，科学家们都在怀疑联觉能力是否存在。他们认为，这种现象很有可能是人们在造假，或者只是人们对数字和颜色之间的联系的一种感觉，是童年时期延续下来的感觉。虽然科学文献中记载了大量关于联觉的案例，但是确实没有真正的方法来证明人的大脑具有这种牵强的联系能力。1987年，巴伦-科恩为了证明联觉能力是真实存在的，进行了一次科学实验，这也是历史上第一次对联觉能力进行的比较严格的测验。巴伦-科恩主要测试的是，自称有联觉能力的患者在不同的时间里对数字和颜色之间的联系是否一致。丹尼尔也接受了这次测试，而且轻松过关。但是，我还是禁不住想，是不是任何受过记忆力训练的人都可以做到？丹尼尔参加过的其他科学测试的结果让我感觉很费解。巴伦-科恩在测试丹尼尔对人脸的记忆力的时候，他表现得很差。巴伦-科恩得出结论说："看起来，他对人脸的记忆力受到了损伤。"根据这个结论，丹尼尔很像是一名学者综合征患者。但事实上，丹尼尔在参加世界记忆力锦标赛时夺冠的项目就是人名头像记忆。这看起来很不合理。

能够更有力地证明丹尼尔的联觉能力的方法，应该是功能性核磁共振图像扫描。很多具有联觉能力的患者在做这种扫描时，如果对数字进行颜色联想，大脑中负责处理颜色的那个区域就会亮起来。但是，当巴伦-科恩和功能性核磁共振图像扫描专家对丹尼尔的大脑进行扫描时，没有出现这样的现象。这些研究人员最后得出的结论是："功能性核磁共振并没有激活丹尼尔大脑内部负责联觉能力的外纹状区域。这表明，他的联觉能力更为抽象和概念化，跟其他普通联觉不一样。"但我认为，并不是说他通过了这次严格的科学测试，而是他根本就没有联觉能力。

丹尼尔在他的回忆录中这样写道："有时候，大家会问我是否介意成为科学家们的实验品，我都回答说不介意。因为我很清楚，我这样做可以帮助大家更加了解人类的大脑，也就可以惠及他人。同时，也可以帮助我认识自己，认识自己大脑的工作方式。"安德斯·埃里克森后来邀请丹尼尔到佛罗里达州立大学接受测试，这一测试是严格按照埃里克森自己的标准进行的。但是，丹尼尔推说自己很忙，无法接受测试。

在丹尼尔接受过的所有测试中，都存在着一个共同的问题，那就是这些测试本身都是在一种零假设[1]的基础上进行的。那么，要想证明这种假设是对的，就要证明其备择假设[2]是错误的。在对丹尼尔的大脑进行检测时，这个备择假设是：如果丹尼尔不是一位学者综合征患者，那他就是一个普通人。但是，根据丹尼尔独特的成长经历，最应该证明的是这种备择假设：这位全球最著名的学者综合征患者，其实是一位训练有素的记忆高手。

在我和丹尼尔会面一年之后，他的经纪人给我发来一封邮件，询问我是否愿意再次和丹尼尔见一面。丹尼尔当时住在纽约市中心的一座很现代的宾馆里，我们约好早餐时间在那里见面。他这次来纽约是为了参加电视节目《早安美国》，然后顺便推销自己的书《生于郁闷的一天》，这本书当时已跻身美国《纽约时报》非小说类畅销书排行榜，名列第三。

我们喝完一杯咖啡，很有兴致地聊了一些关于他上电视节目的事情。然后，我又一次问他，看到"9412"这个数字，

1　零假设，统计学术语，又叫原假设，假设的内容一般是希望成为正确的假设或着重考虑的假设。
2　备择假设，零假设的对立面，即在测验中不希望看到的另外一面。

他会想到什么。这是我第三次问他这个问题了。他听到这个问题后，眼睛里闪出一丝光芒，不过很快就熄灭了，他似乎意识到我以前问过他这个问题。他明白，我很难接受他上两次的答案。他用两根手指堵住自己的耳朵，很久都没有出声，这种安静让人感觉很尴尬。最后他开口说："我在大脑中能看到它，但是说不出来。"

我说："上次我问你的时候，你好像很快就把它描述出来了。"他又想了一会儿，这段时间比刚才那段时间持续得更长。"深绿色，有点儿尖，发着亮光，还有点儿飘忽。或者我会把它分成'94'和'12'两个数字联想，这样的话，就像是一个三角形，或类似的形状。"说到这里，他用两只胳膊画出了一个四边形，脸色泛红，继续说道："这取决于不同的情况，例如我看到这个数字后的感觉，或者我怎么拆分这个数字，或者我身体是不是很累。有时也会出错。我会把数字看错，然后联想到跟这个数字很相似的数字的图像。正因为这样，我喜欢接受真正的科学家的测试。他们对我进行测试时，我不会有这样的压力。"

我给他念了上两次他对"9412"这个数字的联想内容，跟这次他的描述很相似。我告诉了他我的想法，但我感觉我的这种想法很难证明是对的。我说，我认为他只是使用了其他脑力运动员使用的记忆术，把从00到99之间的每个两位数字都想象出了相应的图像。

这是记忆高手常用的基本的记忆术之一。然后，他炮制出了独特的数字联觉能力，来掩盖这个事实。以前，我从来没有对谁说过这样令人尴尬的话。

在写这本书的过程中，有一段时间一直有一个问题困扰着我，就是在书里是否要提及丹尼尔的故事。交本章草稿之前的那天晚上，我决定在网络上重新搜索一下他的名字，看看是不是漏掉了什么信息，也算是重新温习一遍他的故事。毕竟，有关他的资料在我的文件柜里已经存放了整整一年。最后，我发现了一个网站有一段关于丹尼尔的自传性文字，文字内容的直白程度令人吃惊。但这段内容在他的自传《生于郁闷的一天》里并没有提及。

15岁的时候，偶然间我读到一本儿童读物，里面介绍了一种广义记忆力，能够帮助孩子在考试中取得好成绩。这本书引起了我对记忆力和之后的记忆力比赛的兴趣。在接下来的一年里，我不断尝试和试验这些记忆方法，然后使用这些方法通过了普通中等教育证书考试（GCSE），这次考试的成绩是那些年里我取得的最好成绩。之后，在普通中学教育高级水平课程考试中我也取得了优异的成绩，并同时学会了法语和德语……我对记忆术越来越痴迷。然后，经过几个月的努力和紧张训练，我成为了一名脑力运动员，并在全球排名第五。

发现这个网页之前，我还查到了几年前的一些电子邮件，邮件的发送者所使用的邮箱都是之前丹尼尔·科尼使用过的那个，只是发送人变成了丹尼尔·安德森。在邮件里，他声称自己是"一位备受大众尊敬的天才通灵师，已经拥有二十多年帮助别人、造福人类的经验"。根据这些邮件内容可以判断，丹尼尔·安德森是童年时期经历过一系列癫痫病发作之后才获得了这样的超能力。邮件里还提供了一个网址，通过点击该网址，就可以和丹尼尔通话，"可以就生活中遇到的所有问题咨询丹尼尔，包括人际关系问题、健康问题、经济问题、失恋和与去世的人通灵等"。

我问丹尼尔，他怎么解释这些邮件。6年前，他在邮件中声称癫痫病赋予了他心灵超能力。现在，他却说是因为癫痫病才导致他患上了学者综合征。我问他："现在你应该清楚，为什么有些人会怀疑你了吧？"

他想了一会儿才回答我："老天，这真是让人感觉很尴尬。最初，我是准备做一名老师的，但是最后失败了。后来读到了一篇关于通灵术的广告，我才了解到这个职业。你想，只用坐在家里，依靠一部电话就可以工作，对我来说那真是太完美了。我不是什么通灵师，但是因为那时候没有收入，就做了一年。在那一年里，很多人都骂我，因为我并不能向他们提出什么建议，大多时候我就是听他们讲讲他们自己的故事。也就是说，从头到尾，我只是把它当作了一个听人倾诉的职业。如果我能预料到这样的结果，我肯定就不会做这件事情了。那个时候，我对生活感到很绝望。有时，生活就是很复杂的，我怎么也不会料到自己最后能成名。但是，我向你保证，我接受过很多科学家的科学测试，这些科学家都有足够的资格证明我是不是假装的。他们都认为我的情况是真实的。"

在我们快要结束谈话的时候，我把自己怀疑他的理由全都告诉了他，我怀疑他这位世界上最著名的学者综合征患者到底是不是真的有这种病症。我说："我真的希望自己能够被你说服，但是我没有。"

他很真诚地说："如果我想骗你，如果我想对你掩盖事实，我会在各个方面都欺骗你。我会使出浑身解数，对你唯命是从、百般讨好。但是，我真不在乎你怎么看我。我并不是说，我单单不在乎你的看法，所有人对我有什么样的看法我都不在乎。我明白自己是什么样的人，我也清楚在闭上眼睛之后，自己的大脑里有什么样的情景。我知道数字对我的意义。这些事情是很难说得清楚的，而且也很难转化成一些术语，然后让你拿去分析。如果我很善于辩论，就会很认真地思考，怎样才能留给你和其他人一个比较深刻的印象。"

"你已经让大家印象深刻了。"

"人们相信科学家，科学家也曾经研究过我，而我是相信科学家的。他们不是媒体，他们很中立，也不会对从什么样的角度写作感兴趣。他们只是对事实感兴趣。在媒体面前，我就是我自己。跟媒体接触的时候，我感觉还好。但是有时候，也会感觉很紧张，于是就没法给别人留下好的印象。我毕竟也是人，不可能总是前后保持一致。在所有采访过我的人中，你是唯一一个把我当作正常人看待的记者。你并没有把我神化，你站在你的立场上对待我。在别人把我看成正常人而不是一个天使的时候，我会感到很自在。"

"那或许是因为，我怀疑你就是一个正常人。"我说。说完这句话之后，我意识到，其实我想表达的并不是这个意思。丹尼尔真正困扰我的地方是，我很清楚他并不是一名正常人。有一件事我可以肯定，他的聪明超乎常人。我也很清楚，在训练记忆力的过程中需要花费多大的精力。任何人都可以训练自己的记忆力，但并不是所有人的记忆力都能训练到和丹尼尔一样的造诣（我怀疑他是训练过记忆力的）。我相信丹尼尔是很特别的一个人，我只是不相信他是因为癫痫病才获得了这种超能力。

接着，我问丹尼尔，如果他看着镜子中的自己，是否会觉得自己真的是一名学者综合征患者。"我是不是一名学者综合征患者，"他放下咖啡，然后把身体倾向我，说，"那要取决于你怎么定义这个名词，是不是？你可以以某种方式定义这个词，把我排除在这个定义之外；你也可以以另外一种方式定义

314

它，把金·皮克排除在外。当然，你还能以其他一种方式定义它，然后这个世界上就不存在学者综合征患者了。"

他把所有一切都归结于定义。崔弗特曾写过一本书，名字叫《另类天才》。在这本书中，作者是这样定义学者综合征患者的："一类非常罕见的人群，通常患有严重的心理疾病……展示出一令人称奇的孤岛能力和卓越才华，与他们自身的缺陷形成了鲜明的对比。"根据这个定义，丹尼尔是否使用过记忆术与他自身是否是一名学者综合征患者这件事本身倒是没有关系了。最重要的事实是，在他的成长过程中，他经历过发育障碍，然后拥有了不可思议的大脑技能。根据崔弗特的定义，虽然丹尼尔的身体残疾不常被人提及，但是他确实是一名很独特的学者综合征患者。很明显，像金·皮克这样的超能力是在下意识中显示出来的，甚至很多时候是自动展示出来的。而另外一些人的超级记忆能力则是通过枯燥的系统的训练才获得的。在崔弗特的这个定义中，他并没有谈及这两类人的区别。

19世纪末期，"学者"这个词和现在的意义完全不同。那个时候，只有知识最渊博的人才能够得到这个称号，这是一种最高的荣誉。一位学者要精通很多领域，要懂得很多抽象的观点，要像查尔斯·里歇在他1927年出版的《学者的自然史》中所写的那样，"把毕生精力奉献到追求真理的事业中去"。"学者"这个词语与单一的能力或惊人的记忆力根本没有任何关系。但是，过了一个世纪之后，这个词语的意思产生了变化。1887年，约翰·朗顿·唐发明了"白痴学者"这个词。他因发现一种染色体病变而闻名于世，这种疾病最后以他的名字命名，称为"唐氏综合征"。但是"白痴"这个词听起来有些不太合适，最后慢慢就消失了，只剩下"学者"这个词。人们的日常记忆逐渐衰退，而训练有素的记忆力在常人中难以寻觅，于是"学者"从一种艺术术语、一种对知识素养的尊称逐渐变成了形容一种畸形人格的词语、一种病症的名称。如今，你不可能听到有人用这个词来形容一位博学之士，例如形容神经学专家奥利弗·沙克斯，虽然他和很多其他博学之士都符合词典里对这个词语的定义。现在这个词语是用来形容诸如沙克斯笔下的患有自闭症的双胞胎，他们往地板上撒一把火柴之后，能够在瞬间说出地板上的火柴是111根。

那么，丹尼尔呢？根据一个很古老的传说，学者综合征患者命中注定是天才，只是因为遭遇到一些可怕的命运变故之后，他们才剩下一种天资，其他所有天资都消失了。那么，丹尼尔是否是因为接受过记忆力训练，才能记住 22 000 位圆周率，才能心算三位数乘法呢？如果他就是一个普通人呢？我不知道，如果他是经过刻苦训练，花费了大量精力，才获得了这样的能力的话，大家会怎么想。大家会不会更加崇拜他，或者觉得他其实并没有什么了不起。我们宁愿相信，在我们中间会有像丹尼尔·塔曼特这样的人，他们生来就具备应对超常困难的非凡能力。这个有关人类大脑的观点很具有启发性。丹尼尔的例子或许会更有启发性：我们都拥有不可思议的能力，只是这些能力仍然在我们的身体中潜伏着，我们要做的就是不嫌麻烦地去唤醒它。

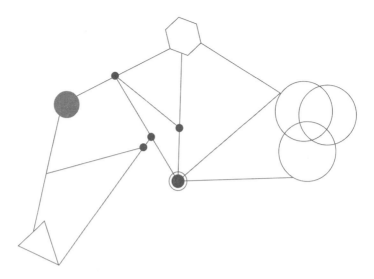

第 11 章
美国记忆力锦标赛

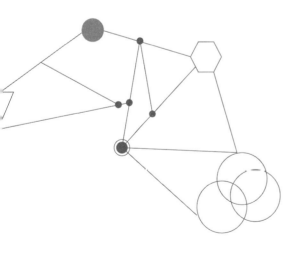

在2006年的美国记忆力锦标赛上，出现了一个新的比赛项目，参加过往届比赛的所有选手都从未见识过，叫"三振出局"。在比赛中，大赛主办方将邀请5位陌生人走到台前，假装是在参加一个茶话会，然后告诉参赛选手10条关于他们的信息，例如他们的地址、电话号码、爱好、生日、最喜欢的食物、宠物的名字以及汽车的牌子和型号等等。这个项目模拟了真实的生活，在记忆力大赛上从来没有出现过。我从未考虑过怎样准备这个项目，也不知道怎样准备。直到大赛开赛前的一个半月，我和埃德才在电话里开始商量对策，我们连续商量了两个晚上，想出了一种记忆系统。在这个系统中，我们为每个陌生人建立了一座特殊设计过的记忆宫殿，利用这些宫殿，我可以快速轻松地储存那些陌生人的个人信息。

我一共设想了5座建筑，每座建筑用来储存一名参加"茶话会"客人的信息。这5座建筑的造型迥异，但在构造上具有共同点，每座建筑都设计有一个中央大厅和很多间附属房间。第一座是根据菲利普·约翰逊[1]的"玻璃屋"设计的，是一座玻璃体的现代化建筑。第二座是带有塔楼的安妮皇后式建筑，建筑上装饰有旋涡形的图案和其他非常惹人注目的装饰物。在旧金山，这样的建筑随处可见。第三座是弗兰克·盖里[2]的建筑，墙体由钛金属制成，窗户是弯曲的。第四座类似于位于蒙蒂赛洛的托马斯·杰斐逊的红砖小屋。第五座除了墙体是亮蓝色外，没有什么特别的地方。每座建筑的厨房用来储存客人的地址，卧室用来储存电话号码，主卧室用来储存爱好，浴室用来储存生日，等等。

比赛开幕前三周，埃德看了我的记忆成绩，然后给我打了一个电话。他告诉我，要把精力集中在茶话会这个项目上，其他项目就不用再练习了。于是，我开始在朋友和家人之间穿梭，让他们编一些个人信息，然后我再利用苦心搭建起来的记忆宫殿练习记忆这些信息。我和女朋友一起吃饭的时候，气氛再也不像以前那么浪漫了。她编造出各种各样的性格让我记忆，例如她是内布拉斯加州的一个农场工，或者是一个生活在郊区的家庭主妇，又或者是一个巴黎女裁缝等等。然后在吃饭后甜点的时候，我再把这些信息复述给她听。

1　菲利普·约翰逊（1906—2005），美国著名建筑师，有建筑界"教父"之称，代表作品有加利福尼亚州的水晶教堂、纽约林肯中心的纽约州剧院等。"玻璃屋"是他的住宅，通体透明，是现代建筑史上的杰作。
2　弗兰克·盖里（1929—　　），美国当代著名结构主义建筑师，被誉为"建筑界的毕加索"，以设计具有奇特不规则曲线造型外观的建筑而著称。

比赛开始前一周，我准备加紧练习，但是埃德告诉我，这个时候要停止练习。脑力运动员通常在赛前一周都会停止训练，对他们的记忆宫殿进行一次春季大扫除。他们在这些宫殿里再次走上一遍，然后清除掉所有萦绕在心头挥之不去的图像。在比赛中，选手们最忌讳的就是偶然间想起在上周记忆下来的内容。东尼·博赞曾经告诉我："一部分水平很高的参赛选手在赛前三天内，会拒绝和别人讲话。他们认为，在比赛之前，任何进入大脑的信息都有可能干扰赛场上的联想发挥。"

按照以前的计划，埃德会陪我参赛，在场边为我加油。但是，比赛开始前不久，他获得了一个去澳大利亚进行哲学研究的机会，这个机会比较难得。他这次研究的议题是板球运动中的现象学问题（他认为，相对于小鸡性别鉴定师和象棋大师，板球运动中包含的许多案例可以更好地证明他的论文论点 —— 人类对世界的快速认知很大程度上取决于记忆）。于是，他去了澳大利亚。这样一来，他如果要来美国，就要从地球的另一端出发，路程会比原来远得多，而且费用也会更高。他不确定是否能在比赛当天赶到现场。

比赛开始前几天，他问我："如果我去不了现场，有什么办法能减轻你的厌恶感？"其实，对于即将到来的比赛，我的慌乱感来得更加强烈一些。虽然我对每一位熟人都解释说，参加这样的比赛只是一时兴起。我对一位朋友这么说，我参加比赛"只是想用一种特别的方式度过一个周末上午而已"。而且，我有时还会拿这一"古怪的比赛"开开玩笑。不过，在这些笑话背后真正隐藏的是我要冲击冠军的雄心。

埃德最终决定，在比赛当天不来现场了。这就意味着，我要独自面对其他竞争者，独自猜测他们去年训练得多么刻苦，他们会不会带来一种令人惊奇的新的记忆方法，把大赛的水平提高到一个新的层次。参加这次比赛的有上届冠军拉姆·科利，他看起来心情愉快，轻松自在。我知道，他是所有参赛选手中天赋最高的。如果他要像欧洲人那样刻苦训练，其他人应该没有任何机会夺冠。不过按照我的想法，他做不到这些。我最担心的是莫里斯·斯托尔。只有他才可能花费大量时间创造出一套像埃德的"千禧PAO"那样的记忆系统，或者本的那种含有2704幅图像的扑克牌记忆系统。

比赛前的那天晚上，埃德再次提醒我："你现在唯一要做的事情就是尽情享受你的那些图像，要做到真正享受。只要始终能对那些生动的图像产生惊奇的感觉，你就能够做得很好。不要担心，要放松下来，忽视你的对手，开心一些。我已经很为你感到骄傲了。"

那天晚上，我躺在床上，着魔似的一遍一遍地在每一座记忆宫殿里进进出出，穿梭不停。我很担心莫里斯。最后，我失眠了，就像莫里斯参加上一届比赛时一样。但是，对于一名脑力运动员来说，失眠就像是莫里斯说的"就要参加足球比赛了，你却摔断了腿"。

后来我吃了几片安眠药，到凌晨3点左右才睡着，然后还做了一个噩梦。我梦见丹尼·德·维托（黑桃Q）和雷亚·珀尔曼（黑桃K）骑在一匹小矮马上（黑桃7），在一个停车场周围转了4个小时，试着找一个停车位停放他们那辆兰博基尼康塔什（红桃J）。最后，他们和马一起融化了，变成了沥青。而莫里斯·斯托尔则站在旁边，像邪恶的门格勒[1]医生一样咯咯地笑个不停。我只睡了4个小时，起床的时候眼睛模模糊糊的，头还有点儿眩晕，然后洗了两次头。我以前从来没有这么做过，这可是一个不祥之兆。

我乘坐电梯来到联合爱因斯坦总部大楼的19楼，出了电梯，遇到的第一个人是本·普里德莫尔。他从英国搭飞机来到这里，要专门花费一个周末的时间来考察一下美国赛场的情况。在曼彻斯特机场的最后一分钟，他决定乘坐头等舱。他说："还有什么地方可以挥霍我的钱财呢？"我低头看看他的皮鞋，那双鞋似乎只剩下了一半，鞋底已经完全和鞋帮分离。我说："好主意。"

我告诉他："第一项项目还没有开始呢，我的头就完全晕了。"然后，又告诉他昨天晚上我失眠了，早上起来又洗了两

1　约瑟夫·门格勒（Josef Mengele，1911—1979），人称"死亡天使"，"二战"时在波兰的奥斯维辛集中营担任军医。他执掌集中营生杀大权，决定送进营区的犹太人是被送进劳动营从事劳动还是送进毒气室毒杀，因此被人称为"死亡天使"。门格勒尽可能"消灭"不能劳动的人，并惨无人道地用活人进行"改良人种"实验，先后约有40万人惨死在他手下。

次头。他说，那些安眠药片一点儿好处都没有。药片里面的化学物质或许现在正在我的血液里流淌呢。

我给自己灌了两大杯咖啡。其实，我神经紧张的程度要远超过劳累的感觉。我觉得自己真是愚蠢透顶，为了更有竞争力，应该保持良好的睡眠才对，我现在却把这件最重要的事情彻底弄糟了。然后，莫里斯来了。他戴着一顶得克萨斯州农工大学农夫棒球队的帽子，穿着一件带有涡纹图案的衬衫，看起来比去年参加比赛的时候精神多了。而且也很自信，他的这种自信让我感到很担忧。他从屋子对面看到了我，就大步走过来和我握手，又向传奇人物本·普里德莫尔介绍了自己。

莫里斯对我说："你回来了。"他的语气里没有疑问，好像已经预料到我会参加这次比赛似的。我本来打算无声无息地靠近他，吓他一跳，现在他却已经简单地向我介绍了自己。一定是有人告诉了他，我接受过埃德·库克的指导，训练过记忆力了。

于是，我淡淡地说："是啊，我想试着参加一下今年的比赛。"说到这里，我指了指写有"乔舒亚·福尔，脑力运动员"的胸牌，然后继续说："算是一次新闻实践吧。"

说完，我接着问他："今年，你的数字训练怎么样了？"我想看看他的记忆系统有没有升级。

"很好，你的呢？"

"我的也不错。那扑克牌呢？"

"还不错，你呢？"

"我感觉这个项目还可以。你还是用去年的扑克牌记忆系统吗？"他耸耸肩作为回答，然后问我："你昨天晚上睡得怎么样？"

"什么？"

"你睡得还好吧？"

他为什么要问我这个问题？难道他知道我昨天晚上失眠了？他想跟我玩什么把戏？

他接着说："还记得吗，去年我睡得不太好。"

"是啊，我记得。那今年呢？"

"今年睡得不错。"

"乔舒亚是吃了安眠药才睡着的。"本在旁边替我解围。

"是啊，安眠药算是一种安慰剂，对吧？"

"我以前也试过服用安眠药，不过在上午记忆数字的时候就睡着了。缺乏睡眠可是记忆力的大敌。"莫里斯说。

"哦。"

"不管怎样，祝你今天好运。"

"好的，也祝你今天好运。"

赛场里，电视台的众多工作人员扛着摄像机跑来跑去。另外，大赛主办方还邀请了肯尼·莱斯和黑人斯科特·海格伍德对这次实况报道进行解说；前者是一位资深拳击节目讲解员，后者曾获得过四届记忆力大赛的冠军。他们坐在位于舞台前面的导演椅上，让人感觉这次比赛有点像是纪录片，有点不真实。我听到莱斯说，参赛选手们"把人类的大脑能力提高到了一个新的水平"，我耳朵没出毛病吧？他真是这么说的？

在以往的世界记忆力锦标赛开赛前，我看到参赛选手或戴着一副耳套，或为自己的大脑热身，把自己与他人隔离开来。但是，所有参加美国记忆力大赛的选手则是聚在一起窃窃私语，好像他们参加的不是一场比赛，而是一次视力测试。我找了一个不起眼的角落，塞上耳塞，努力像一个合格的欧洲记忆高手一样清空自己的大脑。

托尼·多蒂诺站在赛场前面向大家介绍这次比赛。他58岁，是一位企业管理顾问，长得很瘦，满头银发，留着大胡子。1997年，他把记忆力大赛引入美国，创立了美国记忆力锦标赛，并连续举办了13届。他是东尼·博赞的忠实信徒，主要工作是向大型公司提供管理咨询，帮助公司员工利用记忆术提高工作效率。这些公司包括IBM、英国航空公司和联合爱因斯坦公司（这也是为什么记忆力锦标赛的赛场会设在这里的原因，虽然似乎有点儿奇怪）。

他说："是你们告诉了国人，记忆力并不是那些智力超群人士的专利。你们将成为国人效仿的对象。美国记忆力锦标赛像是一个蹒跚学步的婴儿，他的历史，要靠你们来撰写。"说到这里，他用双手的食指指向我们。我决定不再听他的话，重新把耳朵塞上，然后在所有记忆宫殿里最后走一遍。像埃德曾经教过我的那样，我要检查一遍，看看是不是所有宫殿的窗户都敞开着，好让这美好的午后阳光照射进来，让我的图像尽可能地保持清晰。

在所有"撰写历史"的人群中，有我们36位参赛选手，来自全美10个州，包括威斯康星州的路德教会牧师T.迈克尔·哈蒂、雷蒙·马修斯带领的"有才能的十分之一"中的6名学生以及弗吉尼亚州里士满市的47岁职业记忆力培训师保罗·梅勒。保罗·梅勒曾在全美的50个州都跑过马拉松，在这次比赛前一周，他还在新泽西州给警察当老师，教他们快速记忆车牌号。

有实力的选手都被安排在赛场的最后一排。根据多蒂诺预测，大赛的冠军很有可能在这些人中产生。我很荣幸地成为其中一员，坐在最后一排的最后一个位置上（比赛的前一年，我和多蒂诺已经打过几次电话，也把自己的训练结果发给他看过，所以他知道我有机会夺冠）。在这些选手中，有一位来自旧金山的软件工程师，名叫切斯特·桑托斯，30岁，体格看起来很结实，外号叫"冰人"，这个称号跟他本人很不相符。他说话轻声细语，看起来很腼腆。在上一届的记忆力锦标赛中，他排名第三。我强烈地感觉到，他很讨厌我。我曾经为电子杂志《石板》撰写过一篇关于上届记忆力锦标赛的文章。后来，托尼·多蒂诺转发给我一封邮件，是切斯特发给他的。在邮件中，切斯特抱怨说，我的这篇文章写得太"差劲"。他还说我把卢卡斯和埃德吹嘘得"神乎其神",而在描述美国选手的时候,却说他们"完全是业余人士,懒懒散散",这是在贬低美国选手。现在,仅仅接受过一年的记忆力训练的我,竟敢和他面对面地在赛场里对决。对他来说,这绝对是一种羞辱。

肯尼·莱斯坐在赛场的一侧,我听到他说:"这场比赛肯定很恐怖,完全像是业余篮球选手一对一单挑勒布朗·詹姆斯[1]。"我想,他是在说我。

其他国家的记忆力锦标赛所设置的项目和遵循的规则,基本上都和世界记忆力运动委员会制定的项目和规则保持一致。但是,美国记忆力锦标赛则稍有不同。世界记忆力锦标赛是根据选手的每一项成绩之和决出冠军的,也就是说将每位选手的成绩相加,然后计算出总成绩,总成绩最高的那位就是冠军。美国记忆力锦标赛就没有这么直接。美国的参赛选手要先经过一轮初选,即在比赛第一天的上午,所有选手参加4个项目比赛,包括人名头像、速记数字、速记扑克牌和记忆诗歌。在这4个项目的比赛中都需要用笔和纸记录要记忆的内容。最后,在所有的选手中,选出6位总成绩最好的进入下午的第二轮比赛,其他选手直接被淘汰。下午的比赛项目的电视直播效果会比上午的要好。这些"淘汰"项目包括词语记忆、三振出局和双虎对决。

1　勒布朗·詹姆斯,美国篮球巨星。——编者注

在这一轮之后，两位对手再次对决，直到其中一名选手胜出，他就成为美国记忆力锦标赛的冠军。

上午的第一个比赛项目是人名头像。在进行记忆力训练的时候，我这个项目的成绩还是很不错的。参加这个项目的时候，选手们要记忆与一沓99幅头像相对应的人名，这个人名只包含名和姓两个单词。选手们在记忆的时候，通常会想象一幅让人过目不忘的图像，把头像和对应的人名联系起来。例如，在这99幅头像中，有一幅头像对应的名字是爱德华·贝德福德。这是个黑人，留着一撮山羊胡子，发际线很靠后，还戴着一副有色太阳镜，左耳上戴着一只耳环。为了把他的头像和名字联系起来，我最初想象他躺在一辆福特卡车的座椅上，但感觉这幅图像不是很特别。于是，我重新想象另外一幅图像：他在一张漂浮的床垫上，正要划水过河。为了记忆他的第一个名字"爱德华"，我把"剪刀手爱德华"[1]也放在了他的床垫上。在他划水过河的时候，剪刀手爱德华在剪床垫。

在记忆肖恩·柯克这个名字的时候，我使用了一种不同的技巧。肖恩·柯克是白人，头发前面长后面短，他留着连鬓胡子，歪着脸笑着，好像一个中风患者。我把他与福克斯新闻频道主持人肖恩·汉尼提和电视连续剧《星际迷航》中的联邦星舰"进取号"战舰的船长柯克放在一起，然后在大脑中把他们

1　剪刀手爱德华是美国导演蒂姆·波顿执导的电影《剪刀手爱德华》中的主人公。

三人联想成一座人形金字塔。

我们盯着这些人名和头像，努力地记忆。15分钟过后，一位裁判走过来，把我们面前的那沓头像收走，然后给每个人发了几张由订书机订好的纸张，上面印着我们刚刚看过的头像，只不过次序打乱了，而且没有标注姓名。我们有15分钟的时间，尽可能地回忆这些头像的名字，回忆出的名字越多越好。

放下笔交完考卷之后，我想自己的成绩或许只是处于中游。肖恩·柯克和爱德华·贝德福德这两个名字我记住了，但却忘记了旁边那个可爱的金发美女和另外一个小孩的名字，小孩的名字好像是法语。另外还有其他几个头像的名字也没有记起来。所以，我认为自己在这个项目上的成绩不会太好。但结果出来之后却让我大吃一惊——我居然排名第三，记下了107个名和姓。拉姆·科利排名第二，他记下了115个。莫里斯·斯托尔排在我后面——第四，他记下了104个。排名第一的是17岁的埃琳·霍普·卢莱，一位来自宾夕法尼亚州梅卡尼克斯堡的游泳选手。她记住了124个名和姓，刷新了这个项目的美国纪录。真是令人佩服至极，即使是欧洲顶级记忆高手也会对这个成绩刮目相看的。成绩公布后，她站了起来，害羞地向大家挥手致意。我朝拉姆看去，发现他也正扭头看着我。他耸耸眉毛，好像在说："这个小姑娘是从哪里冒出来的？"

第二项是速记数字。我在这个项目上的成绩在所有项目中一直是最差的，而且也没有从埃德那里学到什么，因为我根本就忽视了他的指导。曾经连续好几个月，他一直建议我重新建立一套比较复杂的记忆系统，让自己也变成一个"手提64式步枪的战士"。当然不必像他的"千禧PAO"系统那样复杂——那可是他花费了好几个月时间才研究出来的，但至少要比其他美国选手使用的记忆系统要复杂一些。我确实研究出一种记忆52张扑克牌的PAO系统，他的要求得到了满足。但是，在记忆00~99的两位数字组合这个项目上，我没有这样做。

　　和其他的选手一样，我使用的也是记忆系统。我决定在5分钟的时间内，至少记下94个数字。即使按照美国标准，这样的速度也很普通。在记忆第88个数字的时候，我把图像混淆了。我不应该想象比尔·考斯比[1]，而应该想象一家人在一起玩米尔顿·布雷德利公司的超级版《游戏人生》[2]的情景。莫里斯朝一位在赛场上拍摄的媒体摄影师粗暴地大吼："人名头像项目都快把我折磨死了！"我戴着耳套都听到了，然后被他影响到了，这让我很自责。虽然我只记住了87个数字，最后排名却是第五，还是相当靠前的。莫里斯记住了148个数字，刷新了这个项目的美国纪录。拉姆记住了124个，排名第二。埃琳只记住了52个，被甩到第11名。我站起来，伸个懒腰，喝了第三杯咖啡。肯尼·莱斯对着摄像机，很认真地说："他们被称为'MA'，也就是脑力运动员。但是，在比赛进行到这个阶

1　比尔·考斯比，美国著名喜剧家、演员及作家。
2　《游戏人生》，一种模拟人生的网络游戏。

段的时候，'MA'这两个字母代表的应该是'精神备受折磨'（mental anguish）。"

在速记数字这个项目上我使用的记忆术比较低级，但是在速记扑克牌这个项目上，我是场上唯一一位掌握了先进记忆系统的选手。用埃德的话说，我的这个系统是"最新式的欧洲武器"。大多数美国选手仍然是把一张扑克牌的图像放在记忆宫殿的一个位置上。另外一些参加过多届比赛的选手，例如拉姆和"冰人"切斯特，最多就是把两张扑克牌放在一起想象出一幅图像。几年前，参加美国记忆力锦标赛的选手没有一个能记住一副扑克牌。多亏了埃德，我才研究出自己的PAO系统，可以把三张牌想象成一幅单独的图像，这样我的效率至少比其他选手提高了一半。对我来说这绝对是一种优势，即使莫里斯、切斯特和拉姆在其他项目上能够赢我，我希望仍然能够依靠速记扑克牌这个项目把自己的总分拉高。

大赛举办方为每位选手指定了一个裁判，每个裁判都拿着一个秒表，坐在选手的对面。我的裁判是一位中年女士，她面带微笑坐在我的对面，说了一些东西，但是因为我戴着耳塞和耳套，所以没有听清楚她在说什么。我把自己的喷了漆的黑色护目镜带到了赛场上，准备在速记扑克牌时戴上。但是，直到一副扑克牌被洗好，放到我的面前时，我还在犹豫到底要不要把它戴上。在赛前几周的练习中，我都没有戴过这副眼镜。不过，联合爱因斯坦的这座礼堂里充满着干扰注意力的因素，还有3台电视摄像机在赛场里动来动去，其中的一台还会给我一个特写镜头。我心里想，或许所有认识我的人都在看这个节目，包括很多年没有见面的高中同学、根本不知道我痴迷于记忆力的朋友，还有我女朋友的父母。如果他们打开电视，看到我戴着厚重的黑色护目镜和耳套，在快速翻阅一副扑克牌，他们会怎么想？最后，我对自己在公共场合的形象的担心战胜了求胜心，于是把护目镜放在了脚边的地板上。

主裁判是一位前海军陆战队军训教官，他站在赛场的最前面，大喊一声："开始！"裁判按下秒表，我立刻以最快的速度开始翻看扑克牌。每一次，我从扑克牌的背面快速弹出3张，放到右手里，然后再把相关的图像储存在一座记忆宫殿里。我的这座记忆宫殿是我在华盛顿的家，从4岁起，我就生活在里面。因此，谁都没有我熟悉它。在中央公园，埃德教我记忆他的购物清单的时候，我使用的就是这座宫殿。站在前门，我看到自己的朋友莉兹（Liz）在解剖一头猪（红桃2、方块2、红桃3）。进到房子里，"绿巨人"骑在一辆固定着的自行车上，耳垂上挂着几个大大的圆耳环，把耳垂拉得很长（梅花3、方块7、黑桃J）。

在楼梯底部的镜子旁边，特里·布莱德肖[1]坐在一辆轮椅里，试图让轮椅更加平衡一些（红桃7、方块9、红桃8）。一

1　特里·布莱德肖，1948年9月2日出生于路易斯安那州，被公认为美国国家橄榄球联盟播音室最杰出的播音员。

位戴着宽边帽的矮小骑师撑着伞从一架飞机里降落在特里·布莱德肖的正后方（黑桃7、方块8、梅花4）。在比赛进行到一半的时候，莫里斯再次痛苦地大喊："不要走！"这次他估计是对着另外一位摄影师喊的。我戴着耳套又听到了，但是这次我没有被他影响到。在我兄弟的卧室里，我看到本正在向教皇本笃十六世的无边帽上撒尿（方块10、梅花2、方块6），而杰瑞·宋飞[1]四肢摊开，躺在停在走廊里的一辆兰博基尼车前盖上，浑身是血（红桃5、方块A、红桃J）。在父母卧室的门下面，我和爱因斯坦一起正在月球上漫步（黑桃4、红桃K、方块3）。

速记扑克牌的诀窍在于迅速弹牌和想象带有细节的图像之间的完美平衡。只要扫视一眼就足够，这样在重组图像的时候，就不会在图像里掺杂其他任何不必要的颜色，然后浪费掉宝贵的时间。我用手拍了一下桌子，代表记忆完毕。此时，我心里清楚，我的平衡感拿捏得很到位。但至于平衡到何种程度，我不太清楚。

坐在我对面的裁判看了一眼秒表，宣布了我的成绩：1分40秒。听到这个成绩，我很快意识到，它不仅是我从开始训练以来取得的最好成绩，而且也打破了这个项目的美国纪录——1分55秒。我闭上眼睛，把头靠在桌子上，低声说了一句脏话。在

---

1 杰瑞·宋飞，美国著名喜剧演员，代表作品《宋飞正传》，获得过金球奖和艾美奖。

一秒钟的时间里，我意识到一个事实：自己刚刚做了一件全美国人都没有做到的事情，虽然这件事情有点儿古怪，有点儿微不足道。

我抬起头，扫了一眼莫里斯·斯托尔；他将着自己的山羊胡，看起来好像很痛苦的样子。看到他这样，我竟然有一丝满足感涌上心头。我又看了看切斯特，心里突然有点儿紧张。他正扬扬得意地笑着，好像很自信的样子。他不应该这么自信的。他在这个项目上的纪录可是2分15秒，一点竞争力都没有。

按照世界记忆力锦标赛的标准，30秒是最高纪录，我的1分40秒不过是中等水平。对于任何严肃的欧洲选手来说，这个成绩不过是一英里跑5分钟的成绩。但是，我们现在不是在欧洲赛场上。我在想这些的时候，摄像机和观众开始向我的桌子旁聚集。裁判把第二副未洗的扑克牌推到我的面前，我现在的任务是重新把这副没有洗好的扑克牌按照刚刚记忆过的扑克牌的顺序摆好。

我把这副扑克牌摊在桌子上，深深地吸了一口气，再次在我的记忆宫殿里走了一遍。刚刚放置好的那些图像，现在就在它们的位置上待着，但是有两幅的位置改变了。它们应该是在洗澡，被水淋得湿透。但是，我现在看到的却是干净的米黄色瓷砖。

我有点儿慌乱地自言自语：看不见，看不见……然后以最快的速度把每幅图像再次理了一遍。是不是忘记了一对大脚趾？或者是一位花花公子的宽领带？还是帕梅拉·安德森[1]的乳房？还是幸运符小精灵？或者是一队戴头巾的锡克人？不，不对，不是的。

我用食指把所有记下来的扑克牌挑选出来。桌子左上角是我的朋友莉兹和她死去的猪，挨着她的是骑着自行车的"绿巨人"，然后是特里·布莱德肖和他的轮椅。5分钟记忆时间快到了，最后桌子上剩下3张牌，正是从洗澡的场景中溜走的那3张，它们是方块K、红桃4和梅花7，是克林顿正在和一个篮球交配的场景。

我以最快的速度把这一沓扑克牌整理成方形，隔着桌子把它推到裁判面前，然后取下耳套和耳塞。我做到了，我确定毫无疑问。

裁判等一台摄像机选好角度之后，才开始一张一张地掀开扑克牌，为了加强表演效果，我按照自己记住的次序跟着她亦步亦趋。

红桃2

红桃2

方块2

方块2

红桃3

1　帕梅拉·安德森，加拿大演员、模特和作家，被称为20世纪90年代的性感符号。

红桃3

......

一张一张依次掀开，全部都是正确的。我们一起核查完之后，我把最后一张扑克牌扔到桌子上，抬起头，咧嘴傻笑起来。虽然我极力抑制这样的笑容，但最后还是没有忍住。我刷新了这个项目的美国纪录。围在我身边的人群爆发出热烈的掌声。有的人在大声喝彩，本·普里德莫尔则在空中挥舞着拳头。一位12岁的小男孩走过来，递给我一支笔，要我给他签名。

不清楚为什么，上午前三项总分排名前三的三位选手不用再参加初赛的最后一个项目——诗歌记忆。虽然我的速记数字项目的成绩很低，但是因为速记扑克牌的成绩刷新了美国纪录，所以总排名第二。莫里斯排名第一，"冰人"切斯特排名第三。我们三人直接晋级1/4决赛。于是，我们三人和本·普里德莫尔一起到联合爱因斯坦的自助餐厅里吃了顿午餐，补充一下体力。我们虽然坐在同一张桌子旁，但是在整个用餐过程中，谁都没有说话。回到比赛现场的时候，另外3名选手和我们一起坐在了赛场的前台上。他们是参加过50个州50场马拉松比赛的47岁的保罗·梅勒、17岁的埃琳·卢莱和拉姆。埃琳的诗歌记忆成绩打破了美国纪录。也就是说，在我们出去的这段时间里，她一天内两打破了美国纪录。

现在只剩下我们6名选手。比赛进入下一个环节，设置这个环节是考虑到比赛有电视直播，要增加表演性。赛场前面设置了一个大屏幕，上面开始显示出一些有趣的三维图像，舞台灯光也亮起来，照在6张导演椅上，每张椅子上放着一个小型麦克风。这些椅子是为我们6个人准备的。

下午的第一项比赛是随机单词。在一场典型的国家级随机单词记忆项目比赛中，大赛举办方会给出400个单词，选手们需要在15分钟的时间内尽可能多地记忆这些单词。然后，在30分钟的时间内再把记忆下来的词语写在一张纸上。这样的比赛项目算不上是观赏性的运动。但是，在这次美国记忆力锦标赛上，为了使观众能跟着选手们一起感受歇斯底里的状态，或痛苦地尖叫，或做出一些如同歌舞伎一般的滑稽动作，以使比赛更加有吸引力，大赛举办方把选手们的比赛场地设在了舞台上。我们6人围成一圈，然后轮流说出自己记住的单词。首先说错一个单词的两位选手将被淘汰。

要记忆的单词中有一部分是实义名词和动词，例如"reptile"（爬行动物）和"drown"（淹死），都是一些很容易联想图像的词语。还有少部分难以想象出图像的抽象词语，例如"pity"（怜悯）和"grace"（优雅）。在正常的随机单词项目比赛中，选手要记得越多越好，甚至为了把记忆宫殿填满，还可以粗心一些。但是，鉴于美国记忆力锦标赛的规则，埃德和我一致认为应该采取一种更加明智的策略——记忆的词语量可以少一些，但一定要准确。我决定记住120个单词。我们估计，在舞台上的大多数选手可能要比我记得多一些，但他们可能会因为极度兴奋，记忆的单词量会更大，然后超过他们可以控制的范围。我不能这样做。

15分钟记忆完毕后，我们坐在舞台上，开始按照顺序轮流说出所列出的单词："sarcasm"（讽刺）……"icon"（图标）……"awning"（遮阳棚）……"lasso"（套索）……"torment"（痛苦）……

在说到第27个单词时，在上午的人名头像和诗歌记忆比赛中两次打破美国纪录的埃琳顿住了。包括我在内的5名选手都知道这个单词是"numb"（麻木的），但是不知道怎么回事她就是记不起来了。她沮丧地退到椅子上，摇了摇头。再次说了9个单词后，保罗·梅勒把"operation"（操作，名词）说成了"operate"（操作，动词），这是记忆新手很容易犯的典型错误。我们在比赛开始前都准备好，要拼杀到至少包括100个单词。那位负责录制这场闪耀着才智的比赛的电视台制片人，更是希望比赛能进行到这个程度。但是谁也没有想到，这项比赛这么快就结束了。即使是刚刚学会记忆宫殿原理的新手，在第一次参加比赛时也可以记忆至少30～40个词语。我怀疑，埃琳和保罗对场上的其他选手的判断有些失误，他们有点儿努力过头了。这样一来，因为埃琳和保罗所犯的错误，拉姆、切斯特、莫里斯和我4人进入了最终决赛。这也意味着，我可以参加最终决赛中的茶话会项目了。

　　一位个子高挑的女士穿着一条夏季裙子走上舞台向大家介绍自己："大家好，我是戴安娜·玛丽·安德森。1967年12月22日，我出生于纽约州伊萨卡城，邮编是14850。我的办公室电话号码是929-244-6735转14，但在这里请不要给我打电话。我的宠物是一只黄色的拉布拉多犬，名叫'卡尔马'。我的业余爱好包括看电影、骑自行车和针织。我最喜欢的车是1927年产的黑色T型福特车。我喜欢吃比萨、软糖和红白条纹的冰激凌。"

　　在她介绍自己的时候，拉姆、切斯特、莫里斯和我都闭着眼睛，努力向记忆宫殿里填充图像。戴安娜的生日（1967年12月22日）变成了这样一幅图像：一个修女（22）在吃水果沙冰（67），然后有一吨重的物体（12）压在了她身上。我把这幅图像放在了那座维多利亚风格宫殿洗浴间的齿爪状独立式浴缸里。记忆她生日和邮编的时候，我走到壁橱那里，想象有一只巨大的卡车轮胎（14）沿着伊萨卡的著名大峡谷边沿滚动，然后落到了两个小伙子（850）身上。戴安娜介绍完自己后，另外4人轮流上台，非常详细地向大家介绍了自己。

　　这一比赛项目的名字叫"三振出局"，即前两位没有成功记忆3条信息的选手将会被淘汰。5位参加茶话会的客人介绍完自己下台，我们有几分钟的时间来让遗忘曲线发挥功能。然后，5位客人全部上台问我们问题。首先是第四位客人，一位戴着棒球帽的金发女士，她问我们她的名字。切斯特坐在我们这一排的最后，说："苏珊·拉娜·琼斯。"这位客人接着问莫里斯她的生日，莫里斯不知道。他跟我说过昨天晚上他睡得很好，但是我怀疑他是不是在撒谎。莫里斯输了一次。很幸运，我记得她的生日。我把与她生日对应的图像放在了那座现代化宫殿的大理石水槽里，水槽里光秃秃的什么都没有。我把这幅图像调出来，是1975年12月10日。拉姆说出了她的住址：佛罗里达州北迈阿密海滩，邮编33180。切斯特忘记了她的电话号码，他输了一次。莫里斯也没有记住，他输了两次。摄像机对准我，等着我说出那10个号码以及分机号。我对着镜头说："我根本就没记她的电话号码。"我的策略是，把精力集中在除电话号码以外的其他信息上，希望客人在问这些长长的数字时，不会叫到我。于是，我也输了一次。

比赛继续进行。又有一位女士问莫里斯她的3个兴趣爱好，他连一个都没有答出来。在客人们介绍自己的兴趣爱好的时候，他是不是在打盹儿啊！他已经输了3次，惨遭淘汰。

剩下包括我在内的3名选手在台上轮流地回答着客人的提问，几轮过后，客人又问到切斯特她的电话号码，包括区号和3位分机号。

他痛苦地扮了个鬼脸，低下头说："为什么总是问我电话号码？不是在要我吧？"

托尼·多蒂诺是这项比赛的主持人，他站在舞台左侧的一个台子后面，说："这是比赛规则。快点啊，没谁知道这些号码。"

"你可是数字大师啊，切斯特。"

如果我是切斯特，我也回答不出来。于是，他被淘汰出局，而不是我；是他在我前面输了第三次，而不是我在他前面输了第三次。我竟然闯进了美国记忆力锦标赛的决赛，真是走了狗屎运。

决赛开始前要休息10分钟。10分钟之后，我和拉姆就要进入最后一项比赛——"双虎对决"。我们每人有5分钟时间记忆相同的两副扑克牌。我走下舞台，莫里斯拦住我，一只胳膊搂住我的肩膀，用蹩脚的英语说："你肯定是冠军，拉姆肯定记不住两副扑克牌。"我只是说了声谢谢，然后努力从人群中挤到屋子外面去。本正站在楼梯的底端伸着手掌等着我和他击掌祝贺。

他兴奋地说："扑克牌是拉姆最差的项目，你赢定了！"

"别这么说。你这家伙是想让我倒霉吗？"

"你只要花费上午的一半精力就可以了。"

"可别这么说。再这么说，真的是要把坏运气给带到我这儿来了。"

他向我道歉，然后去祝福拉姆了。

坐在考场一侧的肯尼·莱斯还在继续着他的实况分析："我们正在播出的是美国记忆力锦标赛,目前比赛已经接近尾声。拉姆·科利获得了上一届的冠军,这位来自弗吉尼亚的25岁选手还能获得这一届比赛的冠军吗?或者是新来的网络记者乔舒亚·福尔将获得冠军?他曾经报道过这项赛事,这次准备努力夺冠。这是一场'双虎对决',也是一场大脑与大脑的较量。"

虽然我担心噩运将至,但是我认为本和莫里斯是对的,拉姆在5分钟内连一副扑克牌都记不下来,更何况是两副。在灯光下,我们大汗淋漓,而且正对着电视台的摄像机。我很清楚,只要自己能在随后的比赛环节里说出话,那个涂着金色指甲油的银手奖杯就是我的了。

我在座位上坐下,戴上耳塞,然后立即把第二副扑克牌推到一边。我只需要比拉姆多记忆一张牌,就能赢过他。因此,要把第一副牌尽可能地记下来。5分钟内,我把这副牌反反复复地看了好几遍,中间停下来快速瞄了一眼拉姆。拉姆的桌子和我的桌子紧挨着,他坐在那儿,手里拿着一张牌,研究着,好像这张牌是一只很稀有的昆虫。我想:"老天,这家伙肯定赢不了。"

5分钟过后,有一个掷钱币的环节,用来决定由谁先开始回忆记忆过的扑克牌。钱币掷过之后,拉姆说是背面。但是,钱币是正面。于是,最后由我决定谁先开始回忆。

我低声说："这是很重要的决定。"虽然声音很低，但还是通过麦克风传出来了。我闭上眼睛，以最快的速度在宫殿里巡视了一遍，看看会不有什么地方漏掉了，或者因为什么原因没有在一些位置上放置图像，就像在上午比赛中发生的意外一样。如果有遗漏，我想让拉姆先开始。最后，过了很久，我睁开眼睛说："我先来吧。"

说完之后我又多想了一秒钟，然后急忙改口说："不，不，等等。还是拉姆先来吧。"表面上看我的决定好像是一种搅乱人心的战术，但实际上是我发现自己忘记第43张扑克牌是什么了。所以，我决定由拉姆先说，那样的话，我就不用说出这张牌是什么了。

多蒂诺说："好的。拉姆，现在你先开始。第一张扑克牌是什么？"

拉姆玩弄了一会儿手指，说："方块2。"然后是我回答第二张牌："红桃Q。"

"梅花9。"

"红桃K。"

到这里，拉姆看着天花板，然后靠在了椅背上。

我看到他在摇头。我想："没搞错吧？开什么玩笑？"他低下头，不太确定地说："方块K？"

我只好摇头，他被淘汰了，才刚到第五张牌啊。

我很吃惊地看着拉姆，他肯定是努力过头了，这下彻底完了。

莫里斯坐在舞台下的第一排，使劲地拍着自己的额头。

我没有站起来，也不确定自己的脸上是不是浮出了一抹笑容。几分钟之前，我唯一想做的事情就是夺得冠军。但是，现在我的第一感觉并不是高兴，也不是解脱或者沾沾自喜；相反，是一种精疲力竭的感觉。这让我感觉很奇怪。一股睡意袭来，我把头埋在手里，安静了一会儿。这时，在家里看电视直播的朋友或家人肯定认为我是太激动了。但是，我这一刻其实仍然在自己的记忆宫殿里，巡视着满屋子的不可思议的图像。这些图像看起来甚至比舞台还真实。然后，我抬起头，看到了那个有些庸俗的两层奖杯，它正在舞台边缘闪闪发光。拉姆走过来和我握手，然后凑到我耳朵边小声问："第五张牌，是什么？"

我把手挪开，面向他，然后小声回答："梅花5。"不就是多姆·德卢西和他的呼啦圈嘛。

肯尼·莱斯说："祝贺乔舒亚·福尔！这次他有的是内容可写了，是不是？他参加比赛的初衷只是为了试试自己的记忆力能达到什么样的程度，但是他回家的时候，已经成为大赛的冠军！"

HDNet电视台的记者罗恩·克鲁克走上台，手里拿着麦克风，要对我做赛后采访。他说："乔舒亚，你是第一次参加记忆力大赛的新手，但是你的成绩真是不俗。以前，你也关注这项赛事，对它做过几次报道。那么，这种经历对你今天成功获得大赛冠军有什么重要的影响吗？"

我说："应该是很重要的。但是，我为参加大赛所做的记忆练习更加重要。"

"这么说，你的记忆训练今天明显是见效了。你很有希望成为世界记忆力锦标赛的冠军。"

我还没想过这个问题。对我来说，这个想法太不现实了。

"你观看过世界记忆力锦标赛，也作为记者报道过比赛。

这个经历能不能帮助你夺取世界冠军呢？"

我笑了，说："说实话，我认为我根本不可能夺得世界记忆力锦标赛的冠军。参加比赛的选手在30秒内就能记住一副扑克牌，他们真的是外星人。"

"我确信，你是美国人的希望。我们希望你有一天能够夺得世界冠军。你看，夺取美国橄榄球超级碗冠军的球队会大喊：'我要去迪士尼！'那你夺得美国记忆力锦标赛冠军，你会说……"

他把麦克风放在我面前，等着我回答。我猜，应该回答"我要去吉隆坡"，或者说"我要去迪士尼"。我有点儿蒙了，而且感觉非常疲惫。众多摄像机在我前面旋转，我说："呃，我不知道。"我有点儿不知所措，然后说："我想，我要回家。"

我从舞台上下来后，立即跑到最近的一部付费电话旁，给埃德打电话。当时，澳大利亚正是中午，他应该站在一个板球场上，用他的话说，正在参加一项带有"实验性的哲学"研究。

"埃德，是我，乔舒亚……"

"得冠军了吗？"这句话从他嘴里以极快的速度蹦出来，让我感觉他一上午都在等我的电话。

"得了。"

他低吼一声，然后说："太牛了！你这家伙，真是不错，干得漂亮！你知道你的夺冠意味着什么吧？毫无疑问，你现在是全美国智商最高的人！"

第二天上午，出于好奇心，我登录大赛网站，查看公告栏，想确认一下比赛的总分公布出来没有。同时我也想看看，有没有欧洲人对一位新手获得美国记忆力大赛冠军这件事发表什么看法。关于这次比赛，本已经写了一篇长达15页的报告。在报告的最后，有几句话是关于冠军的，他这样写道："我对他的记忆过程印象很深刻。他的训练时间很短，但是或许他已经把美国记忆力锦标赛参赛选手的水平提高到了一个新的水平。他从欧洲学到了记忆术，也曾经观摩过在欧洲举办的比赛。他不像其他美国选手，把自己限制在某个水平线上，只要在美国记忆力比赛中看起来不错就可以了。他对这项运动投入了真正的热情。我认为，他以后不仅会成为一名记忆大师，或许还会成为第一位打败世界上所有记忆高手的美国人。如果是这样，他的美国竞争对手一定会努力跟上他的水平。也就是说，只需要一个人，就可以激励他们前进。所以，我想，美国记忆力训练的前景一片光明。"

美国记忆力锦标赛其实只是小有名气（好吧，应该是名气很小）。但是，突然间，著名主持人埃伦·德杰尼勒斯要见我，《早安美国》和《今日秀》都邀请我上节目。人人都想看我这只猴子是怎么表演戏法的。

而最令我吃惊的是，我除了成为星光突现的明星人物之外，俨然也成为世界记忆力大赛在3亿美国人民面前的官方代表。我从来没有期望过自己能有这样的身份。在进行训练的时候，我也从来都没有想过，自己某一天会和明星人物埃德·库克、本·普里德莫尔和冈瑟·卡斯滕面对面地对决。我在本书前面已经提到过他们。我也从来没有把自己的训练成绩与他们的成绩做过比较。打个比方，他们是著名的纽约扬基队的明星，而我只是啤酒联盟[1]里的一名普通队员。

8月底，我带着我的耳套和14副扑克牌去了伦敦（世界记忆力锦标赛举办方在最后一刻决定，把比赛地点从马来西亚挪到了这儿）。我在耳套上涂上星条图案，看起来很像美国队长使用的武器"星条圆盾"，而那14副扑克牌是准备在一个小时的扑克牌记忆中使用的。另外，我还穿着一件印有美国标志的T恤衫。我这次参赛的"雄心壮志"是不让自己和美国蒙羞。另外还有两个目标，那就是在37位选手中，争取进入前10名，获得"世界记忆大师"的称号。

但是结果出来，我的这两个目标都没有达到。参加世界记忆力锦标赛，我的表现只是让别人感觉美国人的智力很普通。作为地球上的超级大国的官方代表，这样的表现让我有点儿难以启齿。不过，我的扑克牌记忆成绩还不错，一小时内记忆了9副半（要获得"世界记忆大师"的称号，要在一小时内记忆10副扑

1　啤酒联盟是美国2006年上映的电影《啤酒联盟》里的一个业余垒球队，是由一位小镇待业青年和他的朋友们组织起来的。

克牌），但是数字记忆的成绩有点儿差劲，一小时内只记住了380个数字（还差620个数字，才能获得"世界记忆大师"的称号）。在人名头像记忆项目上，我的成绩排第三，这是因为大赛举办方所提供的人名包含了各个民族的名字，算得上是人名联合国了。而我恰好来自美国这个文化大熔炉，对所有的名字都没有陌生感。我的总成绩最终在37位参赛选手中排名第13，落后于德国人、澳大利亚人和英国人。不过，好在排在了法国选手和中国代表团前面，这一点让我感觉很高兴。

比赛的最后一个下午，埃德把我拉到一边告诉我，为了表彰我"良好的记忆力和正直的人品"，当天晚上，可以通过投票表决让我成为KL7的一员，不过前提是我必须先通过这个秘密组织神圣的入会仪式。

他的这个邀请比我夺得美国记忆力锦标赛冠军意义更加重大，是我这次参加世界记忆力锦标赛所获得的真正成就。我很清楚，就连3次获得世界记忆力锦标赛冠军的安迪·贝尔，埃德都没有向其发出过邀请，他们也没有邀请过36名"世界记忆大师"中的任何一名。那年，他们只邀请过在世界记忆力锦标赛上连续两次排名第三的约阿希姆·泰勒，这是一名来自澳大利亚的17岁青年，人很和善。KL7的邀请让我的世界记忆力锦标赛之旅收获颇丰。最开始，我只是记忆力大赛的门外汉，仅希望能够把记忆高手的这种独特文化记录下来。那时，我根本没有想到，自己会受邀加入这个组织。现在，这个组织正式邀请我加入，我马上要成为它的正式会员了。

当天，来自德国的法学专业学生克莱门斯·梅尔获得了冠军。后来，举办方进行了颁奖仪式。因为在人名头像记忆项目中名列第三，我获得了一枚铜牌。当天晚上，所有参赛人员聚集在辛普森滨河餐厅里开庆祝会。这是一座非常古老的餐厅，曾经是19世纪最伟大的国际象棋大师们的聚集地，1851年的那场"不朽的比赛"就是在这里进行的，那是一场历史上最具传奇色彩的国际象棋大赛，由蜚声棋坛的国际象棋大师阿道夫·安德森和莱昂纳尔·克瑟里茨基对决。在甜点没有上来之前，KL7的几名成员偷跑出来，聚集在创始人冈瑟·卡斯滕所住宾馆的大堂里，这座宾馆和辛普森滨河餐厅位于一条大街上。

埃德从市区另一头赶过来，脖子上挂着两枚银牌（他在一小时内记住了16副扑克牌，并连续口述出133个数字）。他坐在我旁边的皮椅上，面对着宾馆的石雕壁炉，跟我说："我先提前跟你说一声，要加入这个组织，必须在5分钟内完成3项任务：喝下两品脱啤酒、记住49个数字、亲吻3位女士。你明白吗？"

"明白。"

冈瑟穿着一件紧身背心，在我们后面走来走去。埃德继续说："乔舒亚，这是完全可以做到的。我们给你一分钟的时间，你考虑一下，是在记忆数字之前喝完啤酒还是在记忆过程中喝。不过，我先提醒你一下，有人曾经试图在记忆这49个数字之前，把两品脱的啤酒喝完，但他最后没有成功加入KL7。"说到这里，他低头看看表，然后说："不管怎么样，我说'开始'，任务就开始了。"

有一位没有加入KL7的脑力运动员来参观这次入会仪式，他在一个商务名片的背后写下了49个数字。埃德喊道："开始！"我用双手捂住耳朵，就好像戴着一副耳套，开始记忆：7……9……3……8……2……6，然后喝了一大口啤酒。就这样，每隔6个数字，我就喝一口啤酒。就在我马上要联想最后两个数字的图像的时候，埃德喊了一声："时间到！"然后把我手中的名片拿走了。

我把手从耳朵上拿下来，按照顺序很流畅地说出了这些数字。但是，在走到了记忆宫殿的最后一个位置时，我发现，最后两个数字的图案蒸发了。我把00～99的所有两位数字组合全部过滤了一遍，还是没有发现合适的数字。我睁开眼睛，想得到一些提示。但是，他们很安静，都没出声。

"我失败了，对吧？"

"是啊，很遗憾，只记住47个数字是不行的。"埃德非常严肃地向聚集在大厅里的KL7成员宣布，然后转向我说："我真的很遗憾。"

"别担心，我第一次也没有成功。"冈瑟拍拍我的肩膀说。"这是不是就意味着，我不能加入KL7？"

埃德紧闭双唇，摇了摇头，然后非常认真地说："乔舒亚，你现在不能加入。"

　　"埃德，求求你，你就不能帮帮忙吗？"我的语气里带着一丝请求。

　　"友谊对加入KL7这个组织是没有帮助的。如果你想成为其中一员，就必须再来一次。"他招呼了一声服务生，然后说："相信我吧，从今天晚上越往后，你就会对KL7的入会仪式印象越深刻。"

　　他们重新画了一个表格，里面列有49个数字，然后又倒上两品脱啤酒。这次，我大脑中的图像出奇地清晰，跟我这个周末大脑里出现的所有的图像一样清晰，但是图像的淫秽和下流程度却要比其他图像更甚。另外，不像第一次，这次我居然有足够的时间把记忆宫殿又重新走了一遍。埃德说时间到，我闭着眼睛，像平时训练一样，自信地把这些数字说了出来。

　　埃德站起来，和我击掌，然后拥抱。但是，和我一样烂醉如泥的冈瑟却不满足，他坚持要我在入会前接受另外一项考验。他说："你必须亲吻一位女士的膝盖，而且要亲吻3次。""一位女士的膝盖？3次？你把入会的要求提高了。"我抗议。他说："这是规矩。"他拽着我的胳膊，把我拉到酒吧相邻的一间屋子里，然后向两位中年爱尔兰女士解释我们的情况。这两位女士本来在安静地喝酒。我好像记得，自己对其中的一位说不要担心，这种情况没什么奇怪的。我们是记忆力锦标赛的冠军，亲吻她们的膝盖是她们的光荣。我好像还记得，我这些话并没有起到什么作用。最后还是冈瑟想到了一些更有说服力的说法，然后我才在一位可怜的女士的膝盖上啄了三下。冈瑟立刻举起我的一只胳膊，宣布我已经通过了所有的考验和仪式，可以加入世界上最值得尊敬的脑力运动员的组织。他大喊道："欢迎加入KL7！"

我记得，在那之后，我的表现就不太光彩了。我和东尼·博赞坐在一张沙发上，念叨着，他是"权威"，然后还很夸张地对埃德眨眼睛。我还记得，本当时开玩笑说，那位女服务生肯定以为我们是一帮变态。埃德跟我说："我们的友谊就是一篇史诗。"

现在翻看笔记本上对当天晚上的描述，我肯定当时是逐渐地失去了意识。整个晚上，我几乎都是在笔记本上乱涂，上面的字几乎都看不清楚，只有一页还算清晰，上面写着："神啊，我已经加入了KL7！还有，我好像跑到女厕所里了。"

还有一页上的字迹也很清晰，里面的内容变成了第三人称。当时我喝得太多了，根本没有办法写东西，不过那天晚上玩得很开心。后来我把自己的笔记本交给离我最近的一位没有喝醉的女士，告诉她要尽量客观地把那天晚上发生的事情记录下来。在那样的情况下，我如果还要装作是记者在写稿子，那就太没劲了。

度过了一年愉快的记忆力训练时光之后，我回到了佛罗里达州大学，准备在那里再待上一天半，让安德斯·埃里克森和他的研究生特雷斯和凯蒂对我再次进行测试。他们依然在一年前我来过的那个小办公室里办公。他们非常彻底地对我的记忆力进行了测试。我再次戴上了一个头盔式的麦克风，麦克风就在我的嘴巴面前悬着。他们对我的测试包括与上次相同的电池信息测试，以及另外一些新的测试。

那么说，我的记忆力提高了没有呢？从各方面很客观地说，我的记忆力明显提高了。能够记忆的数字广度是测试记忆力的方法之一。我的数字记忆范围已经从9提高到了18。与一年前的测试相比，在这次测试中，我可以记忆更多的诗歌、人名和随机性的信息。不过，从另外一件事情看，我的记忆力好像并没有提高。世界记忆力锦标赛结束之后的一个晚上，我去参加几位朋友的聚餐。聚餐结束后，我乘坐地铁回家。但是，我记得自己在聚餐前曾经走到父母家门前，然后开车去参加聚会，后来却怎么也想不起来自己把车停在哪里了，甚至都不记得自己还停过车。

这就是矛盾的地方。虽然我已经掌握了很多高超的记忆技能，但在日常生活中，我仍然拥有和以前一样的记忆力缺陷，比如忘记车钥匙和停车的位置等等。在记忆那些填充在记忆宫殿里的系统信息时，我的记忆能力已经得到了很大的提高；但是在日常生活中，我要记忆的大多数事情并不是一些事实，或数字、诗歌、扑克牌、二进制数字等等。在鸡尾酒会上，我确实能够记住几十位宾客的名字，这当然是很有用处的。你也可以拿英国王室的家谱，或美国历届内政部长的任期，或"二战"中发生的每一件大事的日期来测试我，我都可以很快地说出答案，而且这些答案在心里还能保留上一段时间。如果我是一名高中生，那么这种技能可谓天赐之物。但是，生活——不论好坏——和高中生活是有很大不同的。

我的数字记忆范围或许扩大了两倍，但是这就能够证明我的工作记忆力比刚开始训练时要强大两倍吗？我希望可以回答是，但事实上不是。我在记忆随机的一系列墨迹图或色卡时，也就是普通水平，而且还是常常记不住父母地下室入口处有一条裂缝。另外，我的工作记忆力仍然局限在那个神奇的数字7以内，和其他人并没有什么不同。对于那些我不能够熟练转化为图像并储存在记忆宫殿中的信息，我仍然和往常一样很难记住它们。我的记忆软件已经升级，但是硬件似乎并没有发生任何本质改变。

但是，很明显，我的变化很多，或者至少我自己是这么认为的。在为准备参加记忆力大赛所做的为期一年的记忆力训练中，我所学到的最重要的东西并不是记忆诗歌的秘诀，而是更具综合性的知识。从某种程度上说，这种知识对我的生活大有裨益。我的经历验证了那句古老的格言：熟能生巧。但是，在练习的时候，一定要集中精力，要有自觉性、强制性。根据我的亲身经历，我明白了一个道理：如果你能集中精力，而且有积极性，再多花费一些时间，大脑是能够学习到很多不可思议的信息的。这是一个操作性很强的发现。我开始问自己：如果我的方法正确，我还能做到其他什么事情？

测试结束之后，我问埃里克森，他是否认为其他人如果花费和我相同的时间，也能把自己的记忆力提高到很高的水平。

"现在只有你一个案例，我还不能确定。"他说，"但是很少有人会像你这么说，我觉得你愿意接受这种挑战会让你与众不同。事实上，你已经不是一个普通人了。"

一年多以前，我开始了这次旅程。当我带着记者使用的笔记本，站在联合爱因斯坦礼堂的后面报道那次赛事的时候，我并没有意识到那场比赛会把我引向何方，也不知道它对我的生活会产生多大程度的影响，更不清楚最后它是如何改变了我。在学会记忆诗歌、数字、扑克牌和传记作品后，我确信在训练记忆力的这些日子里，自己最大的收获是能够记忆的信息量更大。在这个过程中，我在训练记忆力的同时，真正训练的大脑功能其实是它的警觉性，是它对周围事物的敏感度。如果你能够集中注意力，就能够记忆大量信息。

拥有联觉的埃斯和小说主人公富内斯都没有能力区分哪些详细信息是值得注意的，哪些是不应该注意的。他们的强制性记忆力明显就是一种病态。不过，我禁不住想，他们在这个世界上的经历要比普通人丰富得多，但这种丰富程度并不正常。

任何人都不希望自己的记忆会陷于一堆琐碎的事情中。但是，一个人生活在这个世界上，如果不是匆匆而过，而是花费一定的精力来获取信息，那么这个过程也是很有价值的。因为在花费大量精力的过程中，你就会养成注意和欣赏身边事物的好习惯。

我承认，自己直接向记忆宫殿里填充信息的能力还不够高。因此，如果扔掉录音机和笔记本，我还是会感觉很不适应。我的工作性质决定了我必须了解更多的知识。因此，在阅读的时候，虽然我也会偶尔精读一篇文章，或背诵埃德推荐的书，但我的阅读面总体上必须足够广。利用记忆术，我记住了一些诗歌。我能记住的最长的诗歌是《J. 阿尔弗雷德·普鲁弗洛克的情歌》，再没有比它更长的了。有一次，我在一分钟内就向记忆宫殿里填充了三十多个数字。不过，通常情况下，我只是偶尔利用这种记忆方法来记忆别人的电话号码。现在我很容易就能记住电话号码，所以根本不需要把它们存到手机里。有时，我也会记忆一些购物清单、说明书或工作计划，但只是在没有笔和纸的情况下偶尔为之。这不是说记忆术不起作用了，我已经亲自证明过它的作用了。只是，在现实生活中，我们有纸张、电脑、手机和便利贴这些工具，它们很容易就能帮助我记忆各种信息。因此，我们基本上是不需要记忆术的。

那么，在外部记忆载体充斥的现代社会里，还有必要向记忆力投资吗？不知不觉间，我已经从伊普那里得到了这个问题的最佳答案。伊普完全丧失了记忆能力，没有时空概念，根本不认识其他人。也就是说，我们记忆的方式和内容决定了我们在这个世界上的认知方式和行为方式。我们其实就是一系列行为习惯的集合体，而这些行为习惯正是由记忆形成的。我们逐渐地改变着这些行为习惯，也改变着我们的记忆网络，然后控制着自己的生活。笑话、发明、洞察力或艺术品都不是由外部记忆载体创造出来的，至少现在还不是。

我们在这个世界上寻求着幽默感，或把毫无关联的概念联系起来，或思考出新的观点，然后共享着相同的文化。所有这些人类行为的完成依靠的其实都是记忆力。记忆力在现代文化中的功能正在慢慢消失，而且消失的速度是以往任何时候都比不上的。但是，正是在这个时候，我们才需要培养记忆力。是记忆力造就了人类，它是我们价值的所在和人格形成的根源。在记忆力比赛中，大家比的是谁能够记忆更多的诗歌，这样的行为看起来没有什么了不起，但这正是对遗忘的一种抗争，是对我们已经陌生的一种最基本的能力的肯定。在我刚开始训练记忆力的时候，埃德就试图告诉我，记忆力训练并不是为了能在聚会上耍几个小把戏，而是要培养人性深处的一种最深刻也是最基本的东西。

那天晚上，KL7成员们彻底狂欢，大家自由自在地玩着盲棋比赛，在烂醉如泥的状态中背诵前一天大赛的诗歌。在大家陷入这种状态之前，冈瑟把我拖到一个角落的沙发里，问我是否准备继续参加记忆力大赛。我告诉他，从内心来说，我是很想继续下去。毕竟，这种经历令人感到很兴奋，虽然这种兴奋感看起来有点儿奇怪，我也从来都没有预想到。况且，我好像已经陷进去了。那天晚上，我似乎预想到自己可以在这个比赛上走得更远，而在此之前，我是永远都不会去想象的。我是美国记忆力锦标赛的冠军，而且在速记扑克牌的项目上实力不错。我确信，只要投入更多的时间，我就可以把现在记忆扑克牌的速度提高。更何况，还有记忆历史日期这个项目。在这个项目上，我的实力还是很强的。而且，我还没有达到"世界记忆大师"的标准。我跟冈瑟开玩笑说："如果能在名片上写上'世界记忆大师'这几个字，那可真是帅呆了。"（他的名片上就是这么写的。）我想象自己也创造出一套千禧记忆系统，买一副眼罩，花费一段时间练习记忆力，还可以像富翁们一样坐着飞机在全世界飞来飞去，去参加各地的记忆力比赛。我甚至能够把这些想象出来的情景填充到记忆宫殿中去。但是，就在我收到记忆力比赛的邀请函时，我却清醒地意识到，一切到此为止吧。我的实验已经结束了，结果也已经出来了。我告诉冈瑟，我会想念记忆力比赛，但是明年不会再参加了。

他说："真遗憾，不过我完全可以理解。如果要参加比赛，就要投入很多时间去训练，而在这段时间里，你完全可以去做其他一些更有价值的事情。"我想，他说得对，但是他为什么没有意识到自己也可以像我这么做呢?

　　埃德从沙发上站起来，跟我这位明星学生干杯。他说:"我们去买点面包圈。"于是，我们一起走出去。至于那天晚上后来发生的事情，我已经没有任何记忆了。第二天下午醒来后，我发现脸上有一个圆圆的红色印子，这是我的脸压在人名头像记忆项目中夺得的奖牌上留下的痕迹，我居然忘记把它从脖子上摘下来了。

| 致谢 |

我花费了很长时间才完成了这本书的写作。从阅读草稿到查找资料，再到校对，在这个过程中，我获得了很多朋友的支持。感谢大家所做的努力，同时也感谢支持我写作的朋友们。帮助我的人太多了，在这里无法一一列出。我尤其要感谢的是和我一起共同度过那段时光的所有脑力运动员，他们慷慨地向我传授了他们的知识，分享了他们的生活经历。

有两位编辑对本书的撰写提供了很大的帮助。瓦妮莎·莫布利指导我完成了书稿前面的部分，埃蒙·多兰则以专家级的水平帮助我完成了书稿的剩余部分。感谢安·戈多夫自始至终对我的信任。本书也获得了企鹅出版社的大力支持，感谢贵社帮助本书出版的所有工作人员。另外，我的文稿代理人伊丽斯·切尼是我最好的合作伙伴。在确认一些有争议的事实时，林赛·克劳斯是专家。布伦丹·沃恩帮我润色了文稿，让本书的内容更加精练。

为了方便描述，我按照年代顺序删掉了一些细节、对话和场景，但是这些改动不会影响本书的真实性。在撰写本书的时候，我尝试着从最开始的经历写起，因此关于记忆力方面的记录和其他时效性很强的事实并不是最新的。毕竟，我花费了三年时间才完成了这本书，而在这三年里，周围世界的变化很大。我的女朋友如今已经成为我的妻子；在速记扑克牌项目中，我怎么也突破不了32秒纪录；世界记忆力锦标赛已经取消了诗歌记忆项目；另外，伊普和金·皮克已经去世。我曾经和他们共度过一段时光，为此我深感欣慰。

┃ 参考书目 ┃

Baddeley, A. D. (2006). *Essentials of human memory*. Hove, East Sussex, UK: Psychology Press.

Barlow, F. (1952). *Mental prodigies: an enquiry into the faculties of arithmetical, chess and musical prodigies, famous memorizers, precocious children and the like, with numerous examples of "lightning" calculations and mental magic*. New York: Philosophical Library.

Baron-Cohen, S., Bor, D., Wheelwright, S., & Ashwin, C. (2007). Savant Memory in a Man with Colour Form-Number Synaesthesia and Asperger Syndrome. *Journal of Consciousness Studies*, 14 (9-10), 237-251.

Batchen, G. (2004). *Forget me not: photography & remembrance*. New York: Princeton Architectural Press.

Battles, M. (2003). *Library: an unquiet history*. New York: W.W. Norton.

Beam, C. A., Conant, E. F., & Sickles, E. A. (2003). Association of Volume and Volume-Independent Factors with Accuracy in Screening Mammogram Interpretation. *Journal of the National Cancer Institute*, 95, 282-290.

Bell, C. G., & Gemmell, J. (2009). *Total recall: how the E-memory revolution will change everything*. New York: Dutton.

Bell, G., & Gemmell, J. (2007, March). A Digital Life. *Scientific American*, 58-65.

Biederman, I., & Shiffrar, M. M (1987). Sexing Day-Old Chicks: A Case Study and Expert Systems Analysis of a Diffi cult Perceptual-Learning Task. *Journal of Experimental Psychology*, 13 (4), 640-645.

Birkerts, S. (1994). *The Gutenberg elegies: the fate of reading in an electronic age*. Boston: Faber and Faber.

Bolzoni, L. (2001). *The gallery of memory: literary and iconographic models in the age of the printing press*. Toronto: University of Toronto Press.

Bolzoni, L. (2004). *The web of images: vernacular preaching from its origins to Saint Bernardino of Siena*. Aldershot, Hants, England: Ashgate.

Bor, D., Billington, J., & Baron-Cohen, S. (2007). Savant memory for digits in a case of synaesthesia and Asperger syndrome is related to hyperactivity in the lateral prefrontal cortex. *Neurocase*, 13 (5-6), 311-319.

Bourtchouladze, R. (2002). *Memories are made of this: how memory works in humans and animals*. New York: Columbia University Press.

Brady, T. F., Konkle, T., Alvarez, G. A., & Oliva, A. (2008). Visual Long-Term Memory Has a Massive Storage Capacity for Oject Details. *PNAS*, 105 (38), 14325-14329.

Brown, A. S. (2004). *The déjà vu experience*. New York: Psychology Press.

Bush, V. (1945, July). As We May Think. *The Atlantic*.

Buzan, T. (1991). *Use your perfect memory: dramatic new techniques for improving your memory, based on the latest discoveries about the human brain*. New York: Penguin.

Buzan, T., & Buzan, B. (1994). *The mind map book: how to use radiant thinking to maximize your brain's untapped potential*. New York: Dutton.

Caplan, H. (1954). *Ad C. Herennium: de ratione dicendi (Rhetorica ad Herennium)*. Cambridge, Mass: Harvard University Press.

Carruthers, M. (1998). *The craft of thought: meditation, rhetoric, and the making of images, 400-1200*. New York: Cambridge University Press.

Carruthers, M. J. (1990). *The book of memory: a study of memory in medieval culture*. Cambridge, England: Cambridge University Press.

Carruthers, M. J., & Ziolkowski, J. M. (2002). *The medieval craft of memory: an anthology of texts and pictures*. Philadelphia: University of Pennsylvania Press.

Cicero, M. T., May, J. M., & Wisse, J. (2001). *Cicero on the ideal orator*. New York: Oxford University Press.

Clark, A. (2003). *Natural-born cyborgs: minds, technologies, and the future of human intelligence*. Oxford, England: Oxford University Press.

Cohen, G. (1990). Why Is It Diffi cult to Put Names to Faces? *British Journal of Psychology*, 81, 287-297.

Coleman, J. (1992). *Ancient and medieval memories: studies in the reconstruction of the past*. Cambridge, England: Cambridge University Press.

Cooke, E. (2008). *Remember, remember*. London: Viking.

Corkin, S. (2002). What's New with the Amnesic Patient H.M. *Nature Reviews Neuroscience*, 3, 153-160.

Corsi, P. (1991). *The enchanted loom: chapters in the history of neuroscience*. New York: Oxford University Press.

Cott, J. (2005). *On the sea of memory: a journey from forgetting to remembering*. New York: Random House.

Darnton, R. (1990). First Steps Toward a History of Reading. In *The kiss of Lamourette: refl ections in cultural history*. New York: W. W. Norton.

Doidge, N. (2007). *The brain that changes itself: stories of personal triumph from the frontiers of brain science*. New York: Viking.

Doyle, B. (2000, March). The Joy of Sexing. *The Atlantic Monthly*, 28-31.

Draaisma, D. (2000). *Metaphors of memory: a history of ideas about the mind*. Cambridge, England: Cambridge University Press.

Draaisma, D. (2004). *Why life speeds up as you get older: how memory shapes our past*. Cambridge, England: Cambridge University Press.

Dudai, Y. (1997). How Big Is Human Memory, or on Being Just Useful Enough. *Learning & Memory*, 3, 341-365.

Dudai, Y. (2002). *Memory from A to Z: keywords, concepts, and beyond*. Oxford, England.: Oxford University Press.

Dudai, Y., & Carruthers, M. (2005). The Janus Face of Mnemosyne. *Nature*, 434, 567.

Dvorak, A. (1936). *Typewriting behavior: psychology applied to teaching and learning typewriting*. New York: American Book Company.

Eco, U. (1995). *The search for the perfect language*. Oxford, England: Blackwell.

Eichenbaum, H. (2002). *The cognitive neuroscience of memory: an introduction*. Oxford, England: Oxford University Press.

Ericsson, K. (2003). Exceptional Memorizers: Made, Not Born. *Trends in Cognitive Science*, 7 (6), 233-235.

Ericsson, K. (2004). Deliberate Practice and the Acquisition and Maintenance of Expert Performance in Medicine and Related Domains. *Academic Medicine*, 79 (10), 870-881.

Ericsson, K., & Chase, W. G. (1982). Exceptional Memory. *American Scientist*, 70 (Nov-Dec), 607-615.

Ericsson, K., & Kintsch, W. (1995). Long-Term Working Memory. *Psychological Review*, 102(2), 211-245.

Ericsson, K.A. (1996). *The road to excellence: the acquisition of expert performance in the arts and sciences, sports, and games*. Mahwah, N.J.: Lawrence Erlbaum Associates.

Ericsson, K. A. (2006). *The Cambridge handbook of expertise and expert performance*. Cambridge, England: Cambridge University Press.

Ericsson, K., Delaney, P.F., Weaver, G., & Mahadevan, R. (2004). Uncovering the Structure of a Memorist's Superior "Basic" Memory Capacity. *Cognitive Psychology*, 49, 191-237.

Ericsson, K., Krampe, R.T., & Tesch-Romer, C. (1993). The Role of Deliberate Practice in the Acquisition of Expert Performance. *Psychological Review*, 100 (3), 363-406.

Farrand, P., Hussein, F., & Hennessy, E. (2002). The Effi cacy of the 'Mind Map' Study Technique. *Medical Education*, 36 (5), 426-431.

Fellows, G.S., & Larrowe, M.D. (1888). *"Loisette" exposed (Marcus Dwight Larrowe, alias Silas Holmes, alias Alphonse Loisette)*. New York: G.S. Fellows.

Fischer, S.R. (2001). *A history of writing*. London: Reaktion.

Gandz, S. (1935). The Robeh or the offi cial memorizer of the Palestinian schools. *Proceedings of the American Academy for Jewish Research*, 7, 5–12.

Havelock, E.A. (1963). *Preface to Plato*. Cambridge, Mass.: Belknap Press, Harvard University Press.

Havelock, E.A. (1986). *The muse learns to write: refl ections on orality and literacy from antiquity to the present*. New Haven: Yale University Press.

Hermelin, B. (2001). *Bright splinters of the mind: a personal story of research with autistic savants*. London: J. Kingsley.

Herrmann, D.J. (1992). *Memory improvement: implications for memory theory*. New York: Springer-Verlag.

Hess, F.M. (2008). *Still at risk: what students don't know, even now*. Common Core.

Hilts, P.J. (1996). *Memory's ghost: the nature of memory and the strange tale of Mr. M.* New York: Simon & Schuster.

Horsey, R. (2002). *The art of chicken sexing*. Cogprints.

Howe, M.J., & Smith, J. (1988). Calendar Calculating in 'Idiot Savants': How Do They Do It? *British Journal of Psychology*, 79, 371-386.

Illich, I. (1993). *In the vineyard of the text: a commentary to Hugh's Didascalicon*. Chicago: University of Chicago Press.

Jaeggi, S.M., Buschkuehl, M., Jonides, J., & Perrig, W.J. (2008). Improving Fluid Intelligence with Training on Working Memory. *PNAS*, 105 (19), 6829-6833.

Johnson, G. (1992). *In the palaces of memory: how we build the worlds inside our heads*. New York: Vintage Books.

Kandel, E.R. (2006). *In search of memory: the emergence of a new science of mind*. New York: W. W. Norton.

Khalfa, J. (1994). *What is intelligence?* Cambridge, England: Cambridge University Press.

Kliebard, H.M. (2002). *Changing course: American curriculum reform in the 20th century*. New York: Teachers College Press.

Kondo, Y., Suzuki, M., Mugikura, S., Abe, N., Takahashi, S., Iijima, T., & Fujii, T. (2005). Changes in Brain Activation Associated with Use of a Memory Strategy: A Functional MRI Study. *NeuroImage*, 24, 1154-1163.

Kurland, M., & Lupoff, R.A. (1999). *The complete idiot's guide to improving your memory*. New York: Alpha Books.

LeDoux, J.E. (2002). *Synaptic self: how our brains become who we are*. New York: Viking.

Loftus, E.F., & Loftus, G. R. (1980). On the Permanence of Stored Information in the Human Brain. *American Psychologist*, 35 (5), 409-420.

Loisette, A., & North, M.J. (1899). *Assimilative memory or how to attend and never forget*. New York: Funk & Wagnalls.

Lorayne, H., & Lucas, J. (1974). *The memory book*. New York: Stein and Day.

Lord, A.B. (1960). *The singer of tales*. Cambridge, Mass.: Harvard University Press.

Luria, A.R. (1987). *The mind of a mnemonist: a little book about a vast memory*. Cambridge, Mass.: Harvard University Press.

Lyndon, D., & Moore, C.W. (1994). *Chambers for a memory palace*. Cambridge, Mass.: MIT Press.

Maguire, E.A., Gadian, D.G., Johnsrude, I.S., Good, C.D., Ashburner, J., Frackowiak, R.S., & Frith, C.D. (2000). Navigation-Related Structural Change in the Hippocampi of Taxi Drivers. *PNAS*, 97, 84398-84403.

Maguire, E.A., Valentine, E.R., Wilding, J.M., & Kapur, N. (2003). Routes to Remembering: The Brains Behind Superior Memory. *Nature Neuroscience*, 6 (1), 90-95.

Man, J. (2002). *Gutenberg: how one man remade the world with words*. New York: John Wiley & Sons.

Manguel, A. (1996). *A history of reading*. New York: Viking.

Marcus, G.F. (2008). *Kluge: the haphazard construction of the human mind*. Boston: Houghton Miffl in.

Martin, R.D. (1994). *The specialist chick sexer*. Melbourne, Australia.: Bernal Publishing.

Masters of a dying art get together to sex. (2001, February 12). *Wall Street Journal*.

Matussek, P. (2001). The Renaissance of the Theater of Memory. *Janus Paragrana* 8, 66-70.

McGaugh, J.L. (2003). *Memory and emotion: the making of lasting memories*. New York: Columbia University Press.

Merritt, J.O. (1979). None in a Million: Results of Mass Screening for Eidetic Ability. *Behavioral and Brain Sciences*, 2, 612.

Miller, G.A. (1956). The Magical Number Seven, Plus or Minus Two: Some Limits on our Capacity for Processing Information. *Psychological Review*, 63, 81-97.

Mithen, S.J. (1996). *The prehistory of the mind: a search for the origins of art, religion, and science*. London: Thames and Hudson.

Neisser, U., & Hyman, I.E. (2000). *Memory observed: remembering in natural contexts*. New York: Worth.

Noice, H. (1992). Elaborative Memory Strategies of Professional Actors. *Applied Cognitive Psychology*, 6, 417-427.

Nyberg, L., Sandblom, J., Jones, S., Neely, A.S., Petersson, K.M., Ingvar, M., & Backman, L. (2003). Neural Correlates of Training-Related Memory Improve-ment in Adulthood and Aging. *PNAS*, 100 (23), 13728-13733.

Obler, L.K., & Fein, D. (1988). *The exceptional brain: neuropsychology of talent and special abilities*. New York: Guilford Press.

O'Brien, D. (2000). *Learn to remember: practical techniques and exercises to improve your memory*. San Francisco: Chronicle Books.

Ong, W.J. (1982). *Orality and literacy: the technologizing of the world*. London: Methuen.

Osborne, L. (2003, June 22). Savant for a Day. *New York Times*.

Peek, F., & Anderson, S.W. (1996). *The real rain man, Kim Peek*. Salt Lake City, Utah: Harkness Publishing Consultants.

Petroski, H. (1999). *The book on the bookshelf*. New York: Alfred A. Knopf.

Phelps, P. (n.d.). Gender Identifi cation of Chicks Prior to Hatch. *Poultryscience.org e-Digest*, 2(1).

Pinker, S. (1994) *The language instinct: how the mind creates language*. New York: W. Morrow and Co.

Radcliff-Ulmstead, D. (1972). Giulio Camillo's Emblems of Memory. *Yale French Studies*, 47, 47-56.

Ramachandran, V.S., & Hubbard, E.M. (2001). Psychophsyical Investigations into the Neural Basis of Synaesthesia. *Proc. R. Soc. London*, 268, 979-983.

Ramachandran, V.S., & Hubbard, E.M. (2003, May). Hearing Colors, Tasting Shapes. *Scientifi c American*, 53-59.

Ravennas, P. (1545). *The art of memory, that otherwyse is called the Phenix A boke very behouefull and profytable to all professours of scyences. Grammaryens, rethoryciens dialectyke, legystes, phylosophres [and] theologiens.*

Ravitch, D. (2001). *Left back: a century of battles over school reform.* New York: Simon & Schuster.

Rose, S.P. (1993). *The making of memory: from molecules to mind.* New York: Anchor Books.

Rose, S.P. (2005). *The future of the brain: the promise and perils of tomorrow's neuroscience.* Oxford, England: Oxford University Press.

Ross, P.E. (2006, August). The Expert Mind. *Scientifi c American*, 65-71.

Rossi, P. (2000). *Logic and the art of memory: the quest for a universal language.* Chicago: University of Chicago Press.

Rowland, I.D. (2008). *Giordano Bruno: philosopher/heretic.* New York: Farrar, Straus and Giroux.

Rubin, D.C. (1995). *Memory in oral traditions: the cognitive psychology of epic, ballads, and counting-out rhymes.* New York: Oxford University Press.

Sacks, O.W. (1995). *An anthropologist on Mars: seven paradoxical tales.* New York: Knopf.

Schacter, D.L. (1996). *Searching for memory: the brain, the mind, and the past.* New York: Basic Books.

Schacter, D.L. (2001). *The seven sins of memory: how the mind forgets and remembers.* Boston: Houghton Miffl in.

Schacter, D.L., & Scarry, E. (2000). *Memory, brain, and belief.* Cambridge, Mass.; London: Harvard University Press.

Shakuntala, D. (1977). *Figuring: the joy of numbers.* New York: Harper & Row.

Shenk, D. (2001). *The forgetting: Alzheimer's, portrait of an epidemic.* New York: Doubleday.

Small, G.W. (2002). *The memory bible: an innovative strategy for keeping your brain young.* New York: Hyperion.

Small, G.W., & Vorgan, G. (2006). *The longevity bible: 8 essential strategies for keeping your mind sharp and your body young.* New York: Hyperion.

Small, J.P. (2005). *Wax tablets of the mind: cognitive studies of memory and literacy in classical antiquity*. London: Routledge.

Smith, S.B. (1983). *The great mental calculators: the psychology, methods, and lives of calculating prodigies, past and present*. New York: Columbia University Press.

Snowdon, D. (2001). *Aging with grace: what the nun study teaches us about leading longer, healthier, and more meaningful lives*. New York: Bantam.

Spence, J.D. (1984). *The memory palace of Matteo Ricci*. New York: Viking Penguin.

Spillich, G.J. (1979). Text Processing of Domain-Related Information for Individuals with High and Low Domain Knowledge. *Journal of Verbal Learning and Verbal Behavior*, 14, 506-522.

Squire, L.R. (1987). *Memory and brain*. New York: Oxford University Press.

Squire, L.R. (1992). *Encyclopedia of learning and memory*. New York: Macmillan.

Squire, L.R., & Kandel, E.R. (1999). *Memory: from mind to molecules*. New York: Scientifi c American Library.

Standing, L. (1973). Learning 10,000 Pictures. *Quarterly Journal of Experimental Psychology*, 25, 207-222.

Starkes, J.L., & Ericsson, K.A. (2003). *Expert performance in sports: advances in research on sport expertise*. Champaign, IL: Human Kinetics.

Stefanacci, L., Buffalo, E.A., Schmolck, H., & Squire, L. (2000). Profound Amnesia After Damage to the Medial Temporal Lobe: A Neuroanatomical and Neuropsychological Profi le of Patient E.P. *Journal of Neuroscience*, 20 (18), 7024-7036.

Stratton, G.M. (1917). The Mnemonic Feat of the "Shass Pollak" *Psychological Review*, 24, 244-247.

Stromeyer, C.F., & Psotka, J. (1970). The Detailed Texture of Eidetic Images. *Nature*, 225, 346-349.

Tammet, D. (2007). *Born on a blue day: inside the extraordinary mind of an autistic savant : a memoir*. New York: Free Press.

Tammet, D. (2009). *Embracing the wide sky: a tour across the horizons of the mind*. New York: Free Press.

Tanaka, S., Michimata, C., Kaminaga, T., Honda, M., & Sadato, N. (2002). Superior Digit Memory of Abacus Experts. *NeuroReport*, 13 (17), 2187-2191.

Thompson, C. (2006, November). A Head for Detail. *Fast Company*, 73-112.

Thompson, C.P., Cowan, T.M., & Frieman, J. (1993). *Memory search by a memorist*. Hillsdale, N.J.: L. Erlbaum Associates.

Treffert, D.A. (1990). *Extraordinary people: understanding savant syndrome*. New York: Ballantine.

Wagenaar, W.A. (1986). My Memory: A Study of Autobiographical Memory Over Six Years. *Cognitive Psychology*, 18, 225-252.

Walker, J.B.R. (1894) *The comprehensive concordance to the holy scriptures*. Boston: Congregational Sunday-School and Publishing Society.

Walsh, T.A., & Zlatic, T.D. (1981). Mark Twain and the Art of Memory. *American Literature*, 53 (2), 214-231.

Wearing, D. (2005). *Forever today: a memoir of love and amnesia*. London: Doubleday.

Wenger, M.J., & Payne, D.G. (1995). On the Acquistion of a Mnemonic Skill: Application of Skilled Memory Theory. *Quarterly Journal of Experimental Psychology*, 1 (3), 194-215.

Wilding, J.M., & Valentine, E.R. (1997). *Superior memory*. Hove, East Sussex, UK: Psychology Press.

Wood, H.H. (2007). *Memory: an anthology*. London: Chatto & Windus.

Yates, F.A. (1966). *The art of memory*. Chicago: University of Chicago Press.